AF754139

AMRA

Dean Koontz

Trixie

Ein Golden Retriever verändert mein Leben

Aus dem Amerikanischen
von Miriam Mabée

AMRA

Brandheiße Infos finden Sie regelmäßig auf:
www.facebook.com/AMRAVerlag

Besuchen Sie uns im Internet:
www.AmraVerlag.de

Amerikanische Originalausgabe:
A Big Little Life. A Memoir of a Joyful Dog Named Trixie

2019 erstmals Deutsch im AMRA Verlag
Auf der Reitbahn 8, D-63452 Hanau
Telefon: + 49 (0) 61 81 – 18 93 92
Kontakt: Info@AmraVerlag.de

Herausgeber & Lektor	Michael Nagula
Einbandgestaltung	Guter Punkt
Layout & Satz	Birgit Letsch
Druck	CPI books GmbH

ISBN Printausgabe 978-3-95447-325-0
ISBN eBook 978-3-95447-326-7

Copyright © 2009 by Dean Koontz
Original English language edition published by
Hyperion Books, 114 Fifth Avenue, New York, NY 10011.
Dieses Werk wurde vermittelt durch die Literarische Agentur
Mohrbooks AG, Klosbachstraße 110, 8032 Zürich, Schweiz.

Alle Rechte der Verbreitung vorbehalten, auch durch Funk, Fernsehen
und sonstige Kommunikationsmittel, fotomechanische, digitale oder
vertonte Wiedergabe sowie des auszugsweisen Nachdrucks.
Im Text enthaltene externe Links konnten vom Verlag nur
bis zum Zeitpunkt der Buchveröffentlichung eingesehen werden.
Auf spätere Veränderungen hat der Verlag keinerlei Einfluss.
Eine Haftung des Verlags ist daher ausgeschlossen.

Für Gerda,
die das Wunder und den Verlust mit mir teilte,
die weiß, dass der Schmerz deshalb so groß war,
weil die Freude zuvor noch viel größer war,
und die den Mut hatte,
das alles noch einmal zu erleben.
Du bist ein Segen für mich.

Hunde verbringen die meiste Zeit ihres Lebens
mit einem gelassenen Herzen.
Die Menschen wohnen meistens mit
einem verzweifelten Herzen gleich nebenan.
Hin und wieder wird es euch gut tun,
unter unserer Adresse zu wohnen.

Dean Koontz: *8 Schritte zum Glück*
Trixies Ratgeber für ein glückliches Leben

Inhalt

1

Der unheimliche Augenblick, um den sich die ganze Geschichte dreht

Der für diese Geschichte wesentliche unheimliche Moment tritt an einem Abend vor mehr als zehn Jahren ein.

Trixie, einen drei Jahre alten Golden Retriever, außergewöhnlich schön und wunderbar gebaut, haben wir im vergangenen September zu uns genommen. Sie ist jetzt seit mehr als drei Monaten bei meiner Frau Gerda und mir. Sie ist fröhlich, liebevoll, intelligent und

hat bemerkenswert gute Manieren. Außerdem verfügt sie über mehr Selbstbeherrschung, als ich bei einem Hund jemals für möglich gehalten hätte. Schon jetzt – und unerwartet – hat sie mich in menschlicher Hinsicht und in meiner Eigenschaft als Schriftsteller verändert. Erst nach und nach werde ich begreifen, worin diese Veränderungen bestehen und wohin sie mich führen werden.

Januar 1999.

Unser erstes Haus in Newport Beach, in der Nachbarschaft *Harbor Ridge* genannt, hat im ersten Stock einen ungewöhnlich langen Gang, eigentlich eine offene Empore, von der man auf die Diele im Erdgeschoss hinunterblicken kann. Da dieser Gang mit Teppichboden ausgekleidet ist und den Hundepfoten daher gute Bodenhaftung bietet, außerdem nichts Zerbrechliches an den Wänden steht, spiele ich dort oft mit Trixie, wenn das Wetter sich verschlechtert hat, und an kühlen Winterabenden, wenn die Sonne früh untergeht.

Anfangs warf ich einen Ball und manchmal ein Kong-Spielzeug den Gang entlang. Das Spielzeug war etwa fünfzehn Zentimeter lang, bestand aus Hartgummi und hatte in der Mitte eine knapp zweieinhalb Zentimeter breite Öffnung. Dort konnte man eine Mischung aus Erdnussbutter und Trockenfutter hineinstopfen und den Hund damit angeblich mindestens eine Stunde lang beschäftigen. Ich probierte es zweimal aus, doch Trixie schaffte es, die leckere Mischung innerhalb von fünf Minuten aus dem Kong herauszuklauben – weniger Zeit, als ich zur Zubereitung und zum Einfüllen der Mischung gebraucht hatte.

Eines Abends hüpfte das Gummispielzeug wild durch den Gang und krachte mit solcher Wucht in ein kleines Ölgemälde hinein, dass die Leinwand einen Riss bekam. Es war ein sehr altes Gemälde, das Gerda besonders gut gefiel.

Als sie den Schaden wenige Tage später bemerkte, legte ich sofort eine Beichte ab: »Das war der Hund!«

»Selbst wenn sich Trixie auf die Hinterbeine stellt und aufrichtet, ist sie nicht groß genug, um so etwas zu schaffen«, erwiderte Gerda.

Im Vertrauen auf meine unwiderlegbare Logik entgegnete ich: »Der Hund war auf dem Gang, als es passierte. Auch das Kong-Spielzeug war dort. Das Spielzeug gehört dem Hund. Der Hund wollte spielen. Wenn der Hund nicht so goldig wäre, hätte ich gar nicht mit ihm spielen wollen. Gang, Kong-Spielzeug, goldiger Hund, Spiel: Da musste das Gemälde zwangsläufig Schaden nehmen.«

»Du behauptest also, der Hund sei schuld, weil er so goldig ist.«

Ich konnte nicht zulassen, dass Gerda meine wohlüberlegte Stellungnahme so kleinlich auseinandernahm, und griff deshalb auf meine zusätzlich vorbereitete Erklärung zurück. »Außerdem mag es zwar sein, dass Trixie für so was nicht groß genug ist, aber sie weiß, wo wir den Tritthocker aufbewahren.«

Und da der Hund nun mal das Gemälde beschädigt hatte, konnten wir den Gummi-Kong bei späteren Spielen im Gang nicht mehr benutzen. Und ich durfte nun auch den Tennisball nicht mehr werfen, sondern nur noch den Gang entlang rollen.

Ich erklärte Trixie die neuen Regeln, wobei sie eine traurige Miene zog. »Ich erteile dir gerade eine wertvolle Lektion«, schloss ich meinen kleinen Vortrag. »Weißt du, sicher hättest du deinen guten Ruf nicht befleckt, wärst du sofort nach der Beschädigung des Bildes zu deinem Frauchen gelaufen und hättest die Verantwortung dafür übernommen.«

Den neuen Regeln entsprechend ließ ich den Tennisball jetzt stets mit einer schnellen Drehung meines Handgelenks losflitzen, damit er den Schwung bekam, durch den ganzen Gang zu rollen. Trixie hechtete hinterher und fing ihn entweder gegen Ende seiner Reise ein oder schnappte sich den Ball aus der Luft, wenn er vom Bein eines Wandtischchens abprallte und zu entkommen drohte. Prompt apportierte sie ihn, und ich schleuderte ihn unverzüglich wieder weg.

Nach zwanzig Minuten bebten ihren Flanken und sie ließ die Zunge heraushängen. Obwohl sie den Tennisball nach wie vor als unvergleichlich kostbaren Schatz betrachtete, war sie nun bereit, ihn mir für kurze Zeit anzuvertrauen.

Während wir, die Köpfe einander zugewandt, auf dem Fußboden lagen, hechelte Trixie und ich streichelte ihr üppiges goldenes Fell, damit sie verschnaufen konnte.

Von der ersten Woche an, in der Trixie in unser Leben trat, verbrachten wir fast jeden Tag eine Weile damit, uns zusammen auf den Boden zu legen. Ich fand das entspannend, und der Grund dafür liegt auf der Hand: Wenn man mit einem liebevollen Hund kuschelt, wirkt das stets beruhigend. Darüber hinaus empfand ich es aber auch als etwas sonderbar, denn sie sah mir so lange in die Augen, wie ich ihrem Blick begegnen wollte – zehn, zwanzig oder sogar dreißig Minuten lang. Und nur selten war sie es, die den Blick als Erste abwandte.

Dieses gemeinsame Kuscheln war sowohl Meditation als auch Kommunikation, auch wenn ich nicht erklären kann, was Trixie mir außer ihrer Liebe übermittelte. Aber ich kann sagen, dass ich in ihren Augen häufig die Sehnsucht erkannte, sich mir auf so komplexe Weise verständlich zu machen, wie es nur durch Sprache möglich ist.

Wenn ich Trixie in die Augen sah, schwieg ich manchmal, doch gelegentlich erzählte ich ihr auch von meinem Tag, von meinen Problemen, meinen Hoffnungen – was immer mir gerade einfiel. Hundeliebhaber kennen diese Art von Geplapper gut. Der Hund reagiert nicht darauf – und man erwartet es auch gar nicht von ihm –, hört jedoch neugierig zu. Hunde schwimmen durch das Meer der menschlichen Sprache, lauschen aufmerksam auf Wörter, die sie erkennen können, und bemühen sich geduldig, das zu deuten, was wir sagen, obwohl sie das meiste davon nicht begreifen und niemals begreifen werden. Kein Mensch würde eine solche Geduld aufbringen. Wenn man die vielen Kommandos berücksichtigt, denen zu gehorchen sie bei der Ausbildung zum Führungshund für Behinderte gelernt hatte, und darüber hinaus alles, was sie sich allein angeeignet hatte – beispielsweise erkannte sie Wörter wie *Leckerli*, *Hühnchen*, *Gassi gehen*, *Ente*, *Hocker*, *Öl*, *Bild*, *kaputt* und sogar *Elektromagnetik* – umfasste ihr Wortschatz mindestens hundert Wörter. Und im Laufe der Jahre verdoppelte er sich. Das machte mich nachdenklich ...

Die Wahrnehmung, dass Wörter eine bestimmte Bedeutung haben, das Bestreben, sich diese Wörter zu merken, die Absicht, auf die Wörter, die man verstanden hat, mit entsprechendem Verhalten zu reagieren: Muss man aus all dem vielleicht schließen, dass der Hund sich auch gern durch Sprache mitteilen würde?

Da uns Trixie in den vorangegangenen vier Monaten große, durch nichts getrübte Freude bereitet und bei mir bereits positive Veränderungen bewirkt hatte, teilte ich ihr an jenem Januarabend mit: »Du bist nicht nur irgendein Hund. Mir kannst du nichts vormachen. Ich weiß, was du in *Wirklichkeit* bist.«

Als wollte sie etwas erwidern, hob sie den Kopf, zog sich ein wenig zurück und musterte mich, als wäre sie leicht besorgt. Golden Retriever haben bewegliche Stirnmuskeln, so dass ihr Gesicht über vielfältige Ausdrucksmöglichkeiten verfügt. Nie zuvor hatte Trixie mir gegenüber auf diese Weise reagiert. Belustigt deutete ich ihre Miene als *Oh, oh, jetzt ist meine Tarnung aufgeflogen.* »In Wirklichkeit bist du ein Engel«, fuhr ich fort.

Zu meiner Verblüffung rappelte sie sich hoch, als hätte irgendetwas sie alarmiert, lief den Gang entlang, drehte sich um und starrte mich an. Sie spannte die Muskeln an, spreizte die Beine, um sich völlig im Gleichgewicht zu halten, hob den Kopf und stellte die Ohren so weit auf, wie es ein Golden Retriever überhaupt vermag. Sie schien abzuwarten, was ich als Nächstes sagen würde.

Nur selten verschlägt mir irgendetwas die Sprache. Doch bei Trixies Verhalten, das offenbar eine *Reaktion* auf meine Worte war, so als hätte sie jedes einzelne davon verstanden, stellten sich mir die Nackenhärchen auf. Ich war sprachlos.

Fasziniert kniete ich mich hin und fragte mich, was sie als Nächstes tun würde. Doch sie beobachtete mich nur weiterhin äußerst aufmerksam, während ich aufstand. Ein, zwei Minuten lang musterten wir einander aus einer Entfernung von etwa sechs Metern, so als gingen wir beide davon aus, dass nun irgendetwas Folgenreiches geschehen würde. Trixie wedelte nicht. Aber sie hatte den Schwanz auch nicht eingekniffen, was sie getan hätte, hätte sie in irgendeiner Weise Angst empfunden. Der Schwanz war buschig und rührte sich überhaupt nicht, als wäre die Hündin aus der Zeit herausgetreten, so dass sie nichts berühren oder ihr auch nur ein Härchen krümmen könnte – nichts, es sei denn, sie ließ es zu.

»Trixie?«, fragte ich schließlich. Daraufhin zog sie sich noch drei, vier Meter weiter zurück, drehte sich erneut zu mir um und sah mich mit derselben erwartungsvollen Haltung an wie zuvor. Dabei war Trixie keine Hündin, die Abgeschiedenheit oder sogar Distanz suchte. Je näher sie bei uns war, desto glücklicher kam sie uns vor. Wenn ich schrieb, schlich sie sich manchmal unter meinen Schreibtisch und rollte sich dort wie ein Fußpolster zusammen. Und wenn ich meine bestrumpften Füße auf ihr ruhen ließ, seufzte sie vor Vergnügen. Gerda gegenüber verhielt sich dieses fast dreißig Kilo schwere Geschöpf noch mehr als bei mir wie ein Schoßhündchen. Höchste Zufriedenheit empfand sie, wenn man sie in die Arme nahm.

Das war das erste und zugleich das letzte Mal, dass sie Distanz zu mir herstellen wollte. Während wir einander anstarrten, wurde mir klar, dass ich – unabhängig davon, was Trixies Verhalten besagen sollte, falls überhaupt irgendetwas – besser daran tat, diese Geschichte nicht weiterzuverfolgen, schon deshalb nicht, weil sie Trixie beunruhigte. Außerdem hatte ich es hier mit etwas nicht Fassbarem zu tun, und wenn man Unfassbares weiterverfolgt, führt es nur zu endlosem Frust und bringt nichts, außer den Kitzel einer Verfolgungsjagd.

Ich setzte mich im Gang auf den Fußboden, lehnte mich mit dem Rücken gegen die Wand, streckte die Beine aus und schloss die Augen. Mein Nacken prickelte noch ein Weilchen, doch als meine Nackenhärchen sich wieder gelegt hatten, kehrte Trixie zu mir zurück und schmiegte sich an meine Seite. Sie legte den Kopf in meinen Schoß und ließ es zu, dass ich sie sanft hinter den Ohren kraulte und ihr Gesicht streichelte.

Später erzählte ich Gerda von dem Vorfall, aber natürlich wurde sie genauso wenig wie ich daraus schlau. Beide haben wir keine paranoiden Züge, und wir suchen auch nicht Hellseher oder medial veranlagte Leute auf. Wir lesen nicht einmal unsere Tageshoroskope.

Ich verdiene meinen Lebensunterhalt mit dem Schreiben von Erzählungen und Romanen und hätte wohl zahlreiche spannende Szenarien aus dieser einen unheimlichen Episode mit Trixie entwickeln können. Doch keines davon wäre so sonderbar wie das wirkliche Geschehen ausgefallen, hätte ich es ergründen können. Die Wahrheit ist *stets* sonderbarer als jede erfundene Geschichte. Wir gestalten diese Geschichten so, dass sie unserem Gefühl davon, wie die Dinge sein sollten, entsprechen, aber die Wahrheit können wir uns nicht zusammenzimmern. Die Wahrheit *existiert* einfach und hat die Fähigkeit, uns bis zum Niederknien zu verblüffen. Sie ruft uns nämlich ins Gedächtnis, dass das Universum nicht dazu da ist, unsere Erwartungen zu erfüllen. Da wir unvollkommene Geschöpfe sind, blind für die in Wahrheit überwältigende Komplexität der Welt, stutzen wir uns die Wirklichkeit auf fadenscheinige Theorien und Ideologien zurecht, die wir leicht begreifen können, und bezeichnen sie dann als wahr. Doch die Wahrheit eines unermesslich weiten Meeres verkörpert sich nicht in einem von der Flut angespülten Kieselstein.

Wenn wir einen Roman schreiben, ein neues politisches System ersinnen oder eine Theorie entwerfen, die beispielsweise die Arbeitsweise des menschlichen Gehirns oder die Entwicklung des Universums erklären soll, sind wir lediglich Erfinder von Fantasiegebilden. Wir nehmen der Fülle der wirklichen Erzählung des Lebens ihre Farben und verpacken sie in eine blasse Geschichte, die wir besser begreifen können. Wir irren uns, wenn wir uns die nicht zu ergründende Komplexität nicht eingestehen. Und gefährlich wird dieser Irrtum dann, wenn wir behaupten, diese eine farblose Geschichte oder Geschichtensammlung entspreche der Wahrheit. Wir landen bei der Farblosigkeit, weil wir der beängstigenden Wahrheit in all ihren starken Farben und unendlichen Einzelheiten nicht ins Gesicht blicken möchten.

Ich werde niemals die Wahrheit über diesen unheimlichen Moment mit Trixie wissen. Ich weiß jedoch, dass wir sie durch alle Jahre hindurch geliebt und geschätzt haben und sie uns ständig so verblüffte, wie es auch die Wahrheit tut. Sie brachte uns jeden Tag zum Lachen – und manchmal weinten wir auch aus Sorge um sie. Sie wog nur rund dreißig Kilo und gelegentlich nannte ich sie *Short Stuff.* Sie lebte nicht einmal zwölf Jahre. In dieser großen Welt war sie ein kleines Lebewesen, aber in jeder Hinsicht, die zählt, einschließlich der Wirkung, die sie auf jene ausübte, die sie liebten, lebte sie ein bedeutsames Leben.

In jedem kleinen Leben können wir große Wahrheit und Schönheit erkennen, und in jedem kleinen Leben erhaschen wir einen Blick auf das Wesen aller Dinge im Universum. Wenn wir zulassen, uns von der Schönheit des Alltäglichen verzaubern zu lassen, beginnen wir zu begreifen, dass alle Gegebenheiten in Wirklichkeit außergewöhnlich sind. Wenn wir Demut gegenüber dem empfinden, was wir nicht wissen und auch nicht wissen können, erhöht uns diese Demut. Wenn wir uns das Rätsel und Wunder der Existenz eingestehen, gewinnt unser vernebelter Verstand Klarheit. Wenn wir klar denken, wird aus dem Staunen Ehrfurcht, und durch diese Ehrfurcht werden wir wahrer Weisheit so nahe kommen, wie es überhaupt möglich ist.

Trixie war arglos und fröhlich, manchmal aber auch rätselhaft und ernst. Von dieser guten Hündin habe ich genauso viel gelernt wie durch all meine Schuljahre.

2

Das Leben vor Trixie

Wir hatten nicht das Glück, stets in Newport Beach, Kalifornien, zu leben. Und ich war auch nicht schon immer so ein Mensch gewesen, der die Schuld für die Beschädigung eines Gemäldes seinem Hund gibt – vor allem deswegen nicht, weil ich vor Trixie keinen Hund hatte, dem ich die Schuld hätte zuschieben können.

Ich war in Bedford, Pennsylvania, aufgewachsen, wo ich mit meinen Eltern in einem engen Haus mit vier Zimmern gewohnt hatte. Das Haus hatte mein Großvater mütterlicherseits gebaut. Ich liebte Großpapa John, doch trotz seiner vielen Talente war er für eine berufliche Laufbahn im Wohnungsbau genauso wenig geeignet wie ich ungeeignet bin, eine Operation am offenen Herzen durchzuführen.

Im ständig feuchten Keller des Hauses waren in die kleinen Nischen zwischen den Deckenfugen zwei nackte Glühbirnchen eingebettet. Da es die einzigen Lichtquellen waren, herrschte hier unten stets nur trübes, schwaches Dämmerlicht, das die hinterhältigen Schwammkolonien in den Ecken keineswegs störte. Als Kind war ich fast davon überzeugt, dass der Schwamm geduldig auf eine Gelegenheit wartete, mir Übles anzutun, wenn ich einmal nicht auf der Hut war.

Nach meinem neunten Geburtstag wurde auch ich zur Versorgung der Befeuerungsanlage eingeteilt. Das eiserne Biest stand gegenüber der Tür zu dem Verschlag, in dem die Kohle lagerte. Morgens schüttelte ich den Feuerrost, damit die Kohlenschlacke und die Asche in den Sammelbehälter fielen, schaufelte durch die Hauptluke Kohle in den Ofen und zündete leicht brennbares Material an, damit die Kohle schneller Feuer fing. Wenn ich am kommenden Tag keine Schule hatte, häufte ich am Abend viel Kohle auf, damit sie bis zum Morgen durchbrannte und das Haus die ganze Nacht warm blieb.

Doch das stellte sich als Unsinn heraus, denn dieser Heizkessel war kein Umluftofen. Die Wärme stieg durch einen großen eisernen Rost ins Wohnzimmer hinauf und von dort aus so langsam nach oben, dass Wasser, wenn man es an bitterkalten Wintertagen über Nacht in einem Glas stehen ließ, morgens zu Eis gefroren war.

Bis zu meinem zwölften Lebensjahr hatten wir kein Badezimmer. Stattdessen war an einer Kellerwand ein Duschkopf oberhalb einer Rinne im Betonfußboden angebracht. Und um die Dusche und die

Waschmaschine mit warmem Wasser zu versorgen, wurde das Wasser mit einem Petroleumbrenner erhitzt, den ein Pyromane entworfen haben musste. Ein großes Glasgefäß mit Brennflüssigkeit wurde zu diesem Zweck auf den Kopf gestellt, um Tropfen für Tropfen mithilfe der Schwerkraft einen Ring rings um einen Docht zu tränken. Es war eine verrückte Gerätschaft mit äußerst wackeligem Aufbau, und ich rechnete jederzeit damit, dass ein Feuerball durch das Haus schießen und uns in menschliche Fackeln verwandeln könnte.

Lebhafte Fantasie ist für einen Schriftsteller ein wahrer Segen, doch sie kann auch ein Fluch sein. Im Kohlenverschlag fragte ich mich manchmal, ob es diesmal passieren würde, dass meine Schaufel die bleiche Hand eines Leichnams zutage fördern würde, die bislang unter der Kohle verborgen gewesen war. Da mein Vater stets zur Gewalttätigkeit neigte, hatte ich ihn für die Rolle des Mörders vorgesehen.

Allerdings kann ich über den Keller zwei positive Dinge sagen: Erstens konnte man dort aus einem Hahn warmes Wasser beziehen, während man an der Küchenspüle nur kaltes Wasser bekam, das man von Hand aus einem Brunnen pumpen musste. Zweitens krochen im Keller zwar Spinnen herum, aber es gab dort nicht so viele achtbeinige Anschleicher wie auf dem Plumpsklosett im Anbau.

Als ich elf war, erhielt meine Mutter eine bescheidene Summe aus dem Nachlass meines verstorbenen Großvaters. Sie nutzte das Geld vor allem dazu, das Haus mit sanitären Installationen ausstatten zu lassen. Anstelle der Handpumpe an der Küchenspüle hatten wir nun ein kleines Badezimmer mit fließendem warmem und kaltem Wasser. Außerdem ließ sie die Teerpappe des Daches durch Asphaltschindeln ersetzen. Uns kam es so vor, als wären wir in einen Palast umgezogen. Schließlich hatten wir nun eine blitzblanke Keramiktoilette anstelle einer Holzbank mit einem Loch darin, unter der Spinnen lauerten.

Wir besaßen zwar nur wenig, doch ständig bestand für uns die Gefahr, auch dieses Wenige zu verlieren. Der Grund für unser ständiges Herumjonglieren mit dem Geld und die Drohung wirklicher Armut war die Überzeugung meines Vaters, es sei reine Verschwendung, seinen Arbeitslohn für die Begleichung von Rechnungen oder die Abzahlung der Haushypotheken zu verwenden. Schließlich könne er sein Geld beim Pokern oder Würfelspiel doch an einem einzigen Abend vervierfachen, meinte er. Falls ihn die Karten oder der Würfel im Stich ließen, suchte er Trost in irgendeiner Kneipe. Sobald er nämlich an der Theke eine Runde für die Kumpel ausgab, konnte er sich vormachen, der wohlhabende Mann zu sein, der er so gern gewesen wäre.

Wenn er nicht gerade in Bars oder bei Glücksspielen herumhing, arbeitete er. Im Laufe von fünfunddreißig Jahren brachte er es auf vierundvierzig verschiedene Jobs, viele davon im Verkauf, vor allem als Versicherungsagent. Mehr als einmal wurde er gefeuert, weil er seinen Chef zusammengeschlagen hatte (was der beruflichen Laufbahn bekanntlich niemals förderlich ist) oder auch einen Arbeitskollegen, der ihn beleidigt hatte. Manchmal kündigte er auch von sich aus, weil er sich nicht genügend gewürdigt fühlte, und vermutlich auch dann, wenn auf seiner gegenwärtigen Arbeitsstelle niemand war, den er gern verprügelt hätte – denn das machte den Arbeitstag langweilig.

Obwohl meine Mutter gertenschlank, hübsch und herzensgut war, stieg mein Vater anderen Frauen nach. Mindestens zwei von ihnen waren weibliche Ringer. In den 1950er Jahren waren Ringkämpferinnen ebenso rar gesät wie Banjospieler ohne Arme, und diese Frauen waren keineswegs die Bikini-Schönheiten, die sich während der 1970er Jahre wechselseitig in den Schlamm schleuderten. Mein Vater hatte Liebschaften mit Ringerinnen, die einen größeren Bizeps und tiefere Stimmen als er selbst besaßen.

Wenn bei uns nach Mitternacht das Telefon läutete, entpuppte sich der Anrufer stets als irgendein Barkeeper, der berichtete, mein Vater habe sich bis zur Bewusstlosigkeit betrunken und müsse aus der Bar geschafft werden, ehe sie schließe. Wenn die Bar nur wenige Kilometer von unserem Haus entfernt lag, zogen meine Mutter und ich zu Fuß los und verfrachteten meinen Vater in sein Auto. Einmal fragte eine an der Theke hockende Frau bei einer solchen Gelegenheit, ob meine Mutter sie auf der Rückfahrt zu

Hause absetzen könne. Ihr Date habe sie im Stich gelassen. Die dralle Blondine hatte eine so straffe Dauerwellenfrisur, dass diese ein brauchbarer Stoßdämpfer gewesen wäre, hätte ihr jemand mit einem Vorschlaghammer eins über den Kopf gezogen. Und ich spürte, dass meine sanfte Mutter tatsächlich bedauerte, keinen Vorschlaghammer dabei zu haben.

Aber damals war ich noch zu jung, um mir zusammenzureimen, dass der Dating-Partner der Blondine sie nicht sitzengelassen hatte, sondern *aus den Latschen gekippt* und mein Vater war. Diese Erkenntnis erfolgte bei mir erst am folgenden Abend, während ich im Bett lag und hörte, wie sich meine Eltern im Erdgeschoss wegen der Blondine mit der Betondauerwelle stritten.

Aufgrund solcher nachmitternächtlichen Exkursionen zur Bergung meines Vaters und anderer demütigender Erlebnisse, die mit dessen Verhalten zu tun hatten, waren meine Kindheit und Jugend von Scham geprägt. Da die Schwächen meines Vaters weithin bekannt waren, zuckte ich jedes Mal zusammen, wenn man mich fragte, ob ich der Sohn von Ray Koontz sei. Statt direkt zu antworten, erwiderte ich dann, meine Mutter sei Florence Koontz, denn mit ihr verband niemand irgendetwas Peinliches.

Von dem Moment an, als mich zwei meiner Tanten in der Wiege erblickten, waren sie davon überzeugt, dass ich sicher genauso ein Nichtsnutz wie mein Vater werden würde. Wenn sie mich mit meinen sieben Jahren zufällig dabei erwischten, dass ich verträumt in der Sommersonne lag und faulenzte, bewölkten sich ihre Gesichter und sie erklärten feierlich: »Ganz der Vater!« – so als würden andere Siebenjährige bereits ihre ersten einhundert Dollar als Bedienung an einem Limonade-Stand verdienen oder in einem Pflegeheim als Freiwillige Bettpfannen leeren.

Das mangelnde Interesse meines Vaters an mir, seine Anfälle von Tobsucht und Gewalttätigkeit, wenn er getrunken hatte, seine Drohungen, sich – und uns – umzubringen, der Kummer und die Angst, die er meiner Mutter machte: Nichts davon setzte mir so zu wie die Scham, die meine Mutter und ich empfanden, weil er sich in aller Öffentlichkeit betrank, den Frauen nachstellte, oft ungeheuer angab und noch andere Dinge tat, die ihn zum Gegenstand von Klatsch und Gespött machten.

In meiner Highschool-Zeit war ich ein schüchterner, unsicherer Junge und kompensierte meine Minderwertigkeitskomplexe dadurch, dass ich schlagfertig war, Witze riss und den Klassenclown spielte. Meine Sprachfähigkeiten waren mir Schutz und Schild.

Nirgendwo in meinem damaligen Leben trat meine Schüchternheit so offen zutage wie im Umgang mit dem anderen Geschlecht. Wenn ich ein Mädchen um ein Treffen bat und sie ablehnte, fragte ich grundsätzlich kein zweites Mal. Vielleicht tat ihr die Absage sogar aufrichtig leid. Es mochte sich sogar als wahr herausstellen, dass ihre Mutter im Krankenhaus lag, ihr Vater wegen einem doppelten Beinbruch bewegungsunfähig war und ihre geliebte Schwester im 23. Jahrhundert festsaß, nachdem sie an einem geheimen Zeitreise-Experiment der Regierung teilgenommen hatte. Aber ich ging in jedem einzelnen Fall davon aus, dass sie, wenn sie mich ansah, meinen Vater vor Augen haben musste und lieber ihre Haare angesengt hätte, als meine Einladung zum Schultanz auf Socken in der Turnhalle, gefolgt von Milkshakes im Dairy Queen, anzunehmen.

Doch dann tauchte in meinem Abschlussjahr in der Highschool Gerda Cerra auf. Schon vorher hatten mich bestimmte Mädchen angezogen, bezaubert und fasziniert, aber nie zuvor hatte mich jemand so verzückt und geradezu hingerissen. Eigentlich hielt ich es ja bei jedem, der nach 1890 geboren war, für unmöglich, von einem Menschen hingerissen zu sein. Gerda jedoch war zierlich, anmutig, schön und hatte eine so weiche Stimme, dass jedes Wort von ihr vertraulich und sogar romantisch wirkte. Sogar wenn sie sagte: »Dir hängt irgendetwas aus der Nase«, schlug mein Herz schneller. Und nicht zuletzt kam mir ihre unerschütterliche Gelassenheit nicht von dieser Welt vor.

Dass ich ihr so schüchtern, wie ich war, in meiner Verliebtheit ständig nachlief, und zwar von der ersten Verabredung in der zwölften Klasse bis zum Heiratsantrag, zeigt, welche Wirkung sie auf mich hatte – insbesondere wenn man bedenkt, dass sie mich vier Mal abwies. Zum ersten Mal geschah das, als sie hörte, an welchem Abend ich sie ins Kino ausführen wollte. Sie behauptete, an diesem Abend müsse sie in einer Reinigung arbeiten. Hätte bei meinen früheren Annäherungsversuchen ein Mädchen ein Treffen mit der Begründung abgelehnt, sie sei wegen ihres Gipskorsetts bewegungsunfähig, wäre ich selbst in einem solchen Fall davon ausgegangen, dass sie mich abstoßend finden müsse. Und danach wäre ich ihr aus dem Weg gegangen. Doch Gerda lud ich eine Woche später ein zweites Mal ein.

Diesmal teilte Gerda mir mit, an dem fraglichen Abend arbeite sie im Kino am Stand mit den Erfrischungsgetränken. Diese junge Frau maß entweder dem Wort »fleißig« eine völlig neue Bedeutung zu oder konnte sich nicht mehr daran erinnern, dass sie in der vorangegangenen Woche einen Job in einer Reinigung als Ausrede benutzt hatte.

Nachdem ich zwei Wochen gebraucht hatte, um erneut Mut zu fassen, bat ich sie erneut um ein Treffen. Diesmal erfuhr ich, sie habe für den fraglichen Abend einen Job als Babysitterin angenommen. Sie wirkte dabei durchaus ehrlich, aber schließlich hatte sogar Hitler glaubwürdig gewirkt, als er behauptete, er werde nicht in Polen einfallen – und wir wissen ja, wie das ausging. Da ich jedoch nicht glaubte, dass Gerda eine Invasion in Polen beabsichtigte, machte ich mir vor, immer noch eine Chance bei ihr zu haben, und nahm ihre Absage mit Anstand hin. Ich fürchtete allerdings, Gerda könne sich von mir belästigt, wenn nicht sogar in die Ecke gedrängt fühlen, so dass sie meine vierte Einladung wütend ablehnen würde. Deshalb grübelte ich wochenlang vor mich hin, ehe ich sie bat, mich zu einer Veranstaltung zu begleiten, an der sie sowieso teilnehmen musste. Jahr für Jahr hatte man sie zur Jahrgangssprecherin gewählt, deshalb lud ich sie zum Ball der elften Klassen ein.

Nun lehnte sie mit der Begründung ab, sie habe an diesem Abend zu tun. Soweit ich mich erinnere, erwiderte ich daraufhin in ernstem Ton (allerdings muss ich ehrlicherweise zugeben, dass es wohl eher wie ein wehleidiges Gejammer herauskam): »Aber du *musst* doch zu diesem Ball gehen. Es ist der Ball der *elften Klassen*, und du bist deren *Jahrgangssprecherin!*«

»Oh, natürlich gehe ich hin«, erklärte sie. »Aber anfangs habe ich damit zu tun, Eintrittskarten zu verkaufen. Danach habe ich eine Schicht beim Auflegen der Schallplatten übernommen, später verkaufe ich Getränke und am Schluss helfe ich beim Aufräumen der Turnhalle.«

Ich erklärte, diese vier Dinge zählten zu meinen Lieblingsbeschäftigungen bei einem Date. Nun blieb ihr kein Ausweg mehr, mich abzuwimmeln. Höchstens hätte sie mich mit ihrer Handtasche schlagen oder nach der Polizei rufen können. Doch sie lächelte und sagte nur: »In Ordnung.« Und wegen ihrer weichen Stimme klangen ihre Worte so, als hätte sie mir ewige Liebe geschworen. Da mir in diesem Augenblick auch nichts aus der Nase hing, kam ich mir so weltmännisch vor wie Cary Grant.

Irgendwann erfuhr ich, dass Gerdas Vater Bedfords Schuster war. Er war aus Italien in die Vereinigten Staaten eingewandert und hatte viele Anschauungen der Alten Welt bewahrt, einschließlich der Auffassung, dass Kinder, sobald sie das Teenageralter erreichen, arbeiten sollten. Gerda hatte tatsächlich Teilzeit-Jobs in einer Reinigung und im örtlichen Kino und ergänzte diese Einnahmen durch Babysitten. Schon mit dreizehn Jahren kaufte sie ihre Kleidung von eigenem Geld oder sie besorgte sich Stoffe, um sie selbst zu nähen, da sie gut schneidern konnte.

Bei unserer ersten Verabredung fanden wir zwischen dem Verkauf von Eintrittskarten, dem Auflegen von Schallplatten, dem Getränkeverkauf und dem Aufräumen der Turnhalle nur Zeit für einen einzigen Tanz, lachten aber viel miteinander. Doch nachdem ich sie bis zu ihrer Haustür begleitet und ihr Gute Nacht gewünscht hatte, fragte ich mich trotzdem voller Sorge, welchen Eindruck ich auf sie gemacht hatte. Ich dachte kurz daran, nach Hause zu eilen, um sie anzurufen und sie um eine regelrechte Bewertung unseres Treffens zu bitten, kam jedoch zu dem Schluss, dass ich sie damit, allzu sehr auf Selbstbestätigung aus, nur bedrängen würde.

Der folgende Tag, ein Sonntag, zog sich so unendlich lange hin, als hätte sich die Erdrotation dramatisch verlangsamt. Am Montagmorgen lag ich bereits vor Gerdas Schulspind auf der Lauer, als sie auf dem Gang vor ihrem Klassenzimmer auftauchte. Fast erwartete ich von ihr nur ein höfliches *Hallo* und ein völliges Übergehen des Schulballs, als könnte sie sich an nichts erinnern. Doch stattdessen verkündete sie, sie habe während unserer fünf gemeinsamen Stunden so viel lachen müssen, dass am Sonntagmorgen ihre Bauchmuskeln geschmerzt hätten. Ich war ja stets davon ausgegangen, dass Mädchen die Treffen mit mir als qualvoll empfinden müssten, aber Gerdas Muskelkater war für sie eine offensichtlich nicht unangenehme Qual. Und so setzten wir unsere Treffen fort und lachten viel miteinander. Schließlich bat ich sie, mich zu heiraten, und sie nahm meinen Antrag an.

Kurz nach Studienabschluss und nach unserer Heirat nahm ich die Arbeit in einem staatlichen Projekt zur Bekämpfung von Armut auf und war dort sieben Monate tätig – lange genug, um festzustellen, dass solche Programme nur diejenigen bereichern, die sie verwalten, doch ansonsten eher noch größere Armut bewirken. Außerdem führte die geringe Bezahlung dazu, dass sich *meine* Armut mehr als ein halbes Jahr fortsetzte.

Gerda hatte zwar Buchhaltung gelernt, kannte sich im Rechnungswesen aus und hatte ein paar Jahre in einer Bank gejobbt, konnte aber keine ihrer Ausbildung entsprechende Stelle in unserem winzigen Wohnort Saxton finden, der in den Appalachen lag. Ich unterrichtete dort sozial benachteiligte Kinder. Notgedrungen nahm Gerda einen Job als Akkordarbeiterin in einer Schuhfabrik an. An jedem Werktag bestieg sie um 4 Uhr früh einen Firmenbus, der sie mit einer Fahrtzeit von fünfundvierzig Minuten über die Berge zur Produktionsstätte brachte.

Als wir heirateten, besaßen wir nur ein paar hundert Dollar, einen Gebrauchtwagen und unsere Kleidung. Von den wenigen Häusern, die man in Saxton mieten konnte, war nur ein einziges vollständig mit Sanitäranlagen ausgestattet. Da ich die Lebensweise, in der Plumpsklo und Kellerdusche das Badezimmer ersetzt hatten, vor zehn Jahren zum Glück hinter mir gelassen hatte, wollte ich auf keinen Fall zu einem solchen Leben zurückkehren. Die Monatsmiete für unser Haus betrug fünfundsechzig Dollar – eigentlich mehr, als Gerda und ich uns leisten konnten. Aber wir knauserten bei anderen Ausgaben, um das Geld aufzubringen.

Das Haus war weder mit einem Kühlschrank noch mit einem Herd ausgestattet. Deshalb kauften wir einen gebrauchten Kühlschrank und eine einzige elektrische Kochplatte. Wir hatten kein Kochfeld und auch keinen Backofen, doch Gerda bereitete trotzdem wunderbare Mahlzeiten zu. Sie konnte auf der Platte sogar rösten, braten und backen, nur nicht Pasteten, da deren Füllung dann unten anbrannte, während die Oberseite lauwarm blieb. In finanzieller Hinsicht war das für uns ein prekäres Jahr, in dem wir beide viele Überstunden machten. Dennoch waren wir glücklich, weil wir zusammen waren.

Wir zogen schließlich von Saxton weg und in den Umkreis von Harrisburg. Dort unterrichtete ich achtzehn Monate lang Englisch in einer Highschool, bis Gerda mir ein Angebot machte, das unser beider Leben veränderte. In meiner Freizeit hatte ich mich als Schriftsteller versucht und ein paar Kurzgeschichten und zwei Romane in Taschenbuchformat an Verlage verkauft. »Du wärst doch gern ein Vollzeit-Autor«, sagte Gerda. »Also kündige deine Stelle als Lehrer. Ich werde uns fünf Jahre lang über Wasser halten. Wenn du es in fünf Jahren nicht schaffst, wirst du es niemals schaffen.« Manchmal behaupte ich, ich hätte versucht, meine Bewährungsfrist auf sieben Jahre auszudehnen, Gerda sei jedoch eine knallharte Verhandlungsführerin gewesen.

Nach all diesen Jahren empfinde ich Demut angesichts ihres Glaubens an mich und der Liebe, die ihr Angebot beflügelte. Wenn man unsere damalige Situation berücksichtigt – eine wackelige finanzielle Situation, begrenzte Zukunftsaussichten, mehr Ablehnungen als Annahmen von Manuskripten bei Verlagen –, wirkt Gerdas Vertrauen wirklich außergewöhnlich. Zwar hoffe ich, dass ich im Laufe der Jahre zu einem Mann geworden bin, der ihr dasselbe Angebot machen würde, wäre ich mathematisch begabt und Gerda sprachbegabt, doch Demut empfinde ich, weil ich in jener Zeit kein so guter Mann war. Da ich in Armut, gepaart mit psychischer und physischer Gewalttätigkeit, aufgewachsen war, stets beschämt durch die Eskapaden meines Vaters, wurde ich in meinen Zwanzigerjahren zu einem Mann, der fast so viel Selbstbestätigung brauchte wie ein Kind. Verzweifelt musste ich mich ständig selbst beweisen, und eine Folge davon war, dass ich in geschäftlicher Hinsicht viele falsche Entscheidungen traf. Ich war allzu sehr darauf aus, Menschen zu vertrauen, die mein Vertrauen nicht verdienten, glaubte offenkundig falschen Versprechungen und nahm schlechte Ratschläge an, wenn sie von Leuten kamen, die sich in der jeweiligen Angelegenheit auszukennen schienen – und zwar besonders dann, wenn diese Menschen mich durch Lob manipulierten. Gerda, die von jeher ausgezeichnete Menschenkenntnis besaß, merkte bei jedem Vorfall, an welchem Punkt ich auf Glatteis geriet, und versuchte vorsichtig, mich auf sicheres Gelände zu führen. Doch ich brauchte viel zu viele Jahre dafür zu erkennen, dass die einzige Akzeptanz, die (abgesehen von der Gottes) zählte, die meiner Frau war. Mein ganzes Erwachsenenleben hindurch ist Gerda für mich ein Leitstern geblieben.

Als einige von Gerdas und meinen Familienangehörigen sowie Bekannte von uns erfuhren, dass ich jetzt die ganze Zeit Geschichten und Romane schrieb, während Gerda den Schinken, die Eier und die Kartoffeln nach Hause brachte, betrachteten sie diese Entwicklung als Beweis dafür, dass ich genau wie mein Vater ein Nichtsnutz war. Sie bemitleideten Gerda – und mich provozierten sie gelegentlich.

Aus vielerlei Gründen konnten und wollten Gerda und ich nicht die Möglichkeit einräumen, dass ich scheitern könnte. Am Ende meiner fünf Bewährungsjahre kündigte Gerda ihre Arbeitsstelle, damit wir zusammenarbeiten konnten. Sie verwaltete unsere Finanzen, übernahm die Recherchen für meine Bücher und entlastete mich von all den Anforderungen des Alltags und Berufslebens, die mir die kreative Energie raubten und meine Finger von der Schreibmaschine fernhielten.

Inzwischen hatten wir ein beachtliches monatliches Einkommen, wenn wir auch kein Vermögen besaßen. Während der folgenden fünf Jahre wurde ich besser in dem, was ich schrieb, doch die handwerklichen und künstlerischen Verbesserungen fanden nur selten Niederschlag in höheren Honoraren.

Nach einem Frühling in Pennsylvania, in dem wir vierzig Tage lang keinen blauen Himmel gesehen hatten (sehr biblisch!), zogen wir nicht nur des besseren Wetters wegen nach Kalifornien um, sondern auch deswegen, weil ich dort vielleicht Drehbücher würde verfassen können. Bei meinen ersten Vorstößen in Hollywood empfand ich das Filmgeschäft jedoch als unbefriedigend und deprimierend. Uns war damals durchaus klar, dass Schriftsteller kommen und gehen und ich eher früher als später einer der Autoren sein würde, die weg vom Fenster und vergessen sind, falls meine Bücher sich nicht gut verkauften und nicht wesentlich zum Geschäftserfolg eines Verlages beitrugen.

Doch ab 1980 ging es aufwärts. Während ich das hier schreibe, 29 Jahre später, nähern sich die weltweiten Verkäufe meiner Bücher der Zahl von 400 Millionen Exemplaren. Die Kritiker sind größtenteils freundlich mit mir umgegangen, und die Leserinnen und Leser sogar noch freundlicher. Neben einer Leidenschaft für die englische Sprache und einer unverbrüchlichen Liebe zum Geschichtenerzählen setzte dieser Erfolg Durchhaltevermögen und unzählige Stunden harter Arbeit voraus. Mein Leben ist genau wie Gerdas Leben stets von harter Arbeit geprägt gewesen. Unser Arbeitspensum umfasst mindestens sechzig Stunden pro Woche, oft auch siebzig, und manchmal mehr.

Wenn das letzte Stündlein schlägt, verabschiedet man sich von dieser Welt, wie uns unser Glaube sagt, am besten ins Gebet versenkt oder in die von uns gewählte Arbeit vertieft. Gerda und ich haben ohne jeden Groll akzeptiert, dass der Menschheit seit der Vertreibung aus dem Paradies Arbeit auferlegt ist. Wenn man sie redlich und gewissenhaft verrichtet, bedeutet Arbeit Gehorsam gegenüber der göttlichen Ordnung und ist eine Form von Buße.

Während wir uns der Arbeit widmeten, sprachen wir viele Jahre lang darüber, uns einen Hund anzuschaffen. Selbst in den Zeiten, als wir sehr wenig Geld hatten, umgaben wir uns mit schönen Dingen – mit billigen Drucken anstelle von echten Ölgemälden,

Pressglas anstelle von Glaskunst aus der Kristallerie Daum –, weil Schönheit die sorgenvolle Seele beruhigt und inspiriert. Ein Hund kann ein lebendes Kunstwerk sein, eine ständige Erinnerung an die wunderbare Gestaltung und die atemberaubenden Details der Natur: Schönheit auf vier Pfoten. Außerdem wurde uns von Jahr zu Jahr deutlicher bewusst, dass diese Welt ein höchst geheimnisvoller Ort ist.

Und nichts bestätigte uns das Wunder der Existenz deutlicher als das, was wir zwischen Hunden und behinderten Menschen in der Einrichtung *Canine Companions for Independence* (Begleitung durch Hunde für Unabhängigkeit) geschehen sahen. Dieses Zentrum bildet Hunde zu Begleitern und Helfern von Blinden und anderen behinderten Menschen aus.

Wenn man als Beschützer und Gefährte mit einem Hund zusammenlebt, ist das eine Möglichkeit, das Mysterium dieser Welt genauer zu erforschen – jedenfalls sehen Gerda und ich das so. Uns war klar, dass man Hunde nicht besonders liebt, wenn man sie vor allem draußen im Garten oder Hof hält. Hunde sind Rudeltiere, dazu geboren, innerhalb einer Familie zu leben. Deshalb verlangt ein Hund fast so viel Zeit von einem wie ein Kind. Wir zögerten, unsere Familie auf diese Weise zu erweitern – nicht nur wegen unseres straffen Arbeitspensums, sondern auch, weil wir nach mehr als dreißig Ehejahren einen bestimmten Lebensrhythmus hatten, der gut funktionierte, und befürchteten, dass ein Hund ihn vielleicht durcheinanderbringen würde.

Doch im September 1998 trat schließlich eine Hündin in unser Leben. Während der folgenden neun Jahre verblüffte und verwunderte sie uns häufig, stets machte sie uns Freude, und im Laufe der Zeit weckte sie in uns ein Gefühl für das Wunderbare, das uns unser ganzes restliches Leben lang begleiten wird. So wie jeder Mann und jede Frau nicht nur Geschlecht und Körper haben, sondern auch Lebewesen mit einem Geist sind (der in dieser oder jener Hinsicht kleinere oder größere negative Seiten aufweisen kann), besaß auch diese Hündin Geist. Und dieser Geist war so unverdorben und rein, wie es kein menschlicher Geist jemals sein kann. Von allen Einflüssen dieser Welt, die mich zu einem besseren Menschen gemacht haben, übte diese Hündin – gleich nach meiner Frau Gerda – den größten Einfluss auf mich aus. Und sie gab Gerda genauso viel wie mir.

Diese Hündin war so fröhlich, wie es Hunde ihrer Rasse nur sein können. Sie besaß alle Vorzüge ihrer Art und war so ohne Falsch wie fast alle Hunde. Aber sie war auch unheimlich intelligent und manchmal auf eine Weise, die einem Hund überhaupt nicht ähnlich sah, zu ernsthaftem Verhalten fähig. Dieses Verhalten entsprang nicht irgendeiner Laune, sondern war eine feierliche Ernsthaftigkeit, so als hätte sie in diesem oder jenem Augenblick eine wichtige Wahrheit entdeckt und wollte, dass man diese Wahrheit ebenfalls erkannte.

Gerda und ich waren nicht die Einzigen, die Zeugen dieses Verhaltens wurden. Und je mehr ich mir dessen bewusst wurde und auch Bemerkungen anderer Menschen dazu hörte, desto offener wurde ich für die Veränderungen, die diese besondere Hündin in mir auslösen sollte.

Nun war Trixie Teil unseres Lebens.

3

Ahnungen, Abenteuer und Analdrüsen

Sie behielt ihren Namen, als sie zu uns kam: Trixie. Manchmal sagte ich scherzhaft, der Name klinge eher nach einer Strippe-rin als nach einem Hund. Man sagte uns, wir könnten den Namen ändern. Trixie könne man schnell beibringen, auf einen neuen Na-men zu hören. Doch der Name mochte zwar eher nach einer Stripperin als nach einem Hund klingen, aber noch mehr klang er wie der Name einer Elfe oder Fee. Elfen und Feen sind zauberhafte Wesen, und das war auch Trixie.

Sie kam nicht als Welpe zu uns, sondern als eine hervorragend erzogene junge Dame von drei Jahren. Wegen einer Ellbogenoperation hatte sie sich vorzeitig von ihrer Laufbahn als Assistenzhund verabschieden müssen. Vorher hatte sie sich um eine schöne junge Frau namens Jenna gekümmert, die bei einem Verkehrsunfall beide Beine verloren hatte. Trixie hatte ihren Dienst bei Jenna zu der Zeit aufgenommen, als Jenna im Abschlussjahr ihres Studiums ein Lehrpraktikum an einer Grundschule absolvieren musste. Im Klassenzimmer hatte sie großen Eindruck auf die Schülerinnen und Schüler gemacht.

Seit 1990 unterstützen Gerda und ich das *Southwest Chapter of Canine Companions for Independence* (Südwest-Niederlassung der Hundebegleitung für Unabhängigkeit). Diese bemerkenswerte Einrichtung zieht Assistenzhunde auf und trainiert sie für vier unterschiedliche Einsatzmöglichkeiten.

Einen Hund in einem »Service Team« bringt man mit einem körperlich behinderten Jugendlichen oder Erwachsenen zusammen. Das kann zum Beispiel ein querschnittgelähmter Mensch sein oder jemand, dessen Lähmung sich auf alle vier Gliedmaßen erstreckt. Der Hund übernimmt dann solche Aufgaben wie den Fahrstuhl zu holen, Türen zu öffnen, heruntergefallene Gegenstände zu apportieren, die jemand, der im Rollstuhl sitzt, nicht erreichen kann. Manche Erwachsene, die nicht allein leben konnten, bevor sie einen Assistenzhund erhielten, erlangten dadurch Unabhängigkeit. Kinder im Rollstuhl gewinnen Selbstvertrauen – und einen neuen besten Freund.

In einem »Skilled Companion Team« (Team aus hochbegabten Gefährten) unterstützen diese Hunde ein Kind oder einen Erwachsenen, wenn dieser Mensch in seiner Entwicklung oder körperlich behindert ist. Oft wird dabei auch die Person einbezogen, die am meisten für den Behinderten oder die Behinderte sorgt. Meistens ist das ein Elternteil. Der Hund hilft bei vielen Aufgaben, aber in erster

Linie ist er der Gefährte der Behinderten und baut eine liebevolle Beziehung zu ihnen auf. Solche Hunde können bei einem autistischen Kind oder einem Kind mit einem Katzenschreisyndrom (CDC-Syndrom) geradezu Wunder bewirken.

In einem »Hearing Team« (Hör-Team) macht der Hund seinen tauben oder schwerhörigen Gefährten auf das Klingeln des Weckers, Rauchalarm, die Türglocke und andere Geräusche aufmerksam.

In »Facility Teams« (Unterstützungsteams) setzt man Hunde beispielsweise als Helfer für Lehrer, Reha-Experten, Betreuer in Kliniken, in Klassen mit Schülerinnen und Schülern, die unter Entwicklungsstörungen leiden, oder in Pflegeheimen ein. Auch diese Hunde wirken Tag für Tag Wunder.

Die Assistenzhunde, die *Canine Companions for Independence* (CCI) an behinderte Menschen vergibt, leisten wegen ihrer besonderen Ausbildung großartige Arbeit, aber die außergewöhnlichsten Leistungen erbringen sie vielleicht einfach aufgrund der Eigenschaften, die sie als *Hunde* nun einmal haben.

Tom Hollenstein, ein Freund und Vorstandsmitglied des CCI Südwest, erlitt im Alter von vierundzwanzig Jahren bei einem Verkehrsunfall eine sehr schwere Rückenverletzung. Dieser hochgewachsene, gutaussehende, umgängliche und mitteilsame Mann musste plötzlich im Rollstuhl sitzen und wieder bei seinen Eltern wohnen. Tom ist einer der willensstärksten Menschen, denen ich je begegnet bin, und die Einschränkung seiner Unabhängigkeit konnte er nicht lange ertragen.

Als er seinen ersten Assistenzhund namens Weaver bekam, übernahm er wieder die Kontrolle über sein Leben, zog vom Haus seiner Eltern in eine eigene Wohnung um, fand Arbeit und schaute niemals zurück.

Weaver war etwas ganz Besonderes, und die Beziehung, die sich zwischen Mensch und Hund, Tom und Weaver, entwickelte, war noch tiefer als üblich. Tom hat einmal gesagt, hätte er die Wahl gehabt, niemals eine Behinderung zu bekommen oder aber niemals Weaver gekannt zu haben, hätte er sich für den Hund entschieden und die Rückenverletzung auf sich genommen.

Tom spricht nicht leichtfertig über solche Dinge. Er meint, was er sagt. Er erzählte mir, dass er, als er seinen vierbeinigen Gefährten verlor, in seiner Trauer überaus tiefe Gefühle in sich entdeckte, die er in seinem Inneren gar nicht vermutet hatte.

Vom CCI las ich erstmals, als ich Recherchen für meinen Roman *Mitternacht* anstellte, da in diesem Roman ein Protagonist vorkommt, der an einen Rollstuhl gebunden ist. Von der Arbeit dieser Organisation war ich so angetan, dass ich dem Gefährten des Behinderten, dem fiktiven Hund namens Moose, als Hintergrund die Ausbildung als Assistenzhund beim CCI mitgab.

Mitternacht war mein erstes Buch, das den Spitzenplatz auf der Bestsellerliste erreichte. Das erregte die Aufmerksamkeit des CCI und man fragte bei mir an, ob ich nicht in der Taschenbuchausgabe auf den Schlussseiten des Buches einen Hinweis auf die Arbeit des CCI einfügen könne, um für die Organisation zu werben. Außerdem bat man mich, die Adresse der CCI-Bundeszentrale im kalifornischen Santa Rosa anzugeben. Diesen Wünschen kam ich gern nach, und das führte, lange ehe Trixie zur Welt kam, zu Gerdas und meiner persönlichen Verbindung zur CCI-Niederlassung für den Südwesten der Vereinigten Staaten.

Zwar musste sich Trixie mit zweieinhalb Jahren aus ihrer Helfertätigkeit für Jenna zurückziehen, doch mit drei Jahren wurde sie bei Gerda und mir zu einem Assistenzhund anderer Art. Auf vielfache Weise führte sie nämlich »Reparaturarbeiten« an *uns* durch.

Eine Frau namens Judi Pierson leitete damals den Südwestverband des CCI. Schon oft hatte sie Gerda und mich dazu ermutigt, einen von dessen Trainingsprogramm freigestellten Hund zu uns zu nehmen. Nicht jeder Welpe besitzt das Talent und Temperament oder die körperlichen Voraussetzungen dafür, die vollen zwei Trainingsjahre bis zur Abschlussprüfung durchzustehen. Stets ziehen Freiwillige die vom CCI überprüften Welpen von der achten Woche an groß, nachdem der Züchter sie bei ihnen abgegeben hat. Diese Freiwilligen haben den Hund etwa sechzehn Monate lang bei sich und lehren ihn zu sitzen, am Platz zu bleiben, sich niederzulegen, bei Fuß zu gehen, an lockerer Leine oder ganz ohne Leine mitzukommen, auf Befehl hin sein Geschäft zu verrichten und andere grundlegende Dinge.

Wenn sich der Hund dabei bewährt hat, verbringt er sechs Monate auf dem CCI-Campus und durchläuft dort ein intensives Training. Dadurch erwirbt er Fähigkeiten und Fertigkeiten, die über die meinigen weit hinausreichen. Jeder, der mich kennt, wird diese Aussage ohne zu zögern bestätigen.

Falls der Hund diese Ausbildung aus irgendeinem Grund nicht bewältigen kann, kann ihr Erstbetreuer, der ihn zunächst großgezogen hat, auf Wunsch wieder zu sich nehmen. Diese Freiwilligen kann man nur bewundern. Zwangsläufig verliebt man sich ja in die Welpen, wenn man sie von der achten Woche an betreut und ausbildet. Und doch geben diese Freiwilligen ihre Schützlinge bereitwillig zur Fortgeschrittenenausbildung ans CCI ab. Oft nehmen sie dann einen anderen Welpen bei sich auf und durchleben denselben Trennungsschmerz aufs Neue, da ihnen das CCI so überaus wichtig ist. Manche von ihnen haben schon zwanzig Welpen oder mehr großgezogen, und es kann einem nur Ehrfurcht einflößen, wie viele Menschenleben sie dadurch verändert haben.

Gelegentlich sind diese Freiwilligen jedoch nicht in der Lage, einem weiteren Hündchen ein Heim zu geben, da sich ihre Lebenssituation inzwischen verändert hat. In einem solchen Fall muss für den vom Ausbildungsprogramm freigestellten Hund ein neues Zuhause gefunden werden.

Jahr für Jahr drängte uns Judi, einen solchen Hund bei uns aufzunehmen. Wir hätten gern zugesagt, fürchteten jedoch, dem Hund nicht die Aufmerksamkeit und die Zeit geben zu können, die er brauchen würde. Wieder und wieder teilten wir Judi – und einander – mit, wir hätten dazu leider zu viel zu tun, deshalb müssten wir damit warten, bis meine Arbeit als Schriftsteller in ruhigere Fahrwasser geriet.

Im August 1998 vollendete ich den Roman *Im Bann der Dunkelheit*, den Folgeroman zu *Geschöpfe der Nacht* – eines meiner vielen Bücher, in denen ein Hund zu den wichtigen Protagonisten zählt. Jedes Mal, wenn ich eine Geschichte schrieb, in der ein Hund vorkam, wuchs meine Sehnsucht nach einem eigenen Hund. Genau wie die Rezensenten behaupteten meine Leserinnen und Leser, ich hätte eine unheimliche Geschicklichkeit, überzeugend über Hunde oder sogar aus deren Sicht zu schreiben. Wenn ein Hund zu meinen Handlungsträgern gehörte, fühlte ich mich stets besonders inspiriert. Es kam mir so vor, als wollte mir ein Schutzengel mitteilen, Hunde seien als wesentlicher Bestandteil meines Lebens vorgesehen, ich müsse nur auf diese Eingebung hören.

Während eines Abendessens mit Gerda, kurz vor Monatsende, brachte ich das Thema zur Sprache und sagte: »Ständig meinen wir, wir hätten zu viel um die Ohren, um einen Hund in unser Leben zu lassen. Aber ich fürchte, wir werden *immer* zu viel zu tun haben, selbst wenn wir neunzig Jahre alt sind. Vielleicht sollten wir es einfach machen, ob sehr beschäftigt oder nicht, und dann dafür sorgen, dass es irgendwie passt.«

Wir hatten niemals Kinder gehabt. Gerda und ich begannen unsere berufliche Zusammenarbeit 1974. Seitdem waren wir Tag für Tag zusammen gewesen, buchstäblich den ganzen Tag lang und auch nachts. In den zweiunddreißig Jahren unserer Ehe waren wir nur zwei Mal kurz voneinander getrennt gewesen. Wir waren ein festes, aufeinander eingespieltes Team und hatten große Bedenken davor, eine weitere Person im Haus zu haben. Uns war nämlich klar, dass ein Hund, genauso wie ein Kind, eine weitere Person sein würde, um die man sich kümmern musste.

Am Ende des Abendessens waren wir uns einig. Wir waren zwar nicht auf einen Hund vorbereitet, aber nun *würden* wir uns darauf vorbereiten.

Im September 1998 rief ich Judi an und teilte ihr mit, dass wir, wenn sie das nächste Mal ein Zuhause für einen Hund suchte, diesen Hund bei uns aufnehmen würden.

»Welche Art von Hund wollt ihr denn?«, fragte sie. »Einen besonders anschmiegsamen oder lieber einen anderen?«

Da »besonders anschmiegsam« in meinen Ohren leicht abstoßend klang, tendierte ich spontan zu einem anderen Hund. Aber offensichtlich war ich nicht sehr gut über die Begrifflichkeiten von

Hundehaltern informiert, also bat ich sie um eine genauere Definition von »anschmiegsam«.

»Einen Labrador Retriever würde man eher nicht als einen besonders anschmiegsamen Hund bezeichnen«, erklärte Judi. »Diese Hunderasse hat sehr viel Energie und möchte stets gern etwas *zu tun* haben. Im Unterschied dazu *spielt* ein Golden Retriever gern und ist voller Energie, wenn ihm danach ist. Aber er ist auch glücklich, wenn er nur herumliegt, beobachtet, schmust oder ein Nickerchen macht. Ein Golden Retriever ist ein pflegeleichter, anschmiegsamer Hund.«

Ich hatte Golden Retriever immer schon wegen ihres wunderschönen Fells, ihrer humorvollen, sanften und edlen Gesichter und ihres freundlichen Wesens bewundert. Ich war dreiundfünfzig Jahre alt, und obwohl ich regelmäßig Sport trieb und nach wie vor einen Taillenumfang von etwa sechsundsiebzig Zentimetern hatte, verfolgte mich die unermüdlich aktive *American Association of Retired Persons* (Amerikanische Vereinigung von Rentnern und Pensionären) bereits mit monatlichen Postwurfsendungen, durch die sie mir nachdrücklich ins Gedächtnis rief, dass ich meine Augen nicht vor meinem zunehmenden Alter verschließen dürfe. Ich müsse mich also mit der Tatsache meiner Sterblichkeit auseinandersetzen und ihrem Verein beitreten. Außerdem würde ich dann in den Genuss aller Preisnachlässe für Senioren kommen, und das schließe den Zahnersatz und die Bestattungsvorbereitung ein.

Ich kam zu dem Schluss, dass ein anschmiegsamer Hund genau das Tier – und vielleicht das einzig mögliche Tier – war, mit dem ich zurechtkommen würde.

Judi sagte, das CCI habe derzeit mehrere freigestellte Golden Retriever, man könne mühelos einen für uns finden. Da sie gerade für zwei Wochen in Urlaub fahren wollte, machten wir aus, dass sie uns den Hund in vierzehn Tagen in unser Haus am Hafen von Newport und nicht zu unserem Hauptwohnsitz bringen würde.

Das Strandhaus hatten wir als Anreiz für möglichst arbeitsfreie Wochenenden gekauft. Mittlerweile waren wir nämlich wahre Workaholics, die alle sieben Tage der Woche an ihren Schreibtischen in den Arbeitszimmern festklebten. Der Aufwand zu packen und dann wegzufahren – selbst wenn es nur zu einem so nahegelegenen Ziel wie Santa Barbara war –, überwog inzwischen die Vorteile, mal von dieser Arbeit wegzukommen. Aber wenn wir zu Hause blieben, konnten wir dem Arbeitsdrang schlicht nicht widerstehen.

Der Strand bot eine völlig andere Umgebung als die Hügellandschaft, in der wir lebten, und wir konnten in weniger als einer halben Stunde dort sein. Wenn wir Kleidung und persönliche Gegenstände einfach in unserem Zweithaus ließen, nicht packen mussten und keine Arbeit mitnahmen, würden wir es wohl schaffen, aus der Tretmühle auszubrechen. Von Freitagnachmittag bis zum Sonntagabend wollten wir uns am Wasser entspannen und dann ausgeruht zum Haus auf dem Hügel zurückkehren.

So dachten wir uns das.

Unser Strandhaus lag am Balboa Peninsula Point des kalifornischen Newport Beach und bot Aussicht auf einen Pier und Kai des Hafens. Ein hervorragender Architekt, Paul Williams, hatte das Haus 1936 entworfen. Wir ließen es in seinen ursprünglichen Zustand im Art-déco-Stil zurückversetzen, möblierten es und freuten uns auf die künftig auf fünfzig Stunden begrenzten Arbeitswochen.

Uns und anderen gegenüber bezeichneten unsere Freunde und Verwandte, die sich dort aufhielten, das Haus als zauberhaft und sagten, es sei der erholsamste Ort, den sie jemals kennengelernt hätten. Aber in den sechs Jahren, in denen wir dieses Haus besaßen, schafften Gerda und ich es nur dreißig Mal, im Strandhaus zu übernachten. Vito und Lynn, Gerdas Bruder und dessen Frau, die den ganzen Weg von Michigan nach Kalifornien auf sich nahmen, übernachteten dort viel häufiger als wir und genossen ihren Urlaub unmittelbar am Strand.

Wir sind schon so lange an die Tretmühle gewöhnt, dass wir eine unverbrüchliche Zuneigung zu ihr entwickelt haben – metaphorisch gesprochen: zu ihrem Geruch nach feuchtem Granit, zu dem leisen Rumpeln, wenn sich das Rad dreht und dreht, zu dem sanften Kitzel in der Nase, wenn die Arbeit voranschreitet. Ich habe das Glück, dass mich Sprache verzückt und ich meine Arbeit als sinnvoll empfinde.

Am Tag von Trixies Ankunft war das Strandhaus noch so neu für uns, dass wir immer noch meinten, wir würden künftig an den Wochenenden in unserem Häuschen am Pier faulenzen, Wein trinken, uns in der Freizeit die Broschüren der Seniorenvereinigung *American Association of Retired Persons* vornehmen und uns die Artikel zu den Vorzügen von Ballaststoffen in der Nahrung und den Gefahren zu schnellen Autofahrens einverleiben.

Schon damals hatte ich mehrere Bücher geschrieben, in denen Hunde Haupt- oder Nebendarsteller gewesen waren – von *Brandzeichen* bis zu *Drachentränen*. Unsere Freunde wussten, wie sehr wir uns einen Hund wünschten. Sie wussten aber auch, dass Gerda und ich seit langem an ein Leben zu zweit gewöhnt waren. Manche dieser Freunde nahmen an, es werde uns schwerfallen, den Partner so vollständig mit einem Hund zu teilen, wie dieser Hund es verlangen würde.

Am Morgen des Tages, an dem Trixie eintreffen sollte, suchte ich die Baustelle auf, wo gerade ein neues Haus für uns entstand. Der Generalauftragnehmer für das Projekt, Mike Martin, war ein Freund, der während der langen Baujahre für Gerda und mich fast zu einem Bruder wurde. Mike war ein Hüne von circa 1 Meter 95 Größe und wirkte kraft seiner Persönlichkeit sogar noch größer. Er war stämmig und stark, aber sanftmütig – ein Mann der leisen Töne, der gern lachte. Mit seinen fünfzig Jahren hatte er bereits weiße Haare, trug jedoch stets helle Sportschuhe, Jeans und die diskret gemusterten Hawaii-Hemden von Reyn Spooner. Mike war ein charismatischer Mensch, doch zugleich bescheiden, eine Kombination, der ich nur selten in meinem Leben begegnet bin. Und seine Freunde lagen ihm sehr am Herzen.

Während wir aus dem Bauwagen traten, um uns um irgendein Problem zu kümmern, das meine Anwesenheit auf der Baustelle erforderte, sagte Mike mit besorgter Miene: »Weißt du, mit einem Hund, egal welchem, selbst wenn es einer dieser Hunde vom CCI ist, wird es bei euch nicht mehr so ordentlich zugehen, wie ihr es gern habt. Es wird euch ein bisschen verrückt machen.«

Bei unseren Freunden haben Gerda und ich den Ruf, ungewöhnlich penibel zu sein. Ich habe das nie ganz verstanden, denn keiner unserer Freunde ist, verglichen mit uns, schlampig oder nachlässig. Mike und seine Frau Edie hatten zwei Hunde und hielten ihr Haus trotzdem makellos sauber und ordentlich. Als Schöpfer exquisiter *Hot Rods*, modernisierter Oldtimer, war Mike besessen von Details, und das zeigte sich auch auf jedem Quadratmeter der Wohnfläche des Hauses, das er für uns baute.

Und doch gab er mir in seiner für ihn typischen Anteilnahme zu bedenken, dass jeder Hund als Hausgenosse zwangsläufig viel Unordnung mit sich bringt, und meinte, irgendwann werde mir wohl ein Nervenzusammenbruch drohen.

Es stimmt ja, dass wir unsere Strümpfe und Socken lieber falten, als sie zusammenzurollen, und unsere Unterwäsche bügeln, dass ich seit Jahren Jeans nur mit Bügelfalte trage, dass ich vor einem festlichen Abendessen ein Maßband dazu nutze, sicherzustellen, dass der Abstand von Gedeck zu Gedeck und bei jedem Bestandteil des Gedecks stets derselbe ist, dass Gerda sich lieber mit Honig überziehen und an einen Pfahl auf einem Ameisenhügel binden lassen würde, als zu Bett zu gehen, wenn noch irgendein benutzter Löffel in der Küchenspüle liegt, dass wir, sollte ein Gast bei uns Wasserflecken an seinem Weinglas entdecken, genauso beschämt wären, als hätte dieser Gast irgendeinen zusammengedrückten Leichnam in unserer großen Abfallpresse entdeckt. Aber nichts davon bedeutet, dass wir unter Ordnungswahn leiden. Es bedeutet lediglich, dass wir uns um solche Dinge *kümmern*.

Auf Mikes Befürchtung, wir könnten zu ordnungsliebend sein, um mit einem Golden Retriever zurechtzukommen, reagierte ich mit den Worten: »Dieser Hund ist gut ausgebildet und völlig stubenrein.«

»Das meine ich ja gar nicht damit«, sagte Mike.

»Uns ist klar, dass der Hund haart. Wir werden sein Fell jeden Morgen gründlich durchbürsten.«

»Ich denke dabei auch nicht an Hundehaare.«

»Er wird jeden Donnerstag zu einem Hundepfleger gehen, wo man ihn baden und auch jede andere Körperpflege mit ihm anstellen wird. Also werde ich niemals selbst auf seine Analdrüsen drücken müssen.«

»Auch daran denke ich dabei nicht«, meinte Mike. »Obwohl mir ja meistens Analdrüsen in den Sinn kommen, wenn ich an dich denke.«

»Du bist gefeuert«, gab ich zurück.

»Das müsste mich ja eigentlich beunruhigen. Aber wer außer mir würde für dich arbeiten wollen?«

»Vielleicht jemand, der tatsächlich schon mal ein Haus errichtet hat«, antwortete ich.

Ehe Mike sich zehn Jahre lang den Aufgaben widmete, die Planungen und Bauarbeiten für unser Haus zu übernehmen – einschließlich der vierjährigen Arbeit mit drei Architekten, bevor der dritte schließlich das lieferte, was wir uns wünschten –, war er erst Maurer und dann ein Vertragsunternehmer für den Bau von Swimmingpools gewesen. Unser Haus war das Erste, das er baute, und die beiden Architekten, deren Pläne wir dann nicht verwendeten, versuchten ständig, uns dazu zu bringen, ihm zu kündigen. Das war einer der Gründe dafür, dass Gerda und ich *sie* ziehen ließen.

Im Laufe der Jahre haben wir gelernt, dass die wichtigste Eigenschaft eines Menschen seine *Persönlichkeit* ist. Wenn ein Mensch vom Charakter her aufrichtig ist – was stets Ehr- und Pflichtgefühl und strenge Ansprüche an sich selbst beinhaltet –, wird er oder sie einen niemals enttäuschen. Natürlich spielt auch die berufliche Erfahrung eine Rolle, aber ein erfahrener Hausbauer ohne aufrichtigen Charakter ist wie eine ewige Falltür unter den eigenen Füßen, die nur darauf wartet, dass man sie betritt. Als wir Mike fragten, ob er ein derart komplexes Bauprojekt wie das unsere übernehmen könne, sagte er ohne zu zögern zu, und wir beauftragten ihn voller Vertrauen in ihn damit. Wir haben es niemals bereut.

Am Morgen vor Trixies Ankunft sagte Mike im Laufe der liebevollen wechselseitigen Neckerei, die typisch für Gerdas und meinen Umgang mit den meisten Freunden ist: »Mit *ordentlich* meine ich, dass deine Tage nicht mehr so strukturiert verlaufen werden, wie du's gewöhnt bist. Und du wirst deine Zeit nicht mehr so effizient wie früher nutzen können. Du wirst entdecken, wie es ist, ein ganz normaler Mensch zu sein, nachdem du all diese Jahre über so verdammt *anomal* warst.«

»Ich betrachte mich als *erfreulich* anormal«, erwiderte ich.

»Tja, da hast du recht«, meinte Mike.

»Der Hund wird nicht ein Zehntel so viel Chaos in mein Leben bringen, wie du es getan hast«, prognostizierte ich. »Und da man ihn einmal in der Woche baden wird, wird er auch besser riechen als du.«

»Nun passiert es schon wieder«, gab Mike zurück. »Schon wieder muss ich an Analdrüsen denken.«

4

»Falls diese Hündin irgendetwas falsch macht, wird es nicht an ihr, sondern an euch liegen«

Linda, eine Computerexpertin und Alleskönnerin, ist schon so lange Gerdas und meine wichtigste Assistentin, dass sie ihr ganzes restliches Leben lang mit Sicherheit Therapie brauchen wird.

Andererseits hatte sie, ehe sie zu uns kam, einen Werkvertrag mit dem Bundesstaat Kalifornien und instruierte Bürokraten im Gebrauch der Software, die sie verwendeten. Und im Öffentlichen Dienst des Bundesstaats Kalifornien geht es im Vergleich zum Reich des Ehepaars Koontz so ineffizient und chaotisch zu, dass Linda dieses Reich wie eine Zuflucht vorgekommen sein muss und unser kleiner Winkel der Welt wie ein ruhiger Kurort. 1998 hatte Linda ihr Büro in unserem Haus auf dem Hügel. Elaine, die zu uns gekommen war, nachdem sie aus Altersgründen aus einem Unternehmen ausgeschieden war, arbeitete in einer von uns angemieteten Bürosuite, die in einem Gewerbekomplex namens Newport Center lag.

Linda und Elaine hatten gefragt, ob sie Trixie kennenlernen dürften, wenn sie bei uns eintraf. Die beiden Frauen waren sowohl unsere Freundinnen als auch unsere Angestellten und sie freuten sich für uns über den Familienzuwachs. (Außerdem suchten sie ständig nach diesem oder jenem Vorwand, ihre Arbeit ruhen zu lassen, und dieser Vorwand war sehr viel einleuchtender, als zum sechzehnten Mal zu behaupten, die geliebte Großmutter oder Tante sei gestorben.)

Auch Vito und seine Frau Lynn warteten auf Trixies Ankunft. Sie waren aus Michigan angereist und machten zwei Wochen Urlaub in unserem Strandhaus. Sie hatten ihren geliebten Hund dabei, einen lebhaften Labrador Retriever, deshalb nahmen wir an, sie könnten uns dabei helfen, uns an unsere neue Tochter zu gewöhnen.

Judi kam zusammen mit Julia Shular an, die Trixie in ihrer Welpenzeit großgezogen hatte. Julia hatte ihren schwarzen Labrador mitgebracht, der jetzt vom CCI ausgebildet wurde. Beide Frauen schleppten einiges mit: Trixies Lieblingsspielzeuge, eine große Tüte von ihrem Trockenfutter und jede Menge Anweisungen für Trixies Pflege (die mir wie ein Handbuch von 9.324 Seiten vorkamen).

Eine Gelenkoperation zieht bei jedem Assistenzhund die Frührente nach sich, denn in einer Notsituation kann es passieren, dass der Hund den Rollstuhl seines Partners oder seiner Partnerin ziehen muss. Selbst nach der Genesung stellt das problematische Gelenk eine Gefahr für das Tier dar. Doch nachdem sich unsere neue Tochter ein halbes Jahr lang von der Operation erholt hatte, war sie nun wieder völlig fit.

Trixie, die nicht angeleint war, betrat das Haus mit schwungvollem Schritt und wissbegieriger, forschender Miene. Sie wedelte eifrig und kam sofort zu Gerda und mir, so als hätte man ihr Fotos von uns gezeigt und als wäre ihr klar, dass wir von jetzt an ihr Herrchen und Frauchen sein würden. Dann begrüßte sie Linda, Elaine, Vito und Lynn höflich und ließ sich von ihnen streicheln.

Zyniker behaupten, dass Liebe auf den ersten Blick ein Mythos ist, aber man sollte ihre Meinung nicht ernst nehmen – sie offenbart nur den traurigen Zustand ihres Herzens. Wir verliebten uns auf den ersten Blick in Trixie, schon wegen ihrer Schönheit. Ihre Mutter, Kinsey, war eine prächtige Hündin, und ihr Vater – ein »Kinsale Bugoboo Boy« – hatte bei Hundeshows schon viele Preise gewonnen. Auch Trixies Großvater namens Expo war Sieger bei zahlreichen Hundeshows gewesen. Trixie hatte ein gutes breites Gesicht, die dunklen Augen hatten die richtige Größe und saßen an der richtigen Stelle, und die schwarze Nase wies keine Sprenkelung auf. Kopf und Hals bildeten eine stark ausgeprägte harmonische Linie, und ihre Haltung war königlich.

Doch noch wichtiger als Trixies Schönheit war ihre Persönlichkeit. Obwohl sie gute Manieren und ein sanftmütiges, liebevolles Gemüt hatte, besaß sie auch einen gewissen Übermut. Während unserer ersten Begegnung schien sie entweder ständig zu lachen oder bereit zum Lachen zu sein. Judi erzählte, Trixie sei bei der Abschlussprüfung des CCI der Klassenclown ihrer Gruppe gewesen.

Da Julias schwarzer Labrador, ein Rüde, noch in der Ausbildung war, hatte sie ihm den Befehl zum Stillsitzen gegeben. Trixie nutzte ihren neuen Status als »normaler« Hund dazu, ihn zur Missachtung dieses Befehls zu verlocken. Während wir Judi und Julia zuhörten, die uns die grundlegenden Kommandos für Trixie beibrachten, konnten wir beobachten, wie sie dem Labrador drei verschiedene Spielzeuge brachte, ihm fast vor die Nase hielt und damit fröhlich quietschte, um ihm vorzuführen, welcher Spaß ihm entging.

Trixies Lieblingsspielzeug war etwas, das wir einen »Baumelball« nannten. Es war ein großer flauschiger Ball, der an einer Schlinge aus geflochtenem Seil hing. Dieses Spielzeug schwenkte Trixie vor dem Kopf des Labradors hin und her, so wie ein Hypnotiseur einen Anhänger an einer Kette hin und her schwingen lässt. Und als er das Maul durchhängen ließ, um nach dem Spielzeug zu schnappen, zog sich Trixie ein paar Schritte zurück, um ihn zum Aufstehen zu zwingen.

Trotz der clownesken Neigungen unseres Mädchens würden wir ihr Verhalten wohl nur selten korrigieren müssen. Judi sagte, Trixie sei so gut erzogen und so schlau, dass es, so Judi wörtlich, »nicht an ihr, sondern euch liegen wird, wenn diese Hündin irgendetwas falsch macht. Dann habt ihr Trixie entweder ein falsches Kommando gegeben oder etwas in ihrer täglichen Routine versehentlich ausgelassen. Diesen regelmäßigen Tagesablauf braucht sie aber, da sie an einen bestimmten Zeitplan gewöhnt ist.«

Linda und Elaine verabschiedeten sich, allerdings nicht, um zurück an die Arbeit zu gehen (wie wir wohl gehofft hatten), sondern um Vorkehrungen für die Bestattung geliebter Tanten zu treffen, die an diesem Morgen plötzlich verstorben waren. Wie traurig die Welt bei derart gehäuften unerwarteten Todesfällen sein muss ...

Als auch Judi und Julia wenige Minuten später gingen, brach Trixie auf, um von unten bis oben jeden Winkel des Hauses zu erkunden. Das wiederholte sie im Laufe der Jahre auch in den Häusern all unserer Freundinnen und Freunde, sofern sie mit eingeladen war. Mit einer einzigen Ausnahme nahm sie sich dort niemals Freiheiten heraus. Das Einzige, das bei ihr ebenso stark ausgeprägt war wie die Neugier, war die Überzeugung, sie dürfe gern überall herumschnüffeln.

Vito, Lynn, Gerda und ich gingen mit Trixie an diesem Abend zum Essen in ein Restaurant, in dessen Innenhof Hunde willkommen waren. Als wir ihr den Befehl »Platz« gaben, legte sie sich unter den Tisch und beobachtete von dort aus die anderen Gäste. Sie zeigte kein Interesse an unserem Essen, wurde die ganze Zeit über nicht unruhig und gab keinen Laut von sich.

Später am Abend brachten wir sie zum ersten Mal in unser

Haus auf dem Hügel, das sie sofort genauso erforschte wie vorher unser Strandhaus. Gerda und ich stellten Trixies Hundebett in eine Ecke unseres großen gemeinsamen Schlafzimmers, und sie machte es sich darin bequem. Obwohl wir sie dazu einluden, am Fußende unseres Bettes zu schlafen, was sie offenbar auch in ihren früheren Heimstätten gedurft hatte, zog sie es vor, in dem ihr vertrauten Hundebett zu nächtigen.

Während wir in der Dunkelheit lagen und auf den Schlaf warteten, sagte Gerda: »Leicht beängstigend, wie?«

Mir war klar, was sie damit meinte: Jetzt lag die Verantwortung für dieses wunderschöne Geschöpf allein bei uns. Trixies Gesundheit, ihr Wohlbefinden, das Bewahren dessen, was sie in ihrer Ausbildung gelernt hatte (und sie nicht nur zu einem perfekten Hund gemacht, sondern auch zu ihrem Selbstvertrauen beigetragen hatte, so dass sie wusste, wo ihr Platz in dieser Welt war): All diesen Dingen mussten wir uns genauso pflichtbewusst widmen, wie wir uns den Bedürfnissen eines Kindes gewidmet hätten.

Irgendwann in der Nacht wachte ich mit dem Gefühl auf, dass jemand mich beobachtete. Gerda und ich schliefen in einem stockdunklen Zimmer, in dem wir abends die Holzläden vor den Fenstern zuklappten. Ich wollte nicht die Taschenlampe anknipsen, die sich stets auf meinem Nachttisch befand. Während ich auf der Seite liegen blieb, spähte ich ins Dunkle und hielt nach glänzenden Tieraugen Ausschau, konnte jedoch keine erkennen. Vorsichtig streckte ich die rechts Hand zur Seite aus und spürte sofort Trixies Kopf. Ein paar Minuten lang rieb ich ihr mit Daumen und Zeigefinger über den empfindlichen Teil an einem ihrer Ohren. Sie genoss diese Liebkosung und neigte sich mir zu. Dann seufzte sie, kehrte in ihr Bett in der Ecke zurück und schlief bald darauf ein.

Ich malte mir aus, wie sie dort gestanden, meinen komplexen Geruch erschnüffelt und mit ihrer hochempfindlichen Nase analysiert hatte. Sicher hatte sie sich dabei gefragt, ob ich sie freundlich behandeln, sie liebhaben und ich es wert sein würde, diese Liebe zu erwidern. Jedenfalls nahm ich mir vor, ihr niemals Grund zu geben, irgendeine dieser Fragen zu verneinen.

5

Könnte sie reden, wäre sie eine Bühnenkomikerin

Nicht lange, nachdem Trixie in unser Leben einzog, schickte Judi uns ein Foto von ihr, das sie mit den anderen Hunden ihrer CCI-Klasse zeigte. »Ich muss euch nicht darauf hinweisen, wo Trixie auf diesem Bild ist«, sagte Judi. »Ihr werdet sie mühelos erkennen.«

Auf dem Foto wenden ein Dutzend Hunde, die im Halbkreis sitzen, ihre Gesichter der Kamera zu. Die meisten sind Golden Retriever und schwer voneinander zu unterscheiden, nur wenige sind Labradors. Elf der Hunde sitzen aufrecht und in majestätischer Haltung da, die Brust vorgereckt, den Kopf erhoben. Jeder dieser Hunde hat das Ende seiner Leine im Maul – ein Beweis für ihren hohen Ausbildungsgrad.

Der zwölfte Hund sitzt mit abgespreizten Beinen da und grinst mit schräg gelegtem Kopf – das witzige Porträt eines clownesken Hundes, der für jeden Spaß zu haben ist. Dieser offenkundige Freigeist in Trixie!

Ein Trainer erzählte uns, dass Trixie, als man ihr und ihren Klassenkameraden »Sitz!« beibrachte, das Kommando schneller als alle anderen begriff. Und so boten ihr weitere Lektionen zum selben Befehl die Gelegenheit, Späßchen zu machen.

Nachdem offenbar alle Hunde den Befehl begriffen hatten, gingen sämtliche Ausbilder ins angrenzende Zimmer und machten die Tür hinter sich zu, so dass kein Mensch mehr in Sichtweite war. Zwischen den Räumen war auf der Seite der Ausbilder ein Sichtfenster in die Wand eingelassen, das aus Perspektive der Hunde im anderen Zimmer wie ein Spiegel wirkte. Auf diese Weise konnten die Trainer ihre Schüler beobachten und feststellen, wie lange jeder Hund den Befehl »Sitz!« befolgte.

Eine Minute lang verhielten sich alle Hunde vorbildlich. Dann musterte Trixie den Raum, um sich zu vergewissern, dass wirklich kein Mensch zurückgekehrt war, und stand auf. Danach wanderte sie von einem Hund zum anderen und versuchte ihn (oder sie) dazu zu reizen, sich ihrer Rebellion anzuschließen. Als einer der Trainer daraufhin am Türknopf rüttelte, eilte Trixie zurück an ihren Platz und nahm wieder Sitzhaltung ein – so, als hätte sie den Befehl die ganze Zeit über befolgt.

Bis schließlich alle Hunde den Befehl »Sitz!« gelernt hatten und auch über längere Zeit befolgten, spielte Trixie die Versucherin. Häufig gelang es ihr, ein paar Klassenkameraden zum Aufstehen zu bewegen. Doch wenn jemand am Türknopf rüttelte, raste sie jedes Mal zurück an ihren Platz, setzte sich dort mit hochgereckter Brust und erhobenem Kopf hin und überließ es ihren Kumpels, den Kopf für sie hinzuhalten und Rügen zu kassieren.

Viele Vorfälle bestätigten, dass Trixie einen Sinn für Humor besaß, der auf außerordentliche Intelligenz schließen ließ. Meine Lieblingsgeschichte spielte sich eines Abends ab, als wir bei unserer Freundin – und Assistentin – Elaine zu Hause zum Abendessen eingeladen waren. Zu jener Zeit waren wir bereits in unser neues Haus eingezogen und hatten unsere Büros im Gewerbezentrum von Newport gekündigt. Elaine und Linda hatten ihre Arbeitsplätze jetzt in unserem Haus und Trixie verbrachte jeden Tag Stunden im Büro der beiden.

Ich zögere etwas, Elaine deswegen Komplimente zu machen, denn das würde sie als Zeichen von Schwäche auslegen. Wenn man in unserem Umfeld jemandem allzu viele Komplimente macht, weckt das in dieser Person dieselben Raubtierinstinkte, die einen hungrigen Löwen antreiben, wenn er eine humpelnde Gazelle erblickt. Meine freundlichen Worte würden mir nicht nur Spott von all unseren Freunden, die Elaine kennen, einbringen, sondern auch von Elaine selbst. Allerdings muss ich zugeben, dass es genauso viel Spaß machen kann, Zielscheibe solchen Spotts zu sein wie Spott auszuteilen.

Und nun zu der Geschichte. Elaine ist eine attraktive Dame mit wunderschönen blauen Augen, viel älter, als irgendjemand vermuten würde, sehr viel älter, sogar so alt, dass ich ihr Alter gar nicht einschätzen kann. Und dank ihrer Persönlichkeit gewinnt sie stets sehr viele Freunde, die ihr gegenüber überaus loyal sind. Elaine liebt die Menschen wirklich und interessiert sich ehrlich für das Leben jedes Menschen, dem sie begegnet.

Als Elaine für uns arbeitete, ging sie jeden Tag zur Post, zur Niederlassung von Federal Express, zum Laden für Bürobedarf und zu zahlreichen anderen Geschäften oder Einrichtungen – teilweise deswegen, weil wir sie so wenig wie möglich im Haus haben wollten, teilweise deswegen, weil wir nie befürchten mussten, sie könnte sich irgendeinem Menschen gegenüber unfreundlich oder ungeduldig verhalten.

Selbst wenn man nur in geringem Ausmaß als öffentliche Person gilt, ist es äußerst wichtig, dass die Menschen, die im eigenen Auftrag mit der Außenwelt verkehren, von allen, mit denen sie zu tun haben, gemocht und geachtet werden. Noch lange nachdem Elaine ihre Stellung bei uns aus Altersgründen aufgegeben hatte, sogar noch, nachdem wir es schließlich geschafft hatten, die sonderbaren Flecken rings um ihren Schreibtisch auf dem Steinfußboden zu beseitigen, erkundigten sich die Leute überall dort, wo sie Dinge für uns erledigt hatte, nach ihr – immer noch verzaubert von ihrer unerklärlichen, charmanten Ausstrahlung.

Was Elaines Freundinnen und Freunde besonders fasziniert, ist Folgendes: Jeder Mann, mit dem sie jemals eine kurze Beziehung hatte, eine Beziehung in Betracht zog oder eine Beziehung sogar ohne jedes Rendezvous ablehnte, hielt Verbindung mit ihr und verehrte sie auch weiterhin. Selbst jene Galane, die schon im spanisch-amerikanischen Krieg gedient hatten und sich nicht einmal mehr den eigenen Namen ins Gedächtnis rufen konnten, erinnerten sich noch lebhaft an Elaine. Elaine hat auch Heiratsanträge abgelehnt, und jene Männer, deren Herzen sie mit einem Lächeln brach, blieben ihre hoffnungsfrohen Bewunderer. Selbst Elaines Zurückweisungen minderten ihre Vernarrtheit nicht.

Fast hätte es ein Gentleman namens Al geschafft, mit Elaine vor den Traualtar zu treten. Doch letztlich ereilte ihn dasselbe Schicksal wie alle anderen Verehrer. Elaine ließ ihn auf die sanfte Tour fallen. Nun ja, das ist immer noch besser, als wenn ein weibliches Wesen einem männlichen Wesen den Kopf abbeißt (genau das tun die Gottesanbeterinnen nämlich ihren männlichen Gefährten an). Aber weh tut es trotzdem. Doch selbst nachdem Elaine ihren Torpedo Al direkt ins Herz geschossen hatte, schickte er ihr weiterhin Blumen, Süßigkeiten und andere Geschenke, um seine unsterbliche Liebe zu ihr zu bekunden. Er schenkte ihr auch eine Cowboy-Figur, die wenn man sie drückte, Billy Ray Cyrus' Song *Achy Breaky Heart* von sich gab. Elaine fand das Geschenk wirklich nett. Allerdings meinten ihre Freunde – nun ja, ihre wenigen Freunde mit Geschmack –, vielleicht habe sie gut daran getan, sich von Al zu trennen und weiterzuziehen, um die letzten verzweifelten romantischen Träume von unzähligen Männern fortgeschrittenen Alters zu zerstören.

An jenem Abend, als sich die lustige Geschichte ereignete, gab Elaine eine Dinner-Party für Freunde und Nachbarn. Wie immer hatte sie auch Trixie eingeladen, die sie jeden Tag bei der Arbeit sah und manchmal Gassi führte. Jeder, der Trixie kennenlernte, liebte sie, genau wie jeder Elaine liebte – eine Tatsache, die mich oft ins Grübeln brachte, ohne dass ich zu irgendeinem Schluss gelangte, was das zu bedeuten hatte.

Das Essen wurde jedoch erst um halb elf Uhr abends serviert, da Elaine vergaß, den Backofen einzuschalten, nachdem sie den Braten hineingeschoben hatte. Mehrmals hatte sie besorgt durch das Sichtfenster geblickt, weil das Fleisch nicht anbraten wollte, ehe sie bemerkte, dass der Herd gar nicht eingeschaltet war. Keiner von uns hungrigen Anwesenden fand das sonderlich überraschend. Elaine verbringt manchmal zehn Minuten damit, nach den Autoschlüsseln zu suchen, die sie bereits in der Hand hält. Keine Sorge. Ihre gelegentliche Schusseligkeit ist kein Anzeichen von beginnendem Alzheimer. Leute, die Elaine bereits als Teenager kannten, haben uns erzählt, dass sie schon damals zehn Minuten nach Pferden suchte, die den Planwagen ziehen sollten, obwohl die armen Tiere längst im Geschirr standen und startbereit waren.

Wenn man um 18 Uhr anfängt, Rotwein zu trinken und davon ausgeht, dass das Abendessen um 19 Uhr 30 serviert wird, es aber erst drei Stunden später als angekündigt aufgetischt wird, ist man in sehr nachsichtiger Stimmung und findet die Köchin genauso reizend, wie es die unzähligen Männer tun, die Elaine wie alte Schuhe ausgemustert hat. Die am Esstisch Versammelten unterhielten sich sehr lebhaft, wenn nicht sogar äußerst lautstark, und die Gespräche waren in Anbetracht der Umstände erstaunlicherweise nicht einmal völlig zusammenhanglos.

Etwa zur Halbzeit des Essens fragte jemand Elaine, ob sie in jüngster Zeit mal wieder von Al gehört habe. Ehe sie etwas erwidern konnte, war unter dem Tisch die Stimme von Billy Ray Cyrus mit dem Song *Achy Breaky Heart* zu hören, so als hätte sich Al dort unter dem Tischtuch versteckt.

Zu Besuch bei Freunden hat Trixie niemals zuvor und niemals danach das Eigentum der Gastgeber zur eigenen Nutzung beschlagnahmt. Doch mit ihrem zeitlich genau passenden musikalischen Beitrag zur Unterhaltung löste sie das größte Gelächter des Abends aus, also kroch sie unter dem Tisch hervor, um den Beifall entgegenzunehmen.

Klar, jeder Fiffi oder Waldi kann zu dem Schluss kommen, dass eine bunt gekleidete Cowboy-Figur ein Hundespielzeug sein muss. Und ein vorhersehbares Verhalten ist es auch, wenn sich ein Hund damit unter den Esstisch zurückzieht. Aber Trixie hatte sich auf die Hinterbeine gestellt, um die Figur von einem Regalbrett zu zerren, an das sie kaum heranreichte. Und statt sofort darauf herumzukauen und damit das Audio auszulösen, hatte sie die Figur erst stillschweigend unter den Tisch mitgenommen, ohne dass jemand sie dabei beobachtet hatte. Doch dass sie genau in dem Moment zubiss, als jemand Elaine nach Al fragte ...

Nun ja, ich will ja nicht so weit gehen zu behaupten, diese verblüffende Hündin habe gewusst, dass der Cowboy ein Geschenk von Al an Elaine war, und dann den Augenblick abgewartet, bis Als Name fiel. Und sie kann auch nicht geahnt haben, dass alle Anwesenden ihren musikalischen Beitrag zum Abend umwerfend komisch finden würden. Mit einer solchen Unterstellung hätte ich zweifelsohne die Aufmerksamkeit der Sozialfürsorge für unbelehrbare Mystiker oder die eines anderen Amtes auf mich gezogen, und dann hätte man mich zu meinem eigenen Besten sicher wegsperren wollen. Aber wie so viele Erlebnisse mit Trixie war dieser Vorfall während der Dinner-Party eine zauberhafte und zugleich etwas unheimliche Episode.

Trixie war wirklich ein Clown, und wenn sie nicht gerade unter einem Tisch lag und auf Gelächter wartete, beflügelte auch anderes Mobiliar ihren Humor. Wandtischchen, Kommoden, Schränkchen: Jedes Möbelstück auf kurzen Beinen faszinierte sie. Dann baute sie sich stets mit gesenktem Kopf davor auf und schnüffelte in dem schmalen Spalt zwischen Möbel und Fußboden herum. Sie war dabei so eifrig bei der Sache, als wollte sie uns mitteilen, sie habe ein Kriechtier in die Enge getrieben, das wir uns unbedingt anschauen müssten. Wenn wir ihrem Hinweis nicht unverzüglich nachgingen, legte sie sich hin und angelte mit der Pfote nach dem, was sich unter dem Möbel versteckt haben mochte (oder auch nicht). Doch wenn wir uns dann wirklich argwöhnisch auf Hände und Füße niederließen, um unter das jeweilige Möbelstück zu spähen und Ausschau nach der Maus oder anderem Getier zu halten, konnten wir niemals irgendetwas entdecken. Und dabei grinste uns Trixie so an, dass ich hätte schwören können, es sei ihr Triumph angesichts eines gelungenen Streichs. Immer wieder fielen wir darauf herein. Und als wir uns weigerten, uns weiterhin von ihr hereinlegen zu lassen, sahen wir, dass sie diesen Streich auch anderen Leuten spielte.

Im Harbor Ridge House lief tatsächlich einmal eine Maus in dem ersten von drei Stockwerken herum. In der Küche reihte ich mehrere Mausefallen auf einem Kartondeckel auf, den ich ins Erdgeschoss tragen wollte und stattete eine nach der anderen mit dem Köder von Käsebrocken aus. Trixie stand neben mir am Küchentresen – nicht nur, weil sie sich für mein Tun interessierte, sondern auch, weil das Käsearoma sie anzog. Fünf Mal hintereinander sprangen Fallen, die ich vorsichtig niedersetzen wollte, mit einem lauten Knallen wieder auf und schossen durch die Luft. Trixie zuckte zwar zusammen, hatte jedoch nicht solche Angst, dass sie die Flucht ergriffen hätte. Freudig schnappte sie sich die Käsebrocken, die aus den aufgesprungenen Fallen zu Boden fielen.

Ehrlich gesagt darf man mich eigentlich nicht näher an Mausefallen als an Atombomben heranlassen. Zum Mechaniker tauge ich genauso wenig wie zum Vogelimitator.

Nachdem ich die Mausefallen ins Erdgeschoss getragen und dort aufgebaut hatte, merkte ich, dass ich vier oder fünf weitere Fallen brauchte. Wenn ich auf das Töten einer Maus aus bin, vertraue ich nämlich nicht auf das Lockmittel Käse. Es könnte ja sein, dass sich die Maus vor Käse geradezu ekelt. Deshalb verteile ich in jedem Winkel so viele Fallen, dass das kleine Biest zwangsläufig in einen tödlichen Mechanismus hineinstolpert, sobald sie sich erst einmal aus ihrem Versteck wagt.

Nachdem ich in die Küche zurückgekehrt war, wo Trixie auf mich wartete, stellte ich also fünf weitere Fallen auf den Kartondeckel. Trixie sah meinem Treiben mit ernster Miene zu. Doch statt auf weiteren Käse aus aufspringenden Fallen zu warten, gab sie ein leises, kehliges Knurren von sich, so als wäre sie beunruhigt, und zog sich, rückwärts gehend und mit eingeklemmten Schwanz, von mir zurück, und zwar weiter und weiter – zunächst ins offene Wohnzimmer, doch stets so, dass sie in meinem Blickfeld blieb. Schließlich erreichte sie, immer noch rückwärts gehend, das Ende des angrenzenden Zimmers, fast vierzehn Meter von ihrem Ausgangspunkt in der Küche entfernt. Dort angelangt, schnaufte sie mehrmals leise in einer Weise auf, die einem Lachen so ähnelte, wie ein Hund meiner Vorstellung nach überhaupt ein Lachen hervorbringen kann. Außerdem begann sie nun mit dem Schwanz zu wedeln und grinste mich an.

So sicher, wie ich überhaupt irgendetwas weiß, weiß ich, dass Trixie sich über mich lustig machte, vor allem über meine mangelnden mechanischen Fähigkeiten, die zum Aufspringen der

Mausefallen geführt hatten. Es war so, als wollte sie mir mitteilen: *Ich weiß den heruntergefallenen Käse ja wirklich zu schätzen, Dad, aber ich möchte auch am Leben bleiben, deshalb verschwinde ich lieber aus der Todeszone.*

G. K. Chesterton – er hatte zwei Hunde, Winkle und Doodle – schrieb eine ganze Menge über die Bedeutung des Lachens für ein erfülltes Leben. Und über die Rolle des Lachens in einer Ehe sagte er: »Ein Mann und eine Frau können nicht zusammenleben, ohne einander gegenüber eine Art ständiger Witzelei an den Tag zu legen. Jeder der beiden hat nämlich entdeckt, dass der andere nicht nur ein Narr ist, sondern ein wirklich großer Narr.«

Hunde lieben es, den Narren zu spielen, und als Teil der Familie sind sie durchaus fähig, auch den Narren in uns zu erkennen und das hin und wieder mit einem eigenen Scherz zu feiern.

6

Ihr großes Geschäft verrichtet sie auf Kommando, aber nicht an irgendeinem beliebigen Ort

Während unserer ersten Tage mit Trixie merkten wir, dass ihr persönliches Tao – ihr Kodex tugendhaften Verhaltens, nach dem sie lebte – das Verbot beinhaltete, ihr großes Geschäft auf unserem Grundstück zu verrichten. Zwar pinkelte sie auf unseren Rasen, weigerte sich jedoch, das nicht so angenehme Geschäft innerhalb der Grenzen unserer Domäne hinter sich zu bringen. Trixie hat acht Jahre, neun Monate und fünf Tage mit uns zusammengelebt, und nicht ein einziges Mal hat sie in dieser Zeit diese selbst auferlegte Regel verletzt, die nicht zu ihrer Ausbildung gehört hatte.

Als Teil ihres ausgezeichneten Trainings lernen die Assistenzhunde auch, auf den sogenannten Toiletten-Befehl zu hören. Wenn man dieses Wort ausspricht, machen sie erst ihr kleines Geschäft und danach, falls nötig, das größere, und zwar mit fast ebensolcher Zuverlässigkeit, wie sie sich auf Kommando hinsetzen oder hinlegen.

In Anbetracht der vielen Aufgaben, die diese Hunde übernehmen können, wunderte es mich eine Weile, dass mit dem CCI nicht vertraute Menschen am meisten über das Kommando zur Blasen- und Darmentleerung staunen. »Das ist wirklich verblüffend!«, sagen sie dann und fragen als Nächstes: »Aber wie kommt man überhaupt auf die Idee, einem Hund so etwas beizubringen?«

Die Antwort lautet: Ein Mensch, der in einem Rollstuhl sitzt, kann seinen Hund nicht einfach nach Lust und Laune des Tiers nach draußen begleiten. Für einen solchen Menschen ist es hilfreich, wenn der

Hund nach einem stets eingehaltenen Stundenplan gefüttert wird, der einen täglich gleich bleibenden Rhythmus für den Stuhlgang und die Blasenentleerung nach sich zieht. Noch besser ist es, wenn der oder die Behinderte einen Befehl aussprechen kann, der den Hund dazu ermutigt, seine Geschäfte prompt zu erledigen, denn das erspart das Warten darauf, dass der Hund nach langem Herumwandern endlich den besten Fleck dafür gefunden hat.

Trixie brauchte ihre »Toiletten«-Ausflüge nach dem Frühstück zwischen elf und zwölf Uhr vormittags, nach ihrer Mittagsmahlzeit um halb vier Uhr nachmittags und noch einmal abends, kurz bevor sie sich in ihr Hundebett legte. Nachts konnte sie, wenn nötig, bis zu zwölf Stunden ohne eine Exkursion in die Natur durchhalten.

Da wir jeden Vormittag eine Stunde mit ihr spazieren gingen und nachmittags eine halbe Stunde, mussten wir nicht immer den Befehl zur Blasen- und Darmentleerung anwenden, und sie *verlangte* auch nicht unbedingt, dass wir ihn gaben. Ihr war klar, dass wir ihr bei den längeren Spaziergängen etwas Spielraum dafür ließen. Doch wenn wir uns auf unserem Grundstück befanden, weigerte sie sich selbst auf einen Befehl hin, mehr zu tun als zu pinkeln. Falls wir den Befehl wiederholten, damit sie auch das große Geschäft erledigte, starrte sie uns nur ungläubig an, als wollte sie sagen: *Wie bitte? Das kann ja wohl nicht euer Ernst sein. Das hier ist doch unser Zuhause! Hier wohnen wir!*

Wir verwendeten stets die blauen Beutel und die kleine Schippe zum Aufsammeln und doppelten Verpacken des Hundekots, egal wo – ob auf dem Grundstück eines Nachbarn oder in einem öffentlichen Park. Deshalb wusste Trixie, dass wir ihn nicht dort liegen lassen würden, wo sie sich entleert hatte. Und wenn wir von einem Spaziergang zurückkehrten, steuerten wir sofort unsere Abfallcontainer an, um die vollen Beutel in den dafür vorgesehenen Behälter zu werfen. Oft teilte Gerda Trixie dabei mit: »Wir müssen noch kurz bei der Bank of America vorbeigehen, um deine Einzahlung abzugeben.« Mir kam es dann so vor, als wüsste unsere in Fell gekleidete Tochter, dass das scherzhaft gemeint war, denn jedes Mal wedelte sie bei diesen Worten mit dem Schwanz und grinste.

Unser Haus auf dem Hügel hatte Meeresblick. Und wie in vielen solcher Gemeinden in Südkalifornien lagen die Landparzellen an der schmalen Seite des Hauses, da Grund und Boden hier äußerst kostspielig waren. Auf der Hausseite mit Meeresblick hatten wir keinen Rasen, nur Terrassen, doch zur Straßenseite hin einen bescheidenen Grasstreifen, der jedem Hund ein ansprechendes WC bot – nicht jedoch Trixie. Sie beharrte darauf, unsere Grundstückgrenzen zu verlassen, ehe sie sich ihrem größeren Geschäft widmete.

Um ihr Toiletten-Tao einzuhalten, musste sie unser Strandhaus sehr viel genauer untersuchen. Auf der Rückseite des Hauses, die auf das Wasser hinausging, gab es keinen Rasen, nur Veranden und einen Sandstrand. Die Vorderseite lag zu einer Straße hin, die so schmal war, dass man sie eher eine Gasse hätte nennen müssen. Allerdings hörte ich, dass jene Menschen, die anderen Leuten gegenüber den Verdacht ausschließen wollten, ihr Eingang sei von Mülltonnen flankiert, zwischen denen Penner schliefen, diese Gasse lieber als »Sträßchen«, »Durchgang« oder »Laufgang« bezeichneten. Auf der anderen Seite der Gasse, hinter unserem Haus, lagen Landparzellen, die ebenfalls zu unserem Grundstück gehörten. Hier gab es Gras, Gärten und Zitronenbäume. Oft forderte ich Trixie auf, sich in dieser grünen Oase zu entleeren, doch intuitiv war ihr klar, dass auch diese Oase unser Besitz war. Und deshalb wollte sie sich dort nicht hinhocken.

Eine hohe Mauer trennte unsere Gärten von der öffentlich zugänglichen Gasse ab, zu der ich Trixie notgedrungen führen musste. Zwischen der Gasse und dem öffentlichen Fußweg verlief ein knapp anderthalb Meter breiter Grünstreifen mit Gras und Bäumen. Die Stadt verlangte von uns wie auch von unseren Nachbarn, das Gras zu mähen und den Grünstreifen entlang unserer Grundstücke zu pflegen. Manche Nachbarn ersetzten das Gras allerdings durch pflegeleichtere Steinplatten.

Obwohl dieser schmale grüne Gürtel nicht direkt zu unserem Grundstück gehörte, schien Trixie zu wissen, dass wir für dessen Pflege mitverantwortlich waren. Und das war für sie offensichtlich

Grund genug, den Grasstreifen als Tabuzone zu betrachten, in der sie keine Exkremente hinterlassen durfte. Wir mussten sie bis zum Streifen am Nachbargrundstück oder auf der anderen Straßenseite bis zu einem winzigen Park führen, bevor sie sich an die zweite Hälfte ihrer geschäftlichen Erledigungen machte.

Woher diese Hündin wusste, wo unser Land endete und das unserer Nachbarn begann, weiß ich nicht. Aber Trixie hatte ein so präzises Gefühl für Grundstücksgrenzen, dass sie nur einen einzigen Schritt über die Grenze zu tun brauchte, um dem Ruf der Natur zu folgen.

Im Zusammenhang mit Trixies Toiletten-Kodex war der lustigste aller Vorfälle zugleich derjenige, der mich am meisten anrührte. Er ereignete sich während einer vierwöchigen Phase, in der sich Trixie mindestens einmal oder zweimal am Tag übergeben musste. Zuvor war sie niemals richtig krank gewesen, und ihr Zustand machte uns große Sorgen.

Damals hatten wir das Haus auf dem Hügel bereits verkauft und waren in unser jetziges Haus gezogen – das erste Haus, das ein von uns konzipierter Neubau war. Unser Grundbesitz umfasst zweieinhalb Morgen – jede Menge Platz für Trixie zum Rennen und Spielen.

Als sie unter Magenproblemen zu leiden begann, weckte uns mitten in der Nacht ihr schreckliches Würgen. Ein paar Mal erbrach sie sich auf den beigefarbenen Teppichboden in unserem Schlafzimmer, was sie eindeutig bekümmerte. Abgesehen von unserem Schlafzimmer bestehen die meisten Fußböden in diesem Haus aus feingeschliffenem, matt versiegeltem Kalksandstein. Sofern Trixie uns rechtzeitig wecken konnte, wartete sie, dass wir die Schlafzimmertür öffneten, sauste dann die Treppe hinunter und übergab sich über dem Steinboden, wo das Erbrochene leichter aufzuwischen war und keine Flecken hinterließ.

Mittlerweile ist den Leserinnen und Lesern dieses Buches sicher klar, dass es darin nicht um einen Wildfang von Hund geht, der Kissen zerfetzt, Katzen jagt und an Möbeln kaut. Ich habe nicht übertrieben, als ich auf früheren Seiten behauptete, Trixie sei mehr als nur ein Hund – genauso wie jeder von uns mehr ist als der Körper, den wir bewohnen. Diese Hündin, dieses Individuum, diese *geistvolle*, in Pelz gekleidete Persönlichkeit war für uns ein wahres Wunder und eine wahrhaftige Offenbarung.

Trixies Tierärzte hatten Schwierigkeiten, die Ursache ihres Magenleidens zu diagnostizieren. Selbst nachdem sie zu dem Schluss gekommen waren, vermutlich handele es sich um eine Nahrungsmittelallergie, mussten wir durch die Versuch-und-Irrtum-Methode herausfinden, welches Futter ihren Magen so reizte. Bis wir endlich wussten, dass sie entweder unter einer Weizen- oder einer Rindfleischallergie litt, und beschlossen, Weizen und Rindfleisch von ihrem Speiseplan zu streichen, hatten wir so viel Erbrochenes beseitigt, dass man es im Guinness-Buch der Weltrekorde hätte aufführen können, gäbe es darin eine derartige Rubrik von Meisterleistungen.

Während dieser Phase war Trixies schlimmste Zeit die zwischen zwei und drei Uhr früh. Sobald ihr die Übelkeit mehr und mehr zusetzte, weckte sie uns, indem sie in der Dunkelheit zu unserem Bett tapste und laut keuchte, denn Trixie bellte kaum und winselte nie. Mit dem Pioniergeist, der unsere Vorfahren dazu trieb, mit einem Remington-Gewehr neben dem Bett und einem langen Jagdmesser zwischen den zusammengebissenen Zähnen zu nächtigen, bewahrte ich nahe beim Bett mittlerweile ein Paar Jeans, Schuhe, eine Rolle mit Papierhandtüchern, eine Sprühflasche des Flecken- und Geruchentferners *Nature's Miracle* und einen Plastikbeutel auf. Von dem Moment an, in dem mich Trixies heftiges Keuchen weckte, bis zu dem Augenblick, in dem ich in Jeans und Schuhen steckte, *Nature's Miracle* in der Hand, bereit, Trixie bis zum nächsten Steinfußboden zu folgen, brauchte ich irgendwann nur noch 2,23 Sekunden.

Mit genügend Weitblick hätten wir wie die Feuerwehrleute eine Rutschstange von unserem Schlafzimmer bis zu den unteren Stockwerken installieren lassen. Dann hätte ich Trixie im Gang mit dem Steinbelag erwarten können, während sie die Treppe hinuntereilte.

In der Nacht, die Trixies Toiletten-Tao auf die härteste Probe stellte, zeigte die Uhr 3:30, als sie uns weckte. Um 3:30:02:21 steckte ich in Jeans und Schuhen, hatte meine Ausrüstung dabei und war einsatzbereit – es war mein persönlicher Rekord.

Diesmal raste sie den ganzen Weg vom dritten Stock ins Erdgeschoss hinunter, und zwar zu dem Gang, der zur Garage führte, wo sie eine bearbeitete Version ihres abendlichen Trockenfutters ablieferte. Ich wischte alles auf, verstaute es in einem mit Reißverschluss verschließbaren, Geruch absorbierenden Beutel und brachte diesen zum Abfalleimer in der Garage. Trixie ließ ich auf der Seite liegend zurück. Offenbar war sie sehr erschöpft.

Da dem ersten Erbrechen manchmal ein zweites, nicht so heftiges folgte, holte ich eine vom Umzug übrig gebliebene Steppdecke aus einem Schrank in der Garage und breitete sie als Bett auf dem Gangfußboden aus, damit wir es beim Abwarten bequemer hatten. Während Trixie und ich dort mit einander zugewandten Gesichtern lagen, streichelte ich ihre Flanke und sprach leise mit ihr, um sie zu beruhigen.

Während dieser Wartezeit war der sehnsüchtige Ausdruck in ihren Augen, der offensichtliche Wunsch, sich mir mitzuteilen, stärker ausgeprägt, als ich es je zuvor bei ihr erlebt hatte. Plötzlich sprang sie auf, wandte sich von mir ab und rannte zurück in die Garage, deren Tür ich offen gelassen hatte.

Wegen ihrer Erkrankung hatte sie sich seit einiger Zeit lethargisch verhalten, deshalb verblüffte mich ihr energiegeladener Abgang zunächst – und dann alarmierte er mich. Ich folgte ihr in die Garage, wo ich sah, dass sie zu dem Gestell geeilt war, wo ihre Halsbänder und Leinen hingen. Sie blickte von den Leinen zu mir und wieder zurück. Da merkte ich, dass die Nahrungsmittelallergie, die sich vorher nur durch Erbrechen geäußert hatte, sich jetzt auf das andere Ende der Verdauung auswirkte: Trixie musste ihren Darm entleeren, und zwar *sofort*.

Hastig legte ich ihr ein Halsband um, schob meine Hand durch die Schlaufe der Leine, und Trixie schoss los. Während ich keuchend versuchte, mit ihr Schritt zu halten, rannte sie von der langgestreckten Garage bis zum Haupteingang neben der großen Rolltür.

Unmittelbar hinter dieser Rolltür lag die Auffahrt und links davon ein großer Garten, den eine Doppelreihe Peruanischer Pfefferbäume zierte. Dort spielten wir mit Trixie oft Fangen, mit einem Tennisball. Obwohl es fast vier Uhr früh war, obwohl niemand merken würde, dass Trixie ihr Toiletten-Tao missachtete, wollte sie nicht die sieben Meter bis zu dem Rasen mit den Pfefferbäumen trotten und sich dort entleeren. Schließlich war das ja *unser* Garten, also heiliges Gebiet. Stattdessen raste sie die Auffahrt hinauf und in die Nacht, wobei sie mich mitzog. Auf halber Strecke zwischen der Garage und dem Tor der Auffahrt wandte sie sich nach rechts und brachte noch einmal dieselbe Strecke hinter sich, die zum Hof mit unserem Fuhrpark führte. Ihre Zehennägel klickten auf dem quarzhaltigen Gestein und meine Füße machten laute, klatschende Geräusche, als ich wie ein Wilder hinter ihr her stolperte und dabei hoffte, von Trixie nicht aus dem Gleichgewicht geworfen zu werden. Sie rannte quer über den Hof, mehrere Stufen zum Vordereingang hinunter, durch das Eingangstor und dann eine fünfzig Meter lange Rampe für Rollstuhlfahrer hinauf, welche parallel zur Treppe verlief, die zu unserer vorderen Haustür führte. Diese umständliche Route war mindestens so lang wie anderthalb Footballfelder. Am Ende dieses atemberaubenden Laufs verließ Trixie unser Grundstück, hockte sich auf den vorderen Rasen unseres Nachbarn und entlud sich sofort mit einem schlimmen Durchfall.

Während ich in der kühlen Nacht unter einem rundlichen Mund stehen blieb, sagte ich zu ihr: »Du bist der beste Hund der Welt, aber ich *mag* unsere Nachbarn. Und deshalb muss ich diese Kacke trotz allem beseitigen.«

Für Trixies restliche Lebensjahre strichen wir, wie gesagt, Weizen und Rindfleisch von ihrem Speiseplan. Nie wieder hatte sie eine Magen-Darm-Störung. Mich jedoch motivierte dieses Erlebnis, fit zu bleiben – für den Fall, dass ich noch einmal einen Fünfhundert-Meter-Lauf wegen eines Durchfalls von Trixie würde mitmachen müssen.

An dem Tag, als wir Trixie zu uns genommen hatten, war Mike Martin besorgt gewesen, dass wir wegen unseres zwanghaften Drangs nach Sauberkeit und Ordnung einen Hund als störend empfinden würden. Doch Trixie war so penibel und hatte einen so natürlichen Sinn für Anstand, dass wir uns *ihren hohen Maßstäben* anpassen mussten.

In dem neuen Haus teilten sich Linda und Elaine ein großes Büro, das Trixie viel Platz zum Herumschlendern bot. Sie verbrachte dort jeden Werktag ein paar Stunden, da Linda mit ihr um 11 Uhr 30 und 15 Uhr 30 Gassi ging.

Zusätzlich zu dem Toiletten-Kodex, der Trixie verbot, ihr großes Geschäft auf unserem Grundstück zu verrichten, war sie auch diskret in anderen biologischen Dingen. Sie wollte nicht, dass wir ihr zusahen, wenn sie ihr kleines oder großes Geschäft hinter sich brachte. Also blickten wir dann jedes Mal in die Ferne oder in den Himmel, so als sinnierten wir über gewichtige philosophische Fragen.

Sie gestattete es uns, ihre Hinterlassenschaften einzutüten, doch während wir das taten, wandte sie uns oft den Rücken zu oder schaute in die Ferne, so als sinnierte sie nun ihrerseits über gewichtige philosophische Fragen. Wenn ich sie manchmal dabei ertappte, dass sie mir bei der Beseitigung ihrer Exkremente zusah, wirkte sie stets fassungslos, als wären ihr meine Motive für dieses Tun unbegreiflich.

Eines Tages döste Trixie auf ihrem Hundebett, während Linda und Elaine an ihren Schreibtischen saßen und beschäftigt waren. Plötzlich hing ein überreifes Aroma im Zimmer. Weder Linda noch Elaine erwähnten den Geruch, während er sich im Raum ausbreitete. Aber als eine neue Duftwolke aufstieg, erklärte Elaine: »Liebe Linda, bitte denk daran, dass ich ein zartes Pflänzchen mit verfeinerten Sinneswahrnehmungen bin. Ich verwelke hier gerade. Was immer du gestern Abend auch gegessen haben magst, verspeise es nie wieder, wenn der kommende Tag ein Arbeitstag ist.«

»Netter Ablenkungsversuch«, konterte Linda. »Aber wir wissen, wer von uns beiden von Abführungsmitteln geradezu *lebt!*« Als

Elaine ihre Unschuld beteuerte, meinte Linda: »Na gut, aber ich bin's wirklich nicht gewesen und bestimmt auch nicht Trixie.«

Zu jener Zeit war Trixie schon seit sieben Jahren bei uns, und wenn sie je in unserem Beisein gefurzt hatte, war dieser Furz geruchlos gewesen.

Als Linda und Elaine erkannten, dass jede von ihnen die Wahrheit gesagt hatte, wechselten sie einen ungläubigen Blick miteinander und waren einen Moment lang sprachlos. Und dann wandten beide ihre Aufmerksamkeit der Hündin zu und sagten wie aus einem Mund: »*Trixie?!*«

Der Schock hätte nicht größer sein können, hätten sie die Königin von England dabei beobachtet, wie sie Tabaksaft auf einen antiken Teppich spuckte.

7

CNN, CCI, TV und TK

Soweit ich weiß, bin ich der einzige Schriftsteller, der zwar häufig auf Bestsellerlisten aufgetaucht ist, jedoch niemals eine Lesereise durch mehrere oder alle Bundesstaaten der USA durchgeführt hat. Auch habe ich meine Frau niemals mit dem Messer angegriffen (wie es Norman Mailer bei einer seiner Ehefrauen tat), niemals Oprah Winfrey beleidigt (wie es Jonathan Franzen einmal tat) und niemals einen biografischen Hintergrund als »böser Junge« und eine schillernde Vergangenheit erfunden (wie sie James Frey für sich ersann). Ich bin der schlimmste Albtraum aller Presseagenten.

Ich mag öffentliche Aufmerksamkeit nicht besonders, mal abgesehen von Rundfunk-Interviews. Diese Interviews machen mir Spaß – wegen der Energie und Intelligenz der Leute, die in diesem Medium arbeiten. Außerdem kann ich sechs Stunden lang mit ungekämmtem Haar, unrasiert und mit Kuchenflecken auf meinem T-Shirt Interviews für morgendliche Radioprogramme geben, während die Zuhörer annehmen, ich sei so frisch gewaschen und perfekt frisiert wie der Sänger und Musikproduzent Donny Osmond auf dem Weg zu seiner Kirche.

Der Schriftsteller Cubby Greenwich, Protagonist in meinem Roman *Blindwütig*, teilt meine Abneigung gegenüber öffentlicher Bekanntheit und kann sie besser erklären als ich: »Langwierige Selbstvermarktung zehrt etwas Wesentliches in der Seele auf. Nach solchen Terminen braucht man Wochen, um sich davon zu erholen und zu dem Schluss zu kommen, dass es irgendwann wohl wieder in Ordnung sein wird, sich selbst zu mögen.«

Ich mache so viel Öffentlichkeitsarbeit, wie es mir meinen Verlegern gegenüber fair erscheint – und so wenig wie möglich, sofern ich sie davon überzeugen kann, dass das noch fair ist. 1998 war ich noch neu bei meinem amerikanischen Verlag Bantam Books. Ich hatte einen Roman bei ihnen veröffentlicht und einen zweiten abgeliefert, der noch auf die Publikation wartete. Als man mich dort bat, eine Sendung für das Biografie-Programm *Pinnacle* von CNN mitzumachen, um die Veröffentlichung und Vermarktung von *Im Bann der Dunkelheit* zu unterstützen, meckerte ich wohl ein bisschen, um jeden wissen zu lassen, welch gewaltige, an meinen Kräften zehrende Zumutung das für mich bedeutete, nicht weniger traumatisch als eine Operation am offenen Herzen, aber ich willigte ein.

Trixie war noch nicht einmal eine ganze Woche Teil unseres Lebens, als der Produzent, das Filmteam und der Programmchef von *Pinnacle* nach Newport Beach kamen, um zwei Tage mit uns zu verbringen. Jetzt schon konnten wir uns ein Leben ohne Trixie gar nicht mehr vorstellen.

Am Tag bevor die CNN-Leute auftauchten, brachten Gerda und ich Trixie erstmals zu ihren Tierärzten. Wir hatten einen Termin für eine umfassende körperliche Untersuchung, ein Bad und Fellpflege ausgemacht, um sicherzustellen, dass Trixie für ihren Auftritt im bundesweiten Fernsehen angemessen herausgeputzt war. Damals ahnten wir noch nicht, dass unsere Tierärzte ein so wichtiger Teil unseres Lebens werden würden. Gute Tierärzte geben einem das Gefühl, dass man ihnen seinen »Fellball« bedenkenlos anvertrauen kann, und sie begleiten einen verständnisvoll durch beängstigende Krisen. Und irgendwann helfen sie einem auch dabei, einen niederschmetternden Verlust zu ertragen. Wir fanden zwei wunderbare Tierärzte, die ihre Praxis nahe bei uns hatten: Bruce Whitaker und Bill Lyle.

Fast neun Jahre lang besuchte Trixie zur ärztlichen Behandlung die Praxis der beiden. Außerdem wurde sie dort einmal in der Woche von Heidi gebadet, die auch Trixies Fell pflegte. Zur Begrüßung von Heidi beeilte sich Trixie immer, sich auf den Rücken zu werfen und ihren Bauch zu präsentieren. Wenn wir Trixie wieder abholten, befand sie sich oft nicht in dem Aufenthaltsraum im hinteren Teil der Praxis, sondern stromerte frei bei den Frauen herum, die vorne am Empfang arbeiteten. Ein paar Jahre später erzählte uns Heidi, sie sperre unser Mädchen nach dem Baden nicht ein, da Trixies Anwesenheit die anderen Hunde beruhige, die die Aussicht auf ein Bad nervös mache.

Bei unserem ersten Besuch in der Praxis amüsierten wir uns darüber, dass die Empfangsdame sagte: »Dr. Whitaker, Trixie Koontz ist hier. Sie hat einen Termin bei Ihnen.« Trixie war nun *Trixie Koontz* und offizielles Familienmitglied.

Für einen fröhlichen Hund erfindet man gern viele Spitznamen. Eine Zeit lang nannte ich Trixie manchmal *TK*, doch das ersetzte ich bald durch *Furface*, *Short Stuff*, *Love Puppy*, *Trix*, *Trickster* und andere liebevolle Bezeichnungen.

Beim CNN-Interview war TK schön herausgeputzt und während der ganzen Drehzeit zu Recht überhaupt nicht davon beeindruckt, nun Teil einer prominenten Familie zu sein.

Wochen vor dem *Pinnacle*-Interview rief mich der Produzent der Sendung an und ging mit mir die Themen durch, die sie gern mit mir diskutieren wollten. Alles verlief reibungslos, bis er sagte: »Und da sie vor allem einer sitzenden Tätigkeit nachgehen, hätten wir gerne auch Bildmaterial von Ihnen und Gerda bei interessanten, vielleicht auch ausgefallenen Freizeitbeschäftigungen.«

Ich erklärte, wir hätten uns, abgesehen von sechs Jahren Unterricht im Gesellschaftstanz, mit nichts Ausgefallenem beschäftigt. Uns sagten bequeme und gefahrlose Freizeitaktivitäten tatsächlich sehr viel besser zu. Wir waren keine Fallschirmspringer oder Schlangenbeschwörer, rangen nicht mit Bären und fuhren auch kein Tandem-Motorrad, geschützt durch behörnte Wikinger-Helme.

Da Fernsehsendungen erst durch farbige bewegte Bilder interessant werden, waren wir hier an einem kritischen Punkt angelangt. Nach einigem Grübeln schlug ich vor, das *Pinnacle*-Team könne mich zum Oceanside Campus der *Canine Companions for Independence* begleiten, da diese Organisation eine so wichtige Rolle in unserem Leben spiele und dem Produzenten all die Farbe liefern würde, die er brauche. Außerdem gehe es mir darum, CCI öffentlich bekannter zu machen, da die Organisation dann mehr Spenden bekommen werde.

Der Produzent war verblüfft. Er konnte sich nicht vorstellen, was in visueller Hinsicht an Assistenzhunden und zahlreichen Menschen in Rollstühlen interessant sein solle. Er sagte jedoch zu, mit Gerda und mir am Morgen des zweiten Drehtags zum Oceanside Campus zu fahren, allerdings »nur für eine Stunde«.

Danach wollte er nach Newport zurückkehren. Dort sollten Gerda und ich vor der Kamera am Strand entlanggehen und auch noch für andere bunte Bilder sorgen. Mir fiel dabei ein, vielleicht eine Dattelpalme hinaufzusteigen, die Ratten aus ihrem Nest in der Baumspitze zu vertreiben und eine von ihnen sogar mit den Zähnen zu fangen. In Wirklichkeit schlug ich diese Szenarien natürlich nicht vor. Hätte ich es jedoch getan, hätte der Produzent sicher erleichtert aufgeseufzt und zugestimmt.

Bis dahin waren meine Erfahrungen mit den Medien vor allem bestürzend gewesen. In einem Interview für eine bedeutende Zeitung hatte ein Reporter jedes einzelne Zitat, das er mir in den Mund legte, frei erfunden und darüber hinaus geschrieben, ich würde in einem fensterlosen Büro arbeiten, während es in Wirklichkeit ein Fenster von 2,8 Metern Breite und 1,75 Metern Höhe hatte. Außerdem hatte er es zu sechsundvierzig Falschdarstellungen gebracht, denn er versuchte, mich als einen noch größeren Narren erscheinen zu lassen, als ich es sowieso schon bin – was wiederum ein närrisches Unterfangen ist. Niemand kann mich verrückter erscheinen lassen, als ich es von mir aus bin. Genauso gut könnte ein bildender Künstler versuchen, ein Nilpferd zu malen, das noch typischer ist als das wirklich existierende Tier. Wenn mir ein Reporter unvoreingenommen entgegentritt, verhalte ich mich so albern, wie man seit Menschengedenken nur sein kann. Dadurch erspare ich es ihm, Idiotien zu erfinden, die er mir dann unterstellt.

Das *Pinnacle*-Team erschien pünktlich, und die Leute waren eine angenehme Überraschung. Der Produzent und seine Gruppe verhielten sich freundlich, taktvoll und professionell, und sie hatten alle Sinn für Humor, was uns die Befangenheit nahm. Beverly Schuch, die Gastgeberin vor laufender Kamera und meine Gesprächspartnerin, war eine liebenswürdige Frau, die jeden Scherz des Teams mitmachte. Ich bin nur öffentlichkeitsscheu, doch Gerda ist ein äußerst zurückhaltender Mensch, der am liebsten auf die Schweinwerfer schießen würde, die man auf sie richtet. Es verblüffte mich, dass die Leute von *Pinnacle* sie dazu bringen konnten, bei den Filmaufnahmen so vollständig mitzuwirken. Jahre danach sah ich mir gerne die Teile der Aufzeichnung an, in denen sie auftauchte – so reizend an jenem warmen Septembertag.

Trixie hingegen kannte keine solche Scheu vor der Öffentlichkeit wie Gerda. Bei den Aufnahmen für *Pinnacle* merkten wir, dass sie es geradezu genoss, im Rampenlicht zu stehen. Sie tat alles, wozu man sie aufforderte – sie lief hierhin und dorthin, wandte sich um, nahm Platz, lächelte – so als hätte sie kein Training als Assistenzhund hinter sich, sondern eine Ausbildung zum Model. Sie war wirklich eine absolut fotogene Hündin.

Am zweiten Tag der Dreharbeiten fuhren wir am frühen Morgen zum Oceanside Campus des CCI. Gerdas Bruder Vito und dessen Frau Lynn, die jetzt die zweite Woche in unserem Strandhaus verbrachten, erklärten sich einverstanden, uns zu begleiten, um sich um Trixie zu kümmern, wenn wir genau zu den Zeiten, zu denen Trixies Stundenplan Futter oder einen Toilettengang vorsah, Filmaufnahmen machten.

Judi, die Leiterin des Oceanside Campus, führte das *Pinnacle*-Team durch die Einrichtung und schlug den Leuten vor, eine Lehrstunde mit den Ausbildern und der derzeitigen Gruppe von Hunden, die bald ihre Abschlussprüfung machen würden, zu filmen. Alle von CNN waren vom CCI so begeistert, dass sie nicht nur »für eine Stunde« blieben, wie es sich der Produzent ursprünglich vorgestellt hatte, sondern den Morgen, Vormittag und frühen Nachmittag über. Im Spätjahr machten sie eine einstündige Sondersendung über das CCI, die während der Weihnachtszeit ausgestrahlt wurde.

Während unseres Rundgangs gelangten wir auch zu den Hundezwingern, in denen die Welpen vorübergehend wohnten. Alle waren zwischen acht und zehn Wochen alt und würden bald den freiwilligen Betreuern übergeben werden, die sie großziehen wollten. Judi schlug vor, dass Gerda und ich auf den Spielplatz zwischen den Zwingern gehen und uns dort hinknien sollten, um die Welpen kennenzulernen. Sie würde sie durch Umlegen eines Schalters aus den Zwingern freilassen.

Gerda war in diesen zwei Tagen mehr vor der Kamera gewesen, als sie sich für ihr ganzes Leben gewünscht hätte. Deshalb zog sie sich zurück und überließ es mir, mich allein dem wilden Rudel zu stellen. Die freigelassenen Welpen entpuppten sich vor allem als Golden Retriever, die anderen als Labradors. Ausgelassen schossen sie auf mich zu, und sofort trug ich einen Fellmantel aus höchst lebendigen Welpen.

Trixie, betreut von Vito und Lynn, sah zu, wie ich in das eingezäunte Gehege ging, und drückte sich interessiert an den Maschendraht, so als wollte sie mir mitteilen: *Früher hab ich hier gelebt, Dad, aber wieso möchtest du das? Das Haus auf dem Hügel ist doch viel besser als das hier!*

Inzwischen stürmten die Welpen über den Spielplatz und turnten auf mir herum. Ich lachte voller Entzücken – doch Trixie drehte dieser Szene plötzlich den Rücken zu und wollte nicht mehr zuschauen. Vito und Lynn versuchten sie dazu zu bringen, sich wieder dem Zaun zuzuwenden. Mein Herumtollen mit den niedlichen Welpen missfiel ihr jedoch offensichtlich.

Wir deuteten das so, dass sie schon nach diesen wenigen Tagen eine feste Beziehung zu uns aufgebaut hatte und unsere Zuneigung nicht mit anderen Hunden teilen wollte. Mit jeder Stunde wurden wir mehr zu einer Familie mit drei Mitgliedern.

Lange vor dieser Zeit hatte die Stadt Oceanside ein großes Gebiet von baulicher Nutzung ausgenommen, denn der Stadtrat hatte beschlossen, Landschenkungen an förderwürdige gemeinnützige Organisationen vorzunehmen. Die südwestliche Niederlassung des CCI hatte ihren Sitz zuvor im Umkreis von San Diego gehabt, war dann jedoch weiter nach Norden gezogen, um die großzügige Schenkung der Stadt Oceanside anzunehmen.

In einer kurzen Pause zwischen den Arbeiten mit dem *Pinnacle*-Team fragten Gerda und ich Judi Pierson, was CCI mit dem beträchtlichen Teil noch ungenutzten Geländes des ihm überschriebenen Grund und Bodens zu tun beabsichtigte. Daraufhin beschrieb sie uns ein Projekt, das uns neugierig machte und im Laufe der Zeit zu einem wichtigen Teil unseres – und Trixies – Lebens werden sollte.

Am Nachmittag kehrten wir nach Newport Beach zurück und nahmen die Filmleute zum Abendessen zu *Zov's Bistro* in Tustin mit, seit Jahren unser Lieblingsrestaurant. Normalerweise hatten Hunde bei Zov keinen Zutritt, doch an diesem Tag machte sie eine Ausnahme und erlaubte uns, Trixie mitzubringen. Unser Golden Girl verschwand unter dem Tisch, blickte nach draußen und stand nur auf, um aus einer Schüssel Wasser zu schlabbern.

Eine Stunde vor Ende des Dinners schaute ich nach Trixie, um mich zu vergewissern, dass sie noch immer zufrieden unter dem Tisch lag. Ich sah, dass sie den Kopf erhoben hatte. Offenbar interessierte sie irgendetwas. Ein Brocken Hühnerfleisch, so groß wie eine Pflaume, lag auf dem Terrassenboden, etwa dreißig Zentimeter vor ihrer Nase. Einer der anderen Gäste hatte Trixie den Brocken wohl hingeworfen, aber sie war so ausgebildet, nichts zu beachten, das sie von dem behinderten Menschen, dem sie half, ablenken konnte.

Im großen Trainingsraum des CCI wird vor Unterrichtsbeginn manchmal an verschiedenen Stellen etwas zum Fressen abgelegt. So lernen die Hunde während ihrer Übungen, die Leckerbissen zu ignorieren und sich ganz auf die Bedürfnisse des Trainers zu konzentrieren, der an Stelle eines behinderten Menschen, dem der

Hund später zugeteilt wird, in einem Rollstuhl sitzt. Während ihrer Arbeit dürfen die Assistenzhunde auch keine weiteren Hunde beachten, ebenso wenig Katzen, Kaninchen, Vögel und alles andere, was sie normalerweise gern jagen würden, etwa Schmetterlinge oder Lastwagen.

Während wir mit den Filmleuten auf der Terrasse zu Abend aßen, musste Trixie sich um keinen behinderten Menschen kümmern, war also nicht im Dienst. Und trotzdem hielt sie sich treu und brav an das, was sie als Assistenzhund gelernt hatte. Als wir das Restaurant eine Stunde später verließen, hatte sie das Hühnerfleisch nicht angetastet und trat bei unserem Aufbruch mit mehr Stolz als Bedauern über den Leckerbissen hinweg.

Vor allem wegen dem zeitlichen Limit einer Fernsehsendung stellte die endgültige Fassung der *Pinnacle*-Reportage ein paar Dinge falsch dar, da meine Antworten auf einige Fragen stark gekürzt oder zusammengeschnitten worden waren. Doch das lag keineswegs in der Absicht der Redaktion, sondern schlicht an meiner Neigung zum Abschweifen.

Auf dringende Bitte des Produzenten tanzen Gerda und ich fast am Ende des Films ein paar Minuten lang einen Swing (da bei dieser Aufnahme keine entsprechende Musik zur Verfügung stand, zählten wir den Takt lautlos mit), um das Ergebnis all jener Tanzstunden vorzuführen, bei denen ich den Tanzlehrer mehr als einmal zur Verzweiflung gebracht hatte. Das ist mein Lieblingsmoment in dem Film, aber nicht wegen unseres Tanzes, sondern weil die Kamera Trixie langsam heranzoomt.

Sie sieht uns so aufmerksam zu, als habe sie noch nie jemanden tanzen sehen und stelle sich nun ernsthaft die Frage, welche anderen sonderbaren Rituale ihr neues Herrchen und ihr neues Frauchen noch in petto haben mochten.

8

Ich vermassele etwas, und Trixie nimmt die Schuld auf sich

Golden Retriever haben ein prachtvolles dichtes Fell, aber deshalb haaren sie auch sehr. Besonders im Frühling erzeuge sie jedes Mal, wenn sie sich schütteln, pralle Wolken ausgefallenen Haars. Da wir in unserem Haus lieber nicht mit solchen Wolken leben wollten, bürsteten und kämmten wir ihr Fell jeden Morgen

nach ihrem Spaziergang dreißig bis fünfundvierzig Minuten lang durch und nochmals zehn bis fünfzehn Minuten am späten Nachmittag oder frühen Abend. Zusätzlich wurde jeder Fußboden im Haus mindestens einmal am Tag gefegt oder gewischt. Kein Besucher sah jemals Hundehaar auf dem Boden oder ging mit mehr als ein paar goldenen Flusen auf der Kleidung nach Hause.

Trixie genoss diese tägliche Fellpflege so, als wäre sie eine den Hunden vorbehaltene Entsprechung der körperlichen Verwöhnung, die Menschen in Wellness-Zentren genießen. Sie merkte sich auch die Abfolge des Auskämmens, legte sich auf die dafür vorgesehene Hundedecke, streckte ein Bein genau dann aus, wenn man es durchkämmen wollte, und rollte sich mit einem verträumten Seufzer von einer Seite auf die andere. Für Gerda und mich kam diese Hundepflege einer Meditation gleich und löste einen Zen-artigen Zustand der Entspannung bei uns aus. Und so war und blieb Trixies Fell immer seidig und glänzend.

Nicht lange nachdem Trixie zu Trixie Koontz geworden war, luden wir Freunde zu einem Sonntagsbrunch ein. Schon damals vertrauten wir darauf, dass Trixie sich dabei besser benehmen würde als ich. Ich zeichne mich nicht durch besonders herausragende Umgangsformen aus. Schon deshalb war Trixies Verhalten so eindrucksvoll, weil es meines weit in den Schatten stellte.

Nach dem Durchkämmen von Trixie warteten an jenem Tag noch weitere Aufgaben auf uns: die Vorbereitung von Vorspeisen, das Arrangement von Blumen, das Tischdecken, um auf diese Weise Zeit zu gewinnen, unsere Gäste gebührend zu empfangen. Wir eilten hierhin und dorthin, und das den ganzen Morgen über. Und als es fast elf war, steigerte sich unsere Nervosität zur Panik. Einen Moment nachdem alles fertig vorbereitet war, läutete es an der Haustür.

Unsere Freunde fanden Trixie reizend, und das beruhte auf Gegenseitigkeit. Die nächsten vier Stunden liefen so wunderbar reibungslos ab, dass »Amerikas beste Hausfrau«, die Fernsehmoderatorin und Fernsehköchin Martha Stewart, uns sicher beifällig in die Wangen gekniffen hätte. Gegen Ende des Essens, wir saßen noch am Tisch, begann Trixie, mein Bein mit der Nase und der Pfote anzustupsen, um meine Aufmerksamkeit zu erregen. Dieses Stupsen war ganz untypisch für Trixie. Ich befahl ihr »Platz!«. Die gute Trixie hörte darauf und legte sich auf dem Fußboden neben meinem Stuhl nieder. Doch wenige Minuten später suchte sie erneut meine Aufmerksamkeit, so dass ich meinen Befehl wiederholte, auf den sie wie zuvor hörte.

Nach dem Essen wechselten wir mit dem Kaffee ins Wohnzimmer hinüber, um dort unsere Gespräche fortzusetzen. Mehr als einmal versuchte Trixie, Gerda und mich auf sich aufmerksam zu machen. Wir streichelten sie daraufhin, kraulten ihre Ohren, strichen ihr übers Kinn. Trotzdem stupste sie uns mit der Pfote an, als wollte sie jetzt unbedingt spielen. Das untersagten wir ihr in strengem, aber liebevollen Ton und versicherten ihr flüsternd, wir würden wie die Wilden mit ihr spielen, wenn unsere Gäste gegangen seien.

Schließlich hörte Trixie auf, uns zum Spielen aufzufordern, setzte sich direkt vor das Sofa und starrte mich so ernst und angespannt an, als hätte sie jüngst ein Buch darüber gelesen, dass der Geist die Materie bezwingen kann, und hoffe nun, mich durch pure konzentrierte Gedankenübertragung zum Aufstehen bewegen zu können. Als ich sie ignorierte, verließ sie das Zimmer schließlich für ein Weilchen und kehrte später in einer weniger drängenden Stimmung zurück.

Einige Minuten nachdem sich unsere Gäste um halb vier Uhr nachmittags von uns verabschiedet hatten, entdeckte ich einen nassen Fleck auf dem milchweißen Teppich im Fernsehzimmer. Urin. Trixie hatte sich in den fernsten Winkel verzogen, dorthin, wo unsere Gäste diesen Fauxpas nicht bemerken würden, wenn sie durch den Torbogen gingen. Aber trotzdem hatte sie ins Zimmer gepinkelt.

Da Gerda früher einmal Pfadfinderin gewesen war, hatte sie gelernt »allzeit bereit« zu sein. Trixie hatte bislang nie einen Ausrutscher gehabt, bei dem sie einen »biologischen Flecken« hinterlassen hatte, wie es auf dem Etikett des Putzmittels hieß. Aber Gerda war auf alles mit einer Reinigungsausrüstung in einer Segeltuchtasche vorbereitet. Wir machten uns an die Säuberung des Teppichs und hofften, etwas gegen den Urinfleck ausrichten zu können, bevor er sich auf Dauer festsetzte.

Trixie saß etwas entfernt von uns und beobachtete uns mit einer Mimik und einer Körperhaltung, die ich für den Ausdruck von Scham hielt. Ihre Ohren hingen schlaff herunter und sie hielt den Kopf gesenkt. Sie war unwiderstehlich herzig, doch ich wappnete mich dagegen und sagte in leisem, aber tadelnden Ton: »Das ist nicht gut. Böse. Böser Hund. Böser, böser Hund. Herrchen ist enttäuscht.«

Sie rutschte auf den Bauch und kroch quer durch das Zimmer, so als wäre sie ein Soldat an der Front und meine leise Rüge Gewehrfeuer über ihrem Kopf. Sie kroch bis zu einer Ecke, die so weit von dem Urinfleck entfernt war wie möglich. Dort legte sie sich hin, die Nase an die Fußleiste gedrückt, uns den Rücken zugewandt. Sie war nicht nur beschämt, sondern fühlte sich zutiefst gedemütigt.

Während wir den Teppich säuberten, blickte ich immer wieder zu Trixie hinüber. Während sie vor der Ecke lag, sah sie so mitleiderregend aus, dass ich am liebsten zu ihr hinübergegangen wäre, ihr die Hand auf den Kopf gelegt und ihr gesagt hätte, alles sei vergeben und vergessen. Genau das schlug mir Gerda vor, aber ich erwiderte, sicher habe der Hund uns auf die Probe stellen und sehen wollen, ob wir das Rückgrat hätten, uns als Herrchen und Frauchen durchzusetzen. Also müssten wir das Nötige tun, denn sonst würden wir weitere solcher unliebsamen Vorfälle riskieren.

Und dann ... Dann fiel mir ein, was man uns am Tag von Trixies Ankunft mitgegeben hatten: »Wenn dieser Hund irgendetwas falsch macht, dann wird es eure Schuld sein und nicht die von Trixie.« Nun verstand ich, warum sie mein Bein mit Nase und Pfote angestupst hatte, um meine Aufmerksamkeit am Esstisch auf sich zu ziehen. Und als sie mich so angestarrt hatte, als wollte sie mich durch ihren Blick zum Aufstehen bewegen oder irgendwohin teleportieren, hatte sie mir mitgeteilt, dass sie dringend Wasser lassen musste. Entsetzt dachte ich daran, wie hektisch wir uns den ganzen Morgen über verhalten hatten, als wir uns auf unsere Gäste vorbereiteten. Da wurde mir bewusst, dass ich vergessen hatte, mit Trixie Gassi zu gehen, damit sie ihr Vormittagsgeschäft verrichten konnte.

Ich hatte ihren Stundenplan nicht eingehalten, und die Urinpfütze auf dem Teppich im Fernsehzimmer war so eindeutig meine Schuld, als hätte ich dort selbst meine Blase entleert. Während sich Trixie nun gedemütigt fühlte, war ich wütend auf mich selbst und von mir selbst enttäuscht. Ich ging zu ihr hinüber, streichelte sie und entschuldigte mich bei ihr, aber sie versteckte das Gesicht weiterhin in der Ecke.

Gerda hatte sich an meiner Rüge »Böser Hund. Böser, böser Hund« nicht beteiligt, also war ich wie üblich der einzige hoffnungslose Idiot im Zimmer. Gerda empfand jedoch so schreckliches Mitgefühl mit Trixie, dass sie sich genauso sehr wie ich wünschte, dass wir diesen Vorfall möglichst schnell hinter uns bringen könnten. »Es ist Zeit für Trixies Abendessen«, meinte sie. »Gib ihr nach dem Trockenfutter noch ein, zwei Hundekekse. Und dann gehen wir mit ihr am besten den Hügel hinunter, in den Park, und werfen ihr so lange den Ball zu, wie sie möchte. Und wenn wir nach Hause kommen, geben wir ihr ein *Frosty Paw*.« *Frosty Paw* ist ein gekühlter Leckerbissen, ein Speiseeis-Ersatz für Hunde.

Wir taten alles, was Gerda vorgeschlagen hatte, und während jedes Schrittes unserer Wiedergutmachung sagten wir: »Guter Hund. Gute Trixie. Und böses Herrchen. Guuuuute Trixie. Bööööses Herrchen!«

9

Hier gehöre ich hin

Die nächsten beiden Monate verbrachten wir in einem Wirbelsturm von Tennisbällen. Trixie apportierte sie so lange, bis mir die Kraft zum Werfen ausging oder sie selbst sich vor Erschöpfung auf den Boden fallen ließ.

Das Schimmern und Aufleuchten ihres goldenen Fells in der Sonne, die Geschwindigkeit, mit der sie ihre Beute verfolgte, die Genauigkeit all ihrer Sprünge, um den durch die Luft fliegenden Schatz abzufangen (wobei nach dem Vorschnellen der vorderen Pfote eine blitzschnelle Drehung in dem Moment erfolgte, wenn die hinteren Pfoten die Erde berührten) ... Nicht nur in körperlicher Hinsicht war Trixie ein Wesen voller Anmut. Je mehr ich ihr zusah, desto mehr kam sie mir wie der Inbegriff aller wunderbaren Anmut vor, die wir hin und wieder flüchtig erkennen. Intuitiv ziehen wir daraus Rückschlüsse auf die wirkende Hand Gottes, auf die Wahrheit, dass die Schönheit dieser Welt sein Geschenk an uns zur Stärkung des menschlichen Herzens ist, und auf die Realität der Gnade.

Jedes Mal, wenn Trixie von einem Spaziergang, vom Spielen oder von der Erledigung ihrer kleinen und großen Geschäfte ins Haus zurückkehrte, wischten wir ihr die Pfoten mit einem feuchten weißen Tuch ab, um das Haus sauber zu halten. Manche Hunde sind in dieser Hinsicht empfindlich, doch Trixie ließ es zu, dass wir mit ihren Pfoten herumhantierten. Wenn wir ihr Tennisbälle zum Apportieren zugeworfen hatten, benutzten wir danach sogar zwei Tücher zum Reinigen, denn dann rieben wir ihr nicht nur die Pfoten sauber, sondern auch die Unterschenkel ihrer Hinterbeine und die Fesseln ihrer vorderen Gliedmaßen, um die Gras-

flecken zu entfernen. Es waren manchmal so viele, dass sich ihr Fell hellgrün gefärbt hatte. Wenn sie einem Ball nachjagte und zu spät hochsprang, um sich den Ball im Fall zu schnappen, rannte sie ihm sofort mit manischem Entzücken nach und schlitterte theatralisch vorwärts, um ihn einzufangen. Wenn ich Trixie gesäubert hatte, zeigte ich ihr manchmal die grünen Flecken auf dem Tuch, und dann schnüffelte sie jedes Mal daran und grinste breit, so als erinnerte sie sich an ihr ausgelassenes Spiel.

Als wir ein paar Tage im Strandhaus verbrachten, hatten wir keinen Rasen oder öffentlichen Park zur Verfügung, der genügend Platz für das Wurf-und-Apportier-Spiel geboten hätte. Deshalb beschäftigten wir Trixie dort mit ihrem zweitliebsten Spiel: den Tennisball zu *finden*. Ich befahl ihr dann in irgendeinem Zimmer, schön sitzen zu bleiben, und ging in ein anderes, um den Ball dort unter einem Sofakissen, einem Sessel, hinter einer Topfpflanze oder an einem noch schwieriger zu entdeckenden Platz zu verstecken, etwa hoch über ihrem Kopf oder zwischen dem Fenster und dessen Plissée-Rollo verborgen. Auf den Ruf hin »Trixie, such!« eilte sie dann, fast rennend, in mein Zimmer. Während sie den Geruch des mit grünen Flecken übersäten Gummiballs zu erschnüffeln versuchte, hielt sie den Kopf gesenkt, und ihre Nase bebte.

Stets fand sie den Ball, selbst wenn ich sie nicht von dem Zimmer aus rief, in dem ich den Ball versteckt hatte. Den Trick durchschaute sie schneller, als ich erwartet hatte. Als ich den Ball zum zweiten Mal im selben Zimmer wie beim ersten Mal versteckte, ging sie sofort zu dem früheren Versteck, um sich zu vergewissern, dass ich einen neuen Platz für ihren Schatz ausgesucht hatte.

Balboa Peninsula hat eine fast fünf Kilometer lange Strandpromenade – einen gepflasterten Weg, der zwischen den Häusern mit Meeresblick und dem Strand liegt. Dort gingen Gerda und ich oft mit Trixie spazieren. All diese anderen Spaziergänger, mit Hund und ohne, die Inlineskater, die sich mit hoher Geschwindigkeit durch den Fußgängerverkehr schlängelten, die Surfer, die ihre Bretter zum Wasser trugen, eine Inderin in einem farbenprächtigen Sari, eine Katze, die sich auf einem Torpfosten zusammengerollt hatte und vor sich hin sinnierte, durch die Luft segelnde Seemöwen, die wie verlorene Seelen kreischten: Häufig schaute Trixie uns während dieser Spaziergänge mit freudigem Ausdruck an, als wollte sie sagen: *Habt ihr das gesehen? War das nicht zum Staunen?*

Trixie inspirierte mich dazu, die Dinge aus einer anderen Perspektive zu sehen, so dass das Vertraute wieder frisch und neu wirkte. Auf ihre Weise teilte sie es mit mir, wenn sie in alltäglichen Szenen große Schönheit entdeckte. Sie weckte in mir wieder das Bewusstsein dafür, welches Geheimnis in der Textur aller Dinge steckt, die wir mit unseren fünf Sinnen wahrnehmen, aber nur mit dem Herzen *erkennen*. Vielleicht ist das der Hauptzweck von Hunden: unseren Sinn für das Wunderbare neu zu beleben und dazu beizutragen, dass wir ihn uns bewahren. Sie bringen uns zum Nachdenken darüber, dass wir unserer Intuition so vertrauen sollten, wie sie der ihrigen vertrauen. Und sie verhelfen uns zu der Erkenntnis, dass etwas, das man intuitiv erkennt, genauso real sein kann wie alles, das wir durch physische Erfahrung erkennen.

Zum ersten Mal nahmen wir Trixie an den vier Tagen des langen Thanksgiving-Wochenendes mit zum Strandhaus. Am Sonntagabend kehrten wir dann in unser Haus auf dem Hügel zurück und erlebten dank unseres Golden Girls unerwartet etwas, das uns sehr zu Herzen ging.

Immer wenn wir mit Trixie unterwegs waren und später beladen mit irgendwelchen Päckchen oder Paketen heimkamen, ließen wir sie durch die Verbindungstür von der Garage aus ins Haus. Dabei schalteten wir das Licht in der Eingangsdiele ein und befahlen Trixie, auf uns zu warten. Ein, zwei Minuten später, die Arme bepackt mit Einkaufstüten oder mit Post, folgten wir ihr dann ins Haus und fanden sie stets geduldig wartend vor.

Als wir an jenem Sonntagabend nach Thanksgiving zurückkehrten, machten wir es wie immer, doch als wir das Haus mit Wäschebündeln und den Resten des Festessens betraten, war Trixie nicht in der Diele. Im übrigen Haus war es dunkel, und als ich sie rief, tauchte sie weder aus dem Wohnzimmer noch aus dem Fernsehzimmer oder dem Esszimmer auf.

Eine geschwungene Treppe führte in diesem Haus von der Diele nach oben und machte in Richtung des zweiten Geschosses eine Kehre zu der offenen Empore hin, an der Zimmer angrenzten. Dort stand eine der Doppeltüren zu unserem großen Schlafzimmer offen, so wie wir sie hinterlassen hatten. Mit einem ihrer Lieblingsspielzeuge im Maul, einer Quietschente, schoss Trixie aus dem dunklen Schlafzimmer, wo viele ihrer Spielzeuge neben ihrem Hundebett verstaut waren. Höchst aufgeregt eilte sie die Treppe hinunter und raste, während die Ente laute Quietschtöne von sich gab, immer wieder durch die Diele. Eigentlich sprang sie eher, als dass sie rannte, und hüpfte eher wie eine Ziege herum, als dass sie sprang – geradezu verzückt. Nie zuvor hatten wir sie so wahrhaft glückselig erlebt.

Verblüfft blieben Gerda und ich stehen und sahen diesem Schauspiel zu. Zunächst wunderten wir uns darüber. Doch als

Trixies Freudeausbruch unvermindert anhielt, kamen wir zu dem Schluss, der auf der Hand lag: Obwohl unsere Kleine erst drei Jahre und zwei Monate alt war, hatte sie schon an sechs verschiedenen Orten gelebt: zwei Monate lang bei ihrem Züchter, bis zum Alter von fast achtzehn Monaten bei ihrer Welpenbetreuerin, ein halbes Jahr auf dem CCI-Campus, während sie dort ihr Training absolvierte, danach ein halbes Jahr als Assistenzhund bei Jenna, der behinderten jungen Frau, während ihrer Erholung von der Ellbogenoperation wieder bei ihrer früheren Welpenbetreuerin und in jüngster Zeit bei uns.

Als wir Trixie an Thanksgiving zu unserem Strandhaus mitgenommen hatten, hatte sie es als den Ort wiedererkannt, wo sie uns zum ersten Mal begegnet war. Sie *muss* ihn erkannt haben, denn sie eilte nicht davon, um ihn zu erkunden, wie sie es an neuen Orten immer tat. Während der ganzen vier Tage im Strandhaus war sie offenbar davon ausgegangen, dass wir sie erneut weiterreichen würden, weitergeben an ihr unbekannte Menschen, und sie dann ihr sechstes Zuhause eines siebten Zuhauses wegen würde verlassen müssen. Als wir sie mit zurück zu unserem Haus auf dem Hügel genommen hatten, war sie unverzüglich in unser gemeinsames Schlafzimmer hinaufgerannt, hatte ihr Bett dort gefunden, wo es sein sollte, und auch alle Spielsachen so, wie sie diese hinterlassen hatte. Und da hatte sie gemerkt, dass sie doch nicht zu einem neuen Heim gebracht werden sollte.

Indem sie rannte, in die Luft sprang, wie eine Ziege herumhüpfte und mit ihrer Ente quietschte, hatte sie die Erkenntnis gefeiert, dass unser Haus nach wie vor ihr Zuhause war und wir für immer ihre Familie. Das rührte uns so sehr, dass wir uns sofort auf den Dielenboden knieten, um ihr eine weitere Bestätigung dafür zu geben.

Mit peitschendem Schwanz und heftig wackelndem Hinterteil kam Trixie zu uns hinüber. Sie ließ die Spielzeugente fallen und leckte uns die Hände, obwohl sie nicht zu den Hunden zählte, die so etwas besonders gerne tun. Dann schnüffelte sie an unseren Händen und schenkte uns das freudige, wunderbare Lächeln, das jeden Liebhaber dieser Hunderasse so entzückt.

Wissenschaftler wie Verhaltensforscher haben ganze Bibliotheken mit dem Unsinn gefüllt, dass Hunde nicht solche Gefühle haben, wie wir sie kennen, oder dass die Emotionen, die sie anscheinend zur Schau stellen, nicht das bedeuten, was wir in unserer sentimentalen Entschlossenheit, Gemeinsamkeiten zwischen Menschen und Hunden zu erkennen, in sie hineindeuten. Wie es leider bei allzu vielen Fachexperten der Fall ist, hat die Bildung sie jedoch nicht von Unwissenheit befreit, sondern bei ihnen sogar Unwissenheit *bewirkt*, wenn sie sich zu einem angeblich aufgeklärten Standpunkt emporschwingen, der in Wirklichkeit nur Dogmatismus ist. Sie ignorieren dabei das erhellende Licht der Intuition und die unerschütterliche Klarheit des gesunden Menschenverstandes. Stattdessen sehen sie die Welt durch die trüben Fenster reiner Theorie und Ideologie, die alle Wirklichkeit verdunkeln.

Deshalb sehen die meisten Wirtschaftsexperten eine Finanzkrise erst dann kommen, wenn deren Wellen über ihnen zusammenschlagen. Und deshalb kann der Überraschungsangriff eines Gegners die meisten Experten der Staatslenkung oder der Militärstrategie so leicht überrumpeln.

Wie jeder weiß, der jemals sein Herz und seine Seele einem Hund geöffnet hat, haben diese Geschöpfe Empfindungen, die den unseren sehr ähnlich sind. Die üblichen Argumente gegen diese Wahrheit entpuppen sich wegen ihrer Spitzfindigkeit und des engstirnigen Materialismus als Sophisterei oder, noch schlimmer, als ein dogmatisches Beharren auf Wissenschaft, das in Wirklichkeit völlig unkritische reine *Wissenschaftsgläubigkeit* ist.

Als wir an jenem Abend in unser Haus auf den Hügel zurückkehrten, verkündete Trixie: *Hier gehöre ich hin*, und drückte ihre Freude darüber aus, dass sie endlich einen Platz in der Welt gefunden hatte, den man ihr nicht wieder wegnehmen würde.

Trixies Gespür für ihren Platz in unserer Familie wuchs genauso sehr wie ihr Platz in unseren Herzen. Später, in einem nicht ganz so bedeutsamen, aber trotzdem wunderbaren Moment, wiederholte sie ihre Erklärung auf völlig andere Weise.

Wir hatten zu einer Party im Strandhaus eingeladen und alle

Gäste hatten dabei so viel Spaß, dass sich die Letzten erst eine halbe Stunde nach Mitternacht von uns verabschiedeten und wir noch bis fast zwei Uhr früh mit dem Aufräumen und Abwaschen zu tun hatten. Wir hatten uns nicht auf eine Übernachtung vorbereitet, mussten also zum Haus auf dem Hügel zurückfahren. Doch dazu später.

Kein Hund war mehr an Menschen orientiert als Trixie. Meiner Meinung nach war sie es von Natur aus, aber diese Wesensart hatte sich durch die Ausbildung auf dem CCI-Campus noch verstärkt. Denn dort muss man die Assistenzhunde darauf abrichten, während ihres Dienstes für behinderte Menschen andere Hunde zu ignorieren. Trixie war nur wenigen Leuten begegnet, die sie nicht mochte, und natürlich mochten die meisten Leute auch sie. Bei Partys ging sie stets bis zum Umfallen von einem Gast zum anderen.

Nach dieser Party im Strandhaus hatte sie kaum noch genügend Energie, in den Gepäckraum unseres Geländewagens zu springen. Sonst rollte sie sich dort meistens zusammen und döste während der Fahrt. Vielleicht lag es daran, dass wir wieder im Strandhaus gewesen waren und uns jetzt auf dem Rückweg zu dem Ort befanden, den Trixie als ihr Zuhause betrachtete, jedenfalls wollte sie diesmal nicht von uns getrennt sein. Als ich mich hinter das Steuer setzte und den Motor anließ, kroch Trixie vom Gepäckraum auf den Rücksitz, von dort aus über die vordere Schaltarmatur und danach auf Gerdas Schoß. Damals wog sie circa neunundzwanzig Kilo und wirkte durch ihr dichtes goldenes Fell noch stämmiger, so dass sie auf dem Sitz größer zu sein schien als ihr Frauchen. Sie rollte sich auf Gerdas Schoß zusammen, stützte ihr Kinn auf die Türwölbung wie auf einen Fenstersims und seufzte zufrieden. *Hier gehöre ich hin*, drückte dieser Seufzer deutlich aus. Und das rührte Gerda so, dass sie nicht das Herz hatte, unsere pelzige Tochter von ihrem Schoß zu vertreiben. Als wir heimfuhren, begann Trixie, liebevoll geborgen in unseren Armen, laut zu schnarchen, während ihr Atem das Seitenfenster beschlug.

Vielleicht lieben Hunde, genau wie wir, bestimmte Orte. Aber der einzige Ort, den sie über alles lieben, ist derjenige, wo sich ihr

Herrchen oder Frauchen aufhalten. Wenn wir unser Haus auf dem Hügel in Harbor Ridge verließen, fand Trixie ihr Zuhause überall dort, wohin wir sie mitnahmen.

Sobald die Wände unseres neuen Hauses standen und die Fenster eingesetzt waren, tapste Trixie mit wedelndem Schwanz von Zimmer zu Zimmer. Bei jedem Besuch freute sie sich offensichtlich, wenn sie durch den Neubau tollte, so als hätte sie großen Gefallen am Stil des Architekten Frank Lloyd Wright gefunden, der unser Bauprojekt inspiriert hatte.

Nachdem wir monatelang beobachtet hatten, wie begeistert sie von diesem Neubau war, wurde uns plötzlich klar, was davon ihr am meisten zusagte. Unser früheres Haus in Harbor Ridge war ein Gebäude im viktorianischen Stil gewesen und hatte recht schmale französische Fenster gehabt, hoch über Trixies Kopf. Hier dagegen waren die Fenster in vielen Zimmern des neuen Hauses ein Meter fünfundsiebzig breit und reichten vom Boden bis zur Decke. Bei den Zimmern mit schöner Aussicht bestand sogar eine ganze Wand ausschließlich aus großen, nebeneinander liegenden Fenstern mit riesigen, holzgerahmten Glasscheiben, die die Außenwelt ins Haus ließen. In Harbor Ridge hatte Trixie die Außenwelt nur durch wenige französische Fenster sehen können. Im neuen Haus konnte sie überall, wohin sie auch ging, in die Natur blicken. Und das begeisterte sie.

10

Bitte steckt meinen geliebten Hund nicht in den Knast

Als Gerda und ich sechs Wochen nach unserer Hochzeit Weihnachten zum ersten Mal als verheiratetes Paar feierten, hatten wir zu wenig Geld, um unseren Weihnachtsbaum so prächtig herauszuputzen, wie wir es gern getan hätten. Die zwei Schnüre mit bunten elektrischen Birnchen, die beiden Schachteln mit billigem Christbaumschmuck und ein Päckchen mit silbernen Zapfen aus Alufolie hatten unser Budget völlig erschöpft.

Das von uns gemietete Haus hatten wir für insgesamt einhundertfünfzig Dollar möbliert, indem wir uns bemüht hatten, bei Versteigerungen auf dem Lande Schnäppchen zu machen. Das erwies sich als wirkungsvolles Vorgehen, allerdings erst, nachdem wir gemerkt hatten, dass wir stets beide die Hände gehoben und gegeneinander geboten hatten, und aufhörten, miteinander um die gewünschten Gegenstände zu konkurrieren. Eine Couch, die wir für drei Dollar erwarben, sah wirklich schön aus, nachdem wir ihre Spiralfedern neu gespannt und sie mit billigem, aber hübschem Stoff neu bezogen hatten. Eine alte Tür statteten wir mit kurzen Beinen aus, strichen sie schwarz und nutzten sie als Esstisch im japanischen Stil. An diesem niedrigen Tisch standen keine Stühle, sondern ringsum lagen pralle Sitzkissen, deren Hüllen Gerda mit ihrer Nähmaschine hergestellt hatte. Gefüttert waren diese Kissen mit (geschredderten) Kunststoffbeuteln – vor allem mit Brotbeuteln aus weichem Plastik, damit die Kissen nicht knisterten –, die unsere Familien und deren Nachbarn für uns sammelten.

Wenn wir zu Abend aßen, saßen wir mit gekreuzten Beinen auf den Kissen. Wir schliefen auf einer bizarren Kombination aus einer Bettcouch und einem Ausziehbett, kaum mehr als dreißig Zentimeter über dem Fußboden.

Als meine Mutter uns besuchte, weinte sie angesichts unserer Armut. »Ihr esst auf dem *Fußboden*«, sagte sie voller Kummer und betonte dabei jedes Mal das letzte Wort des Satzes so, als rezitiere sie eine Jammerlitanei. »Ihr schlaft auf dem *Fußboden.* Ihr habt keinen *Herd.* Ihr habt keinen *Fernseher*. Ihr esst auf dem *FUSSBODEN!*« Sie liebte uns. Sie wünschte uns das Beste. Meine Mutter hatte während ihres ganzen Ehelebens nicht gewusst, ob sie am nächsten Tag noch ein Dach über dem Kopf haben würde, und trotzdem reagierte sie auf unser bescheidenes, jedoch glückliches

Zuhause so, als vegetierten wir in einer Elendshütte aus Pappkartons in den Slums von Kalkutta dahin.

Unser erster Weihnachtsbaum war kein Schmuckstück. Und darunter waren auch keine Geschenke aufgestapelt. Aber Gerda und ich waren zusammen, wir standen nicht mehr getrennt voneinander und allein in der Welt. Wir besaßen eine hübsche elektrische Kochplatte und vergeudeten keine Zeit mit dem Fernsehen, da wir ja kein Fernsehgerät besaßen. Und wenn wir nachts aus dem Bett fielen, konnten wir gar nicht so tief fallen, dass wir uns dabei verletzten.

Am Weihnachtsabend begann es während der Dämmerung zu schneien. Der Schnee wirbelte in Silberdollar-Flocken nach unten, und wir brachen an jenem Abend, der so zauberhaft war wie irgendein wunderbarer Abend in C. S. Lewis' fiktivem Königreich Narnia, zu einem Spaziergang auf.

Zweiunddreißig Jahre später, kurz vor unserem ersten Weihnachten mit Trixie, freuten wir uns genauso auf das Fest wie in jenem weit zurückliegenden Dezember. Wegen des Erfolges meiner Bücher waren Gerda und ich schon seit längerer Zeit in der Lage, Kunstwerke und Antiquitäten zu erwerben, die wir beide bewunderten. Wir betrachteten solche Dinge als Geschenke füreinander und hatten schon Jahre zuvor damit aufgehört, Weihnachtsgeschenke miteinander auszutauschen, da es uns überflüssig vorkam. Aber jetzt konnten wir eine ganz besondere Hündin damit verwöhnen. Wir würden Trixie wohl nicht die Sache mit dem Weihnachtsmann erklären können, hatten aber selbst große Lust, dessen Rolle zu übernehmen.

Wir kauften ihr Plüschtiere, Spielzeuge, die sie hinter sich herzerren konnte, Wurfspielzeuge, solche Plüschspielzeuge, an denen sie auch ziehen konnte, Quietschbälle, Bälle, die nicht quietschten, und einen Ball mit einem Lämpchen im Innern, das aufleuchtete, wenn er rollte. Diese Geschenke verpackten wir in Schachteln, um ihre Größe und Form zu verbergen – so als würde ein Frisbee, der aus einem großen rechteckigen Karton statt aus einem flachen viereckigen Päckchen kam, Trixie mehr überraschen und erfreuen.

Wir wollten ihre Geschenke am Weihnachtsabend nach dem Essen öffnen, denn das war die Stunde, in der Gerda und ich uns früher, als wir noch Geschenke füreinander besorgten, gegenseitig beschert hatten. Eine halbe Stunde vorher nahm ich Trixie nach oben zum Spielen mit. Doch mit der mir eigenen sportlichen Eleganz schaffte ich es, das Spiel in einen ärztlichen Notfall zu verwandeln.

Wie Sie vielleicht noch wissen, fand Trixie, als sie noch jünger war, in einer sonderbar zerstörerischen Stimmung, die ganz untypisch für sie war, heraus, wo wir unseren Tritthocker aufbewahrten, zerrte ihn nach oben, stellte ihn unter ein Ölgemälde, das Gerda besonders mochte, kletterte auf den Hocker und beschädigte das Bild mit einem Kong-Spielzeug. Folglich durften wir im langen oberen Gang keinen Tritthocker mehr aufstellen, und ich durfte Trixie dort auch nicht mehr einen Tennisball zum Apportieren hinwerfen. Ich konnte den Ball nur noch mit einer Drehung meines Handgelenks so rollen, dass er Tempo gewann.

Dieses Spiel hatten wir stets so durchgeführt, dass ich mich hinkniete, damit ich auf Trixies Höhe war – vor allem deswegen, weil Golden Retriever *soooo* viel hübscher sind, wenn man sie aus ihrer eigenen Perspektive sieht statt von oben. Im Laufe der Zeit hatte sich dieses Spiel weiterentwickelt. Inzwischen war ein wesentlicher Bestandteil davon, dass ich Trixie dabei mit Täuschungsmanövern zu verwirren suchte und nicht nur den Ball rollte, dem sie dann hinterher jagte. Da sie außerordentlich schnell war, fing sie den Ball manchmal schon ab, sobald ich ihn mit Schwung in Bewegung versetzte, und musste ihm dann gar nicht mehr den Gang entlang nachrennen.

Aber mit jungen Hunden verhält es sich ähnlich wie mit kleinen Kindern: Das Spiel zielt auch darauf ab, sie so müde zu machen, dass man danach zumindest einen Teil des Abends das tun kann, was man selbst gern tun möchte. Und mit drei Jahren war unsere Kleine in bestimmter Hinsicht immer noch ein Welpe.

Ich dachte mir verschiedene Täuschungsmanöver aus, um Trixie im Ungewissen darüber zu lassen, ob der Ball an ihrer

Vorderseite oder an ihrer Hinterseite vorbeirollen würde. Zunächst neigte ich mich dann ihrem Hinterteil zu und spannte meinen Wurfarm an, damit sie sich ebenfalls nach hinten drehte. Und im nächsten Augenblick wandte ich mich ihrer Vorderseite zu, damit sie sich nach vorne drehte, doch gleich darauf nahm ich wieder meine anfängliche Position ein. Und während sie ihr Gewicht auf diese Seite verlagerte, schnippte ich den Ball doch an ihrer vorderen Seite vorbei.

Inzwischen hatte ich unzählige solcher Täuschungsmanöver ausgetüftelt. Gelegentlich schaffte ich es auch, den Ball zwischen Trixies Vorder- und Hinterpfoten hindurch zu schießen, was sie stets so zum Ausrasten brachte, dass sie einen Luftsprung vollführte. Außerdem lenkte ich Trixie von meiner Wurfhand ab, indem ich sonderbare Geräusche von mir gab, zusammengeknüllte Papiertaschentücher nach ihr warf, ehe ich den Ball rollte, verschiedene krampfartige Bewegungen machte, so als hätte ich einen Stromschlag erlitten, einen Brocken Trockenfutter herauszog und ihn auf den Teppichboden fallen ließ oder meine Stimme, so gut ich konnte, verstellte und wie eine Katze miaute. Hin und wieder deutete ich auch mit ängstlich verzogenem Gesicht nach oben auf einen nicht existenten Pterodaktylus, was oft Wirkung zeigte. Trotz ihrer Intelligenz und Ausbildung beim CCI hatte Trixie nämlich im Paläontologie-Unterricht nicht aufgepasst und wusste nicht genau, welche Lebensformen in früheren geologischen Epochen (doch nicht mehr zu ihrer eigenen Lebenszeit) existiert hatten.

Manchmal war sie so aufgekratzt, dass sie, wenn der Ball an ihr vorbeikam, immer wieder auf ihn einschlug, so blitzschnell wie ein Gecko auf eine appetitliche Grille. In solchen Situationen musste ich, um sie hinters Licht zu führen, näher als neunzig Zentimeter an sie herankommen. Dann befand sich meine Hand, wenn ich den Ball mit einem Dreh wegrollte, schon hinter ihren Vorderbeinen. Vielleicht verfügen Sie, lieber Leser und liebe Leserin, über so viel Weitsicht, dass Risiko einer solchen Bewegung und die fast unvermeidlichen blutigen Folgen zu erahnen. Ich jedoch bin nur ein Verfasser von Romanen und besitze keine ausreichende Kenntnis der

Physik und der Dynamik der Koordination zwischen Hand und Augen. Und so konnte ich die Folgen der blöden Bewegung, die ich machte, nicht absehen.

Bei dieser besonders dummen, zuletzt genannten Bewegung tat ich, um Trixie zu täuschen, zunächst so, als wollte ich den Ball nach vorne rollen, und danach wandte ich die Hand immer wieder in die umgekehrte Richtung, nach hinten. Schließlich rollte ich den Ball mit einem Dreh meines Handgelenks tatsächlich nach hinten, während Trixie fälschlicherweise eine letzte Drehung nach vorne erwartet hatte. Als der Ball aus meiner rechten Hand glitt, erkannte Trixie sofort ihren Irrtum und fuhr mit dem Kopf herum. Als sich meine geöffnete Hand vom Boden hob, schwenkte sie ihre geöffnete Schnauze sofort in diese Richtung, denn sie hoffte, sich damit den Ball schnappen zu können, der gerade losgerollt war. Einer ihrer langen Eckzähne bohrte sich sogleich in die fleischige Innenseite meiner Hand.

Die Speichenarterie verläuft quer durch die Innenfläche der menschlichen Hand. Wo sie in den Arm übergeht, ist sie nicht eine dieser wunderbar großen Arterien, die Dracula interessieren würden, versorgt aber viele Kapillargefäße großzügig mit Blut. Vielleicht hatte Trixie die Arterie nur leicht verletzt, eindeutig hatte sie jedoch jede Menge Kapillargefäße zerfetzt. Während helles Blut herausschoss, rannte mein Golden Girl dem Ball hinterher, ohne zu wissen, was passiert war.

Mit meiner linken Hand drückte ich die Wunde zu, damit so wenig Blut wie möglich austrat. Nicht nur deswegen, weil ich den weißlichen Teppichboden schonen wollte, sondern auch deswegen, weil ich aus philosophischer Sicht etwas dagegen habe, mein Blut einfach so aus meinem Körper rinnen zu lassen. Ich eilte zu dem am nächsten gelegenen Badezimmer, das an Gerdas Büro angrenzte, griff mir ein Handtuch vom Ständer und band meine rechte Hand ab.

Trixie kehrte mit dem Ball zurück und legte ihn vor meine Füße, eifrig darauf bedacht, unser Spiel fortzusetzen. »Jetzt nicht, meine Süße«, sagte ich. »Ich glaube, mich hat ein Pterodaktylus gebissen.«

Während sie hinter mir aus Gerdas Büro und auf den Gang tapste, schnüffelte sie an dem Blut auf dem Teppichboden, machte aber keine Anstalten, es aufzulecken. Ich würde ja gern glauben, dass sie sich deshalb zurückhielt, weil es das Blut ihres geliebten Herrchens war, und nicht etwa, weil es unangenehm roch.

Im Erdgeschoss bereitete Gerda Trixies erstes Weihnachten als Mitglied der Familie Koontz vor, auf das wir uns so sehr gefreut hatten, besonders auf das große Ereignis der Bescherung. Gerda und ich wollten unseren Wein, Käse und Nüsse genießen, für Trixie waren Leckerlis vorgesehen, und nun gab es jede Menge Blut für jeden von uns.

Ich schaffte es, nicht wie ein kleines Mädchen zu kreischen, fand Gerda in der Küche, erklärte ihr, was geschehen war, und bat sie, mich zur Klinik zu fahren. Wir ließen Trixie zu Hause zurück und ermahnten sie mit strenger Stimme, während unserer Abwesenheit keine Geschenke auszupacken und den Tritthocker im Wandschränkchen zu lassen, wo er hingehörte.

Obwohl wir die Geschwindigkeitsbegrenzungen und die Stoppschilder kaum beachteten und die Straßen an diesem Weihnachtsabend fast leer waren, brauchten wir fünfzehn Minuten zur besten Klinik in unserem Umkreis. Ich muss zugeben, dass ich ein Vorurteil gegenüber den Krankenhäusern habe, die zwar näher bei unserem Haus liegen, jedoch sehr viele Todesfälle verzeichnen.

Als wir endlich die Notaufnahme der Klinik betraten, war das um meine rechte Hand gewickelte Handtuch so mit Blut durchtränkt, dass man nicht mehr erkennen konnte, dass es einmal weiß gewesen war. Trotzdem verwies man uns zunächst an den Empfang, wo Gerda und ich gegenüber einer freundlichen jungen Frau Platz nahmen, die mich entweder zur Behandlung aufnehmen oder dem Fährmann übergeben würde, der mich über den Fluss namens Styx bringen würde – je nachdem, wie lange wir zur Erledigung des ganzen Papierkrams brauchten.

Sie fragte mich, was passiert sei, und ich erklärte es ihr. »Oh, ein Hundebiss also«, erwiderte sie.

»Nein, nein«, berichtigte ich sie. »Die Hündin hat mich nicht absichtlich gebissen. Es war ein unglückseliger Zufall. Wir haben miteinander gespielt, und es war ausschließlich meine Schuld.«

In Krisensituationen ist Gerda stets ein Fels in der Brandung. Und so hatte sie, noch ehe die Frau am Empfang nach dem Versicherungsausweis, dem Führerschein, unserer Adresse und einem Beweis der Zugehörigkeit zur Spezies Mensch gefragt hatte, alle nötigen Karten auf den Tisch gelegt.

Während die junge Frau auf meinen Krankenversicherungsausweis blickte, sagte sie: »Oh, Sie heißen ja genauso wie der Schriftsteller.«

Als ich ihr erzählte, dass ich nicht nur den Namen mit diesem Schriftsteller teilte, sondern auch das Gehirn und die Garderobe, und bemerkte, ich sei mit meiner Frau hier, freute sich die Empfangsdame darüber, mich persönlich kennenzulernen. Ihr Lieblingsbuch, so erklärte sie, sei *Brandzeichen*, doch ihr gefalle auch *Intensity* sehr gut. Während sie die Formulare ausfüllte, hielt sie wiederholt inne und fragte mich beiläufig, wieso keine der auf meinen Romanen basierenden Filmadaptionen den Büchern ähnele (Antwort: weil in Hollywood alle Vollidioten sind), und wieso in meinen Büchern im Unterschied zu den Büchern der meisten männlichen Autoren so viele Frauen die wichtigsten Handlungsträger seien (Antwort: weil ich so viele interessante Frauen kennengelernt und eine großartige Frau geheiratet habe). Außerdem fragte sie mich, ob ich jemals eine Fortsetzung zu *Brandzeichen* schreiben würde (Antwort: Wenn man die ursprüngliche Geschichte nicht mehr toppen kann, erübrigt sich eine Fortsetzung) und schließlich, was einem Dean Koontz Angst einjage (Antwort: die Möglichkeit, zu verbluten).

Das um meine Hand gewickelte Tuch war mittlerweile so von Blut getränkt, dass es auf den Fußboden tropfte.

Sie mögen jetzt denken, dass ich nach und nach die Geduld gegenüber der Empfangsdame verlor. Doch so war es nicht, und zwar aus drei guten Gründen: Erstens gefielen ihr meine Bücher, und ich würde für Leute, die meine Bücher mögen, zwar nicht mein Leben opfern, bin aber gern bereit, um ihretwillen ein wenig zu leiden. Zweitens konnte diese Frau ja nicht wissen, dass ich es aus philosophischer Perspektive nicht gestatten konnte, meinem Körper das Blut ungehindert entströmen zu lassen. Und drittens: Wäre *ich* die Empfangsdame gewesen und der Autor John D. MacDonald, mit einer Hand seinen verletzten Fuß umklammernd, auf mich zu gehüpft, hätte ich ihn tausend Dinge fragen wollen und ihn vielleicht sogar gebeten zu warten, bis ich nach Hause geeilt und einige seiner Bücher zum Signieren geholt hätte.

Bald darauf nahm ich in einem Rollstuhl Platz und eine Krankenschwester schob mich aus dem Wartezimmer in einen Behandlungsraum der Notaufnahme. Ich bat Gerda, Trixie anzurufen und ihr mitzuteilen, dass ich überleben würde, und Gerda erklärte sich dazu bereit.

Die Krankenschwester, die den Rollstuhl schob, gehörte auch zu meinen Leserinnen. Sie sagte, sie habe schon alles von mir Verfasste verschlungen und brauche nun ein weiteres Buch. Ob ich denn jemals aufhören würde zu schreiben?

»Nicht, solange ich lebe«, versprach ich ihr.

Der medizinische Versorgungsapparat war jetzt in Gang gekommen, und auf Eines folgte schnell das Nächste. Eine Minute später befand ich mich, abgeschirmt durch einen Vorhang, bereits in einem Bett der Notaufnahme und hörte jemanden am anderen Ende des Zimmers schluchzen. Ein junger Arzt mit der Ausstrahlung eines Magiers trat durch den Vorhang rings um mein Bett. Er sah so gut aus, dass er durchaus in der Fernsehserie *Emergency Room – Die Notaufnahme* hätte mitspielen können, deshalb war mir klar, dass er bestimmt ein höchst kompetenter Arzt sein musste.

»Das ist sehr viel Blut«, bemerkte er und deutete auf das durchtränkte Handtuch, das ich um meine Hand gewickelt hatte.

»Ach ja?«, fragte ich. »Und ich dachte schon, ich würde vielleicht überreagieren, weil es, nun ja, mein *eigenes* Blut ist.«

Während er das Tuch aufwickelte, fragte er, was passiert sei. Also erzählte ich ihm von meinem Täuschungsmanöver beim Ballspiel mit Trixie, das ein so katastrophales Ende genommen hatte.

»Oh, also ein Hundebiss«, sagte er. »Den muss ich dem Gesundheitsamt in Newport Beach melden.«

Ich beeilte mich, die Sache richtigzustellen, erklärte ihm, es sei ein unglückseliger Zufall gewesen, und beschrieb erneut, wie es dazu gekommen war.

»Trotzdem«, warf er ein. »Wenn ein Hund daran beteiligt war, ist es gesetzlich vorgeschrieben, den Hundebiss zu melden, Wie heißt dieser Hund?«

Da ich fieberhaft überlegte, ob ich ihn anlügen und einen falschen Hundenamen angeben sollte, zögerte ich meine Antwort hinaus.

Als der Arzt meine Handverletzung sah, meinte er: »Das ist eine ziemlich tiefe Wunde. Wir müssen sie säubern und dann untersuchen, danach mit acht, vielleicht auch zehn Stichen nähen. Wie, sagten Sie, heißt der Hund?«

Wenn ich ihm einen erfundenen Namen sagte, beispielsweise *Lulu*, müsste ich einen weiteren Hund kaufen, ihn Lulu nennen und den Beamten in der Abteilung Tierkontrolle des Gesundheitsamts übergeben, sobald sie mit beschirmten Schutzhelmen, kugelsicheren Westen, Tränengas und Maschinenpistolen bei uns zu Hause auftauchten. Lulu wäre selbstverständlich unschuldig und würde keine Ahnung haben, wieso sie als bissiger Hund gemeldet war. Und solange sie in einem Alcatraz für Hunde einsitzen musste, würde ich wegen meines schlechten Gewissens, sie trotz ihrer Unschuld ausgeliefert zu haben, schlaflose Nächte verbringen.

»Die Hündin heißt Trixie«, erwiderte ich schließlich. »Hören Sie, würde eine Hündin namens Trixie jemals jemanden beißen? Sie ist eine wunderbare Hündin, ein Golden Retriever. Wahrscheinlich würde sie nicht mal einen Einbrecher beißen, der mit einer Schaufel nach mir schlägt.«

Während der Arzt und ich uns unterhielten, hatte er eine Krankenschwester damit beauftragt, die Instrumente und Materialien zu holen, die er zum Säubern und Schließen der Wunde brauchte. Jetzt rollte sie ein Wägelchen aus rostfreiem Stahl herein. Darauf lag ein Sammelsurium von Instrumenten, das Hannibal Lector begeistert hätte.

Im Laufe der Jahre haben mir einige Zahnärzte, ein Parodontologe, ein Endodontologe, ein Gastroenterologe sowie zwei Internisten mitgeteilt, dass bei mir die Schmerzgrenze sehr hoch liege. Da ich keine Narkose wollte, ertrug ich einmal ohne örtliche Betäubung oder Schmerztabletten drei Stunden lang das Ziehen eines Zahns, dessen Wurzeln tief im Kiefer saßen.

Und nun erzählte mir der gut aussehende junge Arzt, der meine Trixie in den Knast schicken wollte: »Offensichtlich liegt die Schmerzschwelle bei Ihnen ungewöhnlich hoch.«

»Das ist sicher von Vorteil«, sagte ich. »Allerdings versuche ich trotzdem Situationen zu vermeiden, die schmerzhaft sind.«

»Ich werde Ihre Hand auf jeden Fall betäuben, also wird es gar nicht wehtun. Hat Trixie alle nötigen Impfungen bekommen?«

»Ja«, antwortete ich. »Sie ist gegen Tollwut geimpft, gegen Bronchiseptica-Pneumonie, Korona, Masern, Mumps, die Pest, das Virus, das in den Filmen alle Menschen in fleischfressende Zombies verwandelt, und das ganze andere Zeug. Sie ist auf dem neuesten Stand.«

»Wer ist ihr Tierarzt?«

Ich sagte es ihm. Er wusste, wer Dr. Whitaker und Dr. Lyle waren.

»Was wird das Gesundheitsamt, Abteilung Tierkontrolle, unternehmen, wenn man dort Ihren Bericht erhält?«, fragte ich.

»Kann ich nicht sagen. Ich weiß nicht, wie man dort in solchen Fällen vorgeht. Ich weiß nur, wie meine Vorschriften bei Hundebissen lauten.«

Nun konzentrierte er sich auf seine Arbeit und schwieg eine ganze Weile, während er die Wunde sorgfältig säuberte, sie untersuchte, die Blutung zum Stillstand brachte und die Wunde schließlich vernähte.

Ich machte mir Sorgen um Trixie, war aber dankbar dafür, dass der Arzt im Unterschied zu der Empfangsdame und der Krankenschwester meine Bücher nicht erwähnte und nicht wusste, dass ich ein bekannter Schriftsteller war. Ich wollte keineswegs versuchen, ihn irgendwie zu bestechen, und hatte auch nicht das Gefühl, dass er eine Morddrohung ernst nehmen würde. Also jammerte ich nur und bat ihn, bei meiner vierbeinigen Kleinen Gnade walten zu lassen. Das tat ich im Vertrauen darauf, dass mein schamloses Gewinsel und mein Gesuch um Sonderbehandlung nicht als Klatsch und Tratsch in einer Fernsehsendung gebracht werden würden.

Nachdem der Arzt mit der Versorgung meiner Hand fertig war, meinte er allerdings: »Vielleicht sollten Sie zukünftig mehr Katzen und weniger Hunde in Ihren Büchern agieren lassen.«

Ich dankte ihm für seine vorzügliche Arbeit und machte einen letzten Vorstoß, ihn zum Mitverschwörer im Kampf gegen die Amok laufenden Kräfte von Recht und Ordnung zu gewinnen. »Trixie war früher ein vom CCI ausgebildeter Assistenzhund«, erklärte ich. »Sie musste nur wegen einer Ellenbogenoperation frühzeitig aus diesem Dienst ausscheiden. Sie ist so lieb, wie ein Hund nur sein kann. Deshalb ist mir der Gedanke unerträglich, dass sie einen Eintrag ins Vorstrafenregister der Polizei bekommen soll. Noch dazu am *Weihnachtsabend!*«

Der Arzt lächelte, schüttelte den Kopf, gab mir ein Rezept, Verhaltensanweisungen und einen Termin zur Entfernung der Fäden bei der genähten Wunde.

Gerda fuhr uns nach Hause, wo Trixie uns sehr liebevoll begrüßte, was wir mit Zins und Zinseszins erwiderten. Mit einem äußerst wirkungsvollen Fleckenentferner beseitigten wir schnell das Blut auf dem Teppichboden und entschieden danach, Trixie, wie geplant, zu bescheren – wenn auch später als gedacht. Wir waren entschlossen, ihr vorzuenthalten, dass der entsetzliche Hammer des Gesetzes jederzeit auf sie niedergehen konnte.

Kein Kind hat jemals Geschenke mit größerer Aufregung und größerem Entzücken als Trixie entgegengenommen. Besonders beim Rascheln der Papiertaschentücher wedelte sie voller Vorfreude. Wir spielten kurz mit jedem Spielzeug, packten anschließend eine Gabe nach der anderen aus und ermutigten sie, an jedem Päckchen zu schnüffeln und es mit der Pfote zu betasten.

Ehe wir uns zum Schlafen zurückzogen, brachten wir alle zerfetzten Verpackungen, Schmuckschleifen und Schachteln zu den Abfallcontainern und reihten die einundzwanzig ausgepackten Geschenke in dem L-förmigen Teil des Fernsehzimmers auf.

Seit ihrer Ankunft bei uns folgte Trixie jeden Morgen einem bestimmten Ritual. Wenn wir mit ihr aus dem Schlafzimmer traten, um sie auf den ersten Spaziergang des Tages mitzunehmen, sauste sie die hintere Treppe hinunter, bog nach links, in die Küche, ab und tapste sofort zur Vorratskammer, wo ihr Trockenfutter in einem großen luftdicht verschlossenen Behälter aufbewahrt wurde. Doch an diesem ersten Weihnachtsmorgen als Mitglied der Familie Koontz raste sie noch schneller als sonst die hintere Treppe hinunter und bog nicht nach rechts in die Küche ab, sondern nach links, ins Fernsehzimmer. Wir sahen zu, wie sie von einem Geschenk zum anderen ging und an jeder der einundzwanzig Gaben schnüffelte, so als wunderte sie sich, dass der vergangene Abend kein Traum gewesen war und all diese Spielsachen tatsächlich ihr gehörten. Nachdem sie auch das letzte, einundzwanzigste Geschenk gebührend untersucht hatte, blickte sie uns an und ihr Grinsen war wirklich herzerwärmend.

Ich nehme an, dass der Arzt in der Notaufnahme den Bericht an das Gesundheitsamt, Abteilung Tierkontrolle, wie vorgeschrieben einreichte, vermute jedoch, dass er einige entlastende Kommentare hinzugefügt hatte. Das Gesundheitsamt hat sich nie bei uns gemeldet, und Trixie tollte während ihrer restlichen Lebensjahre munter herum, ohne jede Ahnung, dass wegen der mangelnden sportlichen Fähigkeiten ihres Herrchens ihr makelloser Ruf auf dem Spiel gestanden hatte.

11

Dinge, die Krach machen

Als wir zum ersten Mal den Nationalfeiertag, den 4. Juli, mit Trixie feierten, wohnten wir in Harbor Ridge. Von dort aus hatten wir einen wunderbaren Panoramablick auf Newport Beach und das Meer – nach Nordwesten hin bis zu Long Beach, nach Norden hin bis zu den Bergen von San Bernardino. Am wolkenklaren Abend des Unabhängigkeitstags konnten wir vier oder fünf großen Feuerwerk-Shows zuschauen. Manche davon fanden in unserer Nachbarschaft statt, andere weiter entfernt.

Im Allgemeinen reagieren Hunde auf Feuerwerk nicht gerade gelassen. Die hübschen Muster aus Farbe und Licht beeindrucken sie nicht, hingegen rasten sie beim Krachen, Knistern, Zischen und Zerplatzen der Raketen geradezu aus. In den meisten schriftlich niedergelegten Erinnerungen an Hunde kommt ein Kapitel vor, in dem ausführlich erzählt wird, wie Fido, wenn man ihn am Abend des 4. Juli oder während eines schweren Gewitters allein lässt, mehr Schaden im und am Haus anrichtet als ein außer Kontrolle geratener Langholztransporter.

Doch auch in dieser Angelegenheit, wie bei so vielen anderen, verhielt sich Trixie anders, als wir erwartet hatten. Als ringsum das Feuerwerk begann, schauten wir von einem oberen Balkon aus zu, und unser Golden Girl blieb dort fasziniert mit uns stehen. Sie streckte sogar den Kopf zwischen zwei Geländerstäben hindurch, um besser sehen zu können. Und sie wedelte mit dem Schwanz, als sich der Himmel mit Feuerrädern, Palmen und Pfingstrosen aus Magnesium und anderen Mustern füllte, wobei es allenfalls zischte und knisterte, aber nicht laut krachte. Während der lauteren Lichtexplosionen hörte sie auf zu wedeln und versteifte sich ein bisschen, doch weder zitterte noch winselte sie.

Im Laufe der Zeit legte sich ihre Begeisterung für Feuerwerkraketen und bengalische Beleuchtung, aber sie hatte eigentlich keine Angst davor. Wenn es bei Explosionen wirklich laut krachte, zitterte sie zwar, doch ein Knuddeln reichte, um sie zu beruhigen.

In Südkalifornien erleben wir nur selten richtig schlimme Gewitter mit grellen Blitzen und lautem Donnern. Ob leichte oder schwere Gewitter: Stets setzt bald darauf träger subtropischer Regen ein. Donner und Blitze kommen in der Regel nicht mehr als einmal im Jahr vor, und manchmal können auch zwei, drei Jahre ohne ein solches Schauspiel vergehen.

In jüngeren Jahren reagierte Trixie auf Donner nur leicht gereizt, doch als sie älter wurde, entwickelte sie vor heftigen Gewittern Angst. Meiner Meinung nach war es nicht so sehr der Lärm wie die Verbindung von Lärm und Dunkelheit, die ihr zu schaffen machte, denn einmal erlebten wir tagsüber einen Platzregen, begleitet von lautem Donner, und sie reagierte darauf zwar genervt, aber nicht verängstigt. Sie baute sich damals sogar vor einem großen Fenster auf und sah interessiert nach draußen, so als wollte sie die Quelle des Lärms erforschen.

Eines Abends ging jedoch das schlimmste Gewitter auf uns nieder, das ich je erlebt habe. Selbst in den Bergen von Pennsylvania, wo Regen fast immer mit himmlischem Kanonendonner einhergeht, hatte ich nie ein solches Getöse gehört. Der Wolkenbruch begann kurz vor 22 Uhr mit einer Entladung, die so klang, als würde der Kosmos auseinanderbrechen.

Gerda und ich waren schon zu Bett gegangen, schliefen jedoch noch nicht. Äußerst erschrocken setzten wir uns auf, weil wir das Donnern fälschlich für eine andere Art von Explosion hielten, bis darauf plötzlich ein Platzregen folgte. Trixie schoss aus ihrem Bett und lief aufgeregt im Zimmer hin und her.

Wir knipsten die Nachttischlampe an. Sanftes Licht beruhigte unser Mädchen hin und wieder.

Das Donnern hörte nicht auf. Es war ein leise rollendes, rumpelndes Geräusch: Es klang nach einer unheilbringenden Kriegsmaschinerie, die in der Ferne Gebiet eroberte. Zwischendurch war so heftiges Krachen und Knacken zu hören, als wären die Fundamente der Welt einem Sturmangriff ausgesetzt und würden nachgeben.

Trixie jaulte oder knurrte nicht. Sie zitterte auch nicht vor Angst. Stattdessen lief sie weiterhin ruhelos im Schlafzimmer hin und her. Jedes Mal, wenn ein außergewöhnlich schwerer Donnerschlag Druckwellen auslöste, die die Fensterscheiben vibrieren und die Wände erbeben ließen, blieb sie stehen, wartete angespannt auf irgendwelche schrecklichen Folgen des Lärms und ging danach wieder auf und ab.

Wir versuchten sie dazu zu bringen, zu uns aufs Bett zu springen, doch sie wollte in Bewegung bleiben, auf der Hut vor irgendeiner Bedrohung, vor der dieser Donner warnte. Als die lauten Entladungen nach einer Weile aufhörten und nur noch ein langes, leises

Donnergrollen zu hören war, so als knurrte ein riesiges wildes Tier leise im Schlaf, kehrte sie in ihr Bett zurück, blieb aber wachsam und nervös.

Entweder war es eine Serie einzelner Gewitter, die die Nacht erschütterten, oder ein und dasselbe schwere Gewitter, das einen Kreis beschrieb und immer wieder zu uns zurückkehrte. Jedes Mal, wenn es uns so vorkam, als würde das Rumpeln am Himmel endgültig verstummen, setzten die Donnerschläge erneut ein, genauso schlimm oder noch schlimmer wie zuvor.

Schließlich, nach Mitternacht, kam Trixie zu dem Schluss, dass es besser war, sich ihrer Familie anzuschließen, als weiterhin pausenlos im Zimmer umherzustreifen. Sie sprang zu uns auf das Bett und wir ermutigten sie dazu, sich bei uns anzuschmiegen. Aber sie setzte sich ans Fußende der Matratze, das Gesicht den Fenstern zugewandt, die durch die hölzernen Rollladen verdeckt waren.

Das Gewitter schien jetzt seinen Höhepunkt erreicht zu haben, doch der Aufruhr der Naturgewalten setzte sich mit weiter anschwellender Lautstärke noch stundenlang fort. Während die Nacht sich endlos hinzuziehen schien, kehrte Trixie den Fenstern den Rücken zu, hechelte ständig vor Unbehagen und schob sich zwischen Gerda und mir von Stunde zu Stunde weiter das Bett hinauf. Wir lagen auf dem Rücken und streckten die Hände aus, um ihr die Brust zu kraulen, ihr Gesicht zu berühren und ihre Flanken zu streicheln. Hin und wieder senkte sie den Kopf, um eine unserer Hände zu lecken oder ihre kalte Nase an unseren Fingern zu reiben. Auf diese Weise zeigte sie ihre Dankbarkeit für unsere Anwesenheit. Wir konnten sie jedoch nicht dazu bringen, sich hinzulegen. Vielleicht meinte sie, leichter verletzbar zu sein, wenn sie nicht stand oder zumindest saß. Kurz nach vier Uhr früh kroch sie dann so weit wie möglich nach oben, drückte ihre Brust gegen die Kopfstütze des Bettes und die Nase gegen die Wand.

Hätte der Donner Gerda und mich nicht sowieso wach gehalten, wäre ein Einschlafen schon wegen Trixies Angst und ihrem Hecheln unmöglich gewesen. Am kommenden Morgen hatten wir Arbeit zu erledigen und Termine einzuhalten. Wir würden unsere Besprechungen wie lebende Tote durchstehen müssen.

Um halb fünf Uhr früh legte sich der Höllenlärm endlich. Trixie war völlig erschöpft und brach auf dem Bett eher zusammen, als dass sie sich niederlegte. Ihr Kopf ruhte auf Gerdas Kissen, ihr flauschiges Hinterteil an meinem Gesicht. Unverzüglich begann sie zu schnarchen. Wir mussten um 6 Uhr morgens aufstehen und besaßen leider nicht die Fähigkeit eines Hundes, sofort abzuschalten, um zu schlafen. Uns war klar, dass wir bis zum Läuten des Weckers wach daliegen würden.

Während dieser langen Nacht hatten Gerda und ich nur wenige Worte gewechselt und versucht, uns auf den Schlaf vorzubereiten, sobald der Donner und Trixies Hecheln aufhörten. Als Trixie nun schlafend zwischen unseren Köpfen lag, sagte Gerda: »Ich werde den ganzen Tag lang fix und fertig sein. Aber dieses Erlebnis würde ich für nichts in der Welt eintauschen wollen.«

Ich wusste genau, was sie damit meinte. Nie zuvor hatten wir unser Golden Girl durch eine so lange Angstattacke begleiten und beruhigen müssen. Indem wir für Trixie da gewesen waren – in dem Wissen, dass wir ihr Mut machen konnten –, hatten wir das Versprechen eingelöst, dass alle Menschen, die Hunde lieben, ihren Hunden geben: *Ich werde dich immer liebhaben und dich durch schwere Zeiten bringen, ohne dass dir irgendetwas zustößt.* Und nur wenige Dinge im Leben sind so erfüllend, wie Versprechen zu halten.

12

Dinge, auf die man nachts stößt

Trixie war fast ein Jahr bei uns, als sie etwas tat, das für uns fast so rätselhaft war wie ihre Reaktion, als ich ihr gesagt hatte, ich

wisse, dass sie ein Engel in Gestalt eines Hundes sei. Gerda und ich hatten uns im Bett aufgesetzt, um zu lesen, und wollten bald die Lampen ausschalten, um zu schlafen.

Trixie stand von ihrem Bett auf, um etwas zu trinken. Auf dem Rückweg in ihre Ecke vollführte sie eine ihrer überaus putzigen Dehnungsübungen: Sie hob den Rumpf, während sich ihr übriger Körper zu Boden senkte, streckte die Beine durch und spreizte die Zehen. Es sah so aus, als würde die ganze Müdigkeit in ihren Muskeln durch ihren Körper fließen und sich durch die Vorderpfoten nach außen entladen.

Doch kaum hatte sie sich wieder hingelegt, sprang sie erneut auf, rannte an unserem Bett vorbei und verschwand durch die offene Tür auf den oberen Gang.

Da wir von unseren Büchern aufgeschaut hatten, um Trixies Dehnungsübungen zuzusehen, bekamen wir auch mit, wie hastig sie weglief. Nie zuvor war sie so schnell aus dem Zimmer gerannt, so dass wir beide dachten: ein *Einbrecher*.

Ich hatte das Alarmsystem aktiviert, bevor ich es mir zum Lesen bequem gemacht hatte, aber vielleicht war ja schon vorher jemand im Haus gewesen. Ein so wenig wahrscheinlicher Vorfall hatte sich vor zwei Jahren tatsächlich ereignet. Damals war Trixie noch nicht bei uns gewesen. Eines Abends vergaß ich, das Sicherheitssystem einzuschalten, ehe wir zum Essen in ein Restaurant fuhren. Als wir nach Hause zurückkehrten, nahmen wir den Weg durch die Garage, verschlossen die Tür hinter uns, gingen sofort die Haupttreppe zum großen Schlafzimmer hinauf und stellten den Alarm auf Nachtmodus ein. Das bedeutete, dass alle Türen und Fenster einbezogen waren und darüber hinaus die Bewegungsmelder auf den Gängen. Wir ahnten nicht, dass sich in unserem Haus ein Eindringling befand, der bei unserer Rückkehr in einem Arbeitszimmer des zweiten Stocks lauerte.

Die Computerstimme des Alarmsystems war so programmiert, dass sie jede Auffälligkeit oder Störung im Haus über die Lautsprecher unserer Musikanlage meldete. Daher musste der Einbrecher im Arbeitszimmer wissen, dass er dort in der Falle saß. Wenn er nämlich herauskam und sich durch den überwachten Bereich bewegte, würde der Bewegungsmelder im Gang eine Sirene auslösen und eine einprogrammierte, aufgezeichnete Meldung an den Notruf der Polizei weiterleiten. Anscheinend hatte sich der Einbrecher dazu entschlossen, alles Weitere erst einmal im Arbeitszimmer abzuwarten und seine Situation dort zu überdenken.

Da Gerda und ich davon nichts wussten, fühlten wir uns so sicher wie Pu der Bär und Tigger in den ungefährlichsten Teilen ihres sowieso durch und durch gemütlichen Waldes. Wir setzten uns ein, zwei Stunden zum Lesen hin und gingen danach schlafen. Um

2 Uhr morgens schrillte die Alarmsirene los und die Stimme von Hal-9000 teilte uns mit, jemand habe das Fenster des Arbeitszimmers im zweiten Stock geöffnet. Da sich dieses Fenster etwa viereinhalb Meter oberhalb des Fußwegs befand, der an der Südseite des Hauses entlang führte, und von draußen nur über eine Leiter erreichbar war, nahmen wir zunächst an, es müsse sich um einen Fehlalarm handeln. Nachdem wir das Sicherheitssystem deaktiviert hatten, ging ich in das obere Arbeitszimmer, um die elektronischen Kontakte zwischen dem Fenster und der Fensterbank auf Korrosionsschäden zu überprüfen. Und stellte fest, dass das Fenster offen stand. Du lieber Himmel!

Ich eilte zurück ins Schlafzimmer, bewaffnete mich, kehrte vorsichtig ins obere Arbeitszimmer zurück und spähte aus dem geöffneten Fenster. Keine Leiter. Jemand hatte das Fenster aufgemacht, um aus dem Haus zu *flüchten*, also nicht, um ins Haus *einzubrechen*. Der Eindringling hatte sich offenbar auf das unmittelbar unter dem Fenster des Arbeitszimmers liegende Regenschutzdach einer Seitentür im Erdgeschoss fallen lassen. Darauf wiesen auch ein paar zerbrochene Schindeln aus Zedernholz hin. Und von diesem Schutzdach aus musste er auf den Fußweg gesprungen sein.

Bei Einschätzung seiner Zwangslage war er höchstwahrscheinlich zu dem Schluss gekommen, dass die Fenster im zweiten Stock womöglich gar nicht elektronisch gesichert waren. Viele Leute sparten dadurch Geld ein, dass sie schwer zu erreichende Fenster nicht ins Alarmsystem einbezogen. Doch zum Glück waren die Vorbesitzer unseres Hauses solche Paranoiker gewesen, dass sie selbst die Fenster und Türen ans Sicherheitssystem angeschlossen hatten, die allenfalls dem Affen aus Edgar Allan Poes Geschichte »Der Doppelmord in der Rue Morgue« zugänglich gewesen wären. Andernfalls wäre unser ungebetener Gast vermutlich entkommen, ohne dass jemand seine Stippvisite überhaupt bemerkt hätte. Hätten wir das offene Fenster dann irgendwann entdeckt, wären Gerda und ich sicher davon ausgegangen, dass einer von uns es zum Lüften aufgemacht und später zu schließen vergessen hatte.

Als Trixie nun, zwei Jahre danach, aus ihrem Bett sprang und auf den oberen Gang sauste, fragten wir uns, ob der Eindringling wiedergekommen war oder einem Kumpel aus dem kriminellen Milieu unser Domizil als günstig für einen Einbruch empfohlen hatte. Weder knurrte noch bellte Trixie, aber beides tat sie ja nur selten. Vielleicht hoffte sie sogar, dass der ungebetene Gast Leckerlis oder einen Tennisball mitgebracht hatte.

Als ich ihr auf den Gang folgte, sah ich, dass sie an der offenen Tür zu Gerdas Arbeitszimmer stehen geblieben war. Sie starrte so nach oben, als suchte sie den Blickkontakt zu jemandem, der etwa so groß war wie ich, grinste und wedelte mit dem Schwanz.

»Was ist los, Trixie?«, fragte ich.

Doch sie beachtete mich gar nicht. Offenbar galt ihre Aufmerksamkeit immer noch jemandem, den ich nicht sehen konnte. Schließlich tapste sie vom Gang in Gerdas dunkles Arbeitszimmer. Selbst wenn Trixie zögerte, einen Einbrecher zu verbellen, hätte ihr plötzliches Auftauchen ihm wohl einen leisen Schrei entlockt, wäre tatsächlich jemand in Gerdas Heiligtum eingedrungen. Ich folgte dem Hund ins Zimmer und machte das Licht an.

Trixie stand hinter Gerdas Schreibtisch in einer Ecke und starrte aufmerksam, mit wachem Blick, immer noch auf irgendetwas oberhalb von ihr. Und ihr Schwanz fegte hin und her.

Ein Hundeschwanz ist ein Kommunikationsmittel – ein Ausgleich dafür, dass ein Hund nicht sprechen kann. Mit der Stellung und Bewegung (oder auch dem Stillstand) des Schwanzes kann ein Hund seine Stimmung und seine Absichten ausdrücken. Auf diese Weise kann er sich mit sonstigen Hunden, Menschen, Katzen und allen möglichen anderen Lebewesen verständigen.

Nur selten, wenn überhaupt, wedelt ein Hund angesichts eines leblosen Objekts. Selbst der dümmste Hund kennt den Unterschied zwischen leblosen Gegenständen und Lebewesen, die möglicherweise verstehen können, was er mit der Sprache seines Schwanzes ausdrückt.

Trixie kehrte zu Gerdas Schreibtisch zurück, blickte aber immer noch zu dem unsichtbaren Mann auf, der offenbar aus irgendeinem

Spielfilm herausgetreten und in unser Haus gekommen war. Auch ignorierte sie mich weiterhin und reagierte überhaupt nicht, als ich sie mit ihrem Namen ansprach und zu mir rief.

Als wir wieder auf den Gang traten, blieb sie stehen, grinste den Freund an, der anscheinend ihrer Fantasie entsprungen war, und führte einen kleinen Freudentanz auf, ehe sie als Nächstes zu Lindas Arbeitszimmer voranging. Dort führte sich Trixie genauso wie in Gerdas Zimmer auf, so als folgte sie einem Besucher auf einer Besichtigungstour durch das Haus.

Als Trixie und ich (und wer weiß, wer sonst noch) schließlich zum Gang zurückkehrten, war Gerda aus dem Schlafzimmer gekommen, um nachzusehen, was los war. Doch Trixie nahm Gerdas Anwesenheit offensichtlich genauso wenig wahr, wie sie meine nach wie vor missachtete.

Nachdem sie die Pfoten in Stellung gebracht hatte, um einen weiteren kleinen Freudentanz zu vollführen, rückte sie auf dem Gang bis zu meinem Arbeitszimmer vor. Dort sahen wir zu, wie sie scheinbar irgendeine Person durch das Zimmer begleitete.

Ich bin kein Mensch, der Gespenster sieht oder jemals damit rechnen würde, einen Geist zu erblicken. Wenn ich einen großen Schreck brauchen kann, der meinen Blutkreislauf in Wallung bringt, schalte ich einfach die *Tagesthemen* im Fernsehen ein und sehe mir an, was das jüngste Aufgebot wahnsinniger Politiker zu tun vorhat.

Später würde ich eine Romanreihe veröffentlichen, in der es um einen jungen Mann geht, der die Geister der im Zwischenreich verweilenden Toten sieht. Aber dieser seltsame Vorfall mit Trixie ereignete sich lange vor dieser Zeit, als ich noch keine Geistergeschichten schrieb.

Nachdem Trixie mein Arbeitszimmer verlassen hatte und wieder auf dem Gang stand, starrte sie mit wedelndem Schwanz erneut nach oben, auf jemanden, der etwa einen Meter achtzig messen musste. Dann legte sich das Wedeln nach und nach und hörte schließlich ganz auf. Sie senkte den Kopf, schüttelte sich und musterte ihre Umgebung, wobei sie uns endlich bemerkte. Sie schnaufte und grinste, als wollte sie sagen: *Tolle Geschichte, wie?* Danach trottete sie zurück in unser Schlafzimmer, rollte sich in ihrem Bett zusammen und schlief ein.

Während ich von Zimmer zu Zimmer ging, um die Lampen auszuschalten, fragte ich mich, welche Geschichte unser Haus haben mochte. War dort jemand gestorben? Doch selbst wenn sich jemand am Kronleuchter in der Diele erhängt haben sollte, konnte ich nicht glauben, dass sein Geist in diesem Haus herumspukte. Was in fiktiven, allegorischen Erzählungen glaubhaft und stimmig erscheinen mag, akzeptiert ein rationaler Mensch nicht so leicht im wirklichen Leben. Ich versuchte, mir keine weiteren trüben Gedanken darüber zu machen. Schließlich hatte meine liebe Hündin während dieser Begegnung der unheimlichen Art die ganze Zeit über heftig gewedelt. Von dem, was sie gesehen hatte, war sie geradezu entzückt gewesen, und das wäre bei einem Geist mit böswilligen Absichten nicht geschehen.

Einige Freunde meinten, vielleicht habe Trixie einen herumschwirrenden Nachtfalter verfolgt oder auch ein anderes kleines Insekt mit Flügeln, das ich nicht bemerkte hatte. Diese Erklärung klang zwar lahm, aber ich zog sie in Betracht. Doch wenn ich berücksichtigte, wie lange diese Episode gedauert hatte und wie viele gut beleuchtete Zimmer wir dabei aufgesucht hatten, war es völlig unwahrscheinlich, dass ich einen Nachtfalter oder ein ähnliches Insekt übersehen haben sollte.

Außerdem hat sich Trixie weder vor noch nach diesem Vorfall jemals dazu verlocken lassen, irgendein Insekt zu jagen – mal abgesehen von ein paar hübschen Schmetterlingen an Sommertagen. Und diese Jagd auf Schmetterlinge war für sie ein ausgelassenes Spiel gewesen. Diese übermütigen Sprungübungen eines Hundes hatten mit ihrem lässigen nächtlichen Rundgang durch den zweiten Stock unseres Hauses nichts gemein.

Mehrere Leute haben mir mittlerweile Geschichten darüber erzählt, dass ihre Hunde offenbar Dinge sehen, die für Menschen nicht wahrnehmbar sind. Ich glaube tatsächlich, dass Trixie *irgendetwas* gesehen hat, das sie hinreißend fand und mein Begriffsvermögen überstieg. Ich werde niemals erfahren, was es gewesen sein mag – es sei denn, dass ich eines Tages auf einer anderen Ebene der Existenz wieder mit Trixie vereint bin und sie in dieser neuen Welt sprechen kann.

Während der fast acht zusätzlichen Jahre, in denen wir das Glück hatten, diese Hündin bei uns zu haben, wiederholte sich ein solcher Vorfall nie und Trixie zeigte auch niemals irgendeine andere Art hellseherischen Verhaltens. Trotzdem halte ich diese Episode für bedeutungsvoll, denn sie offenbarte eine besondere Eigenschaft Trixies, die sich kaum in Worte fassen lässt, die Einzigartigkeit dieser Hündin jedoch wesentlich ausmachte.

13

Ein Näschen für Unannehmlichkeiten

Selbst manche Serienmörder haben Hunde, die sie lieben und die ihre Zuneigung erwidern, auch wenn man sich John Wayne Gacy (verurteilt wegen der Ermordung von dreiunddreißig jungen Männern) nur schwer dabei vorstellen kann, wie er einen Pullover für einen Chihuahua strickt, oder Jeffrey Dahmer (dem sechzehn Morde nachgewiesen wurden), wie er sich die Zeit nimmt, sich von seiner Sammlung abgetrennter Köpfe zu lösen, um im Park mit einem Labradoodle herumzutollen. Vielleicht *mussten* Stalins Hunde ihn lieben, da man sie sonst zur Zwangsarbeit in ein sibirisches Lager gesteckt hätte. Doch zweifellos hätten sie ihn auch ohne Androhung lebenslänglicher Haft in einem Gulag geliebt. Folglich bewegen wir uns auf dünnem Eis, wenn wir behaupten, Hunde besäßen bessere Menschenkenntnis als die Menschen selbst.

Dennoch habe ich oftmals gehört, wie Leute genau das behauptet haben. Und wir alle haben Filme gesehen, in denen nur der Haushund erkennt, dass der neue Babysitter ein Käfer verschlingender Psychopath ist oder der leutselige, Strickjacken tragende Nachbar in Wirklichkeit ein Alien mit Appetit auf Menschenfleisch, der in die Gestalt eines Menschen geschlüpft ist.

Und trotz aller Vorbehalte merkte ich im Laufe der Jahre, dass Trixie sowohl den Charakter von Menschen als auch den von Hunden unheimlich gut einschätzen konnte. Zwar muss ich einräumen, dass sie sich sehr an Menschen orientierte und mehr oder weniger jeden mochte, den sie kennenlernte, doch auf etwa ein Zehntel der

Leute, denen sie begegnete, reagierte sie eher gleichgültig. Diesem Teil der Menschheit gegenüber verhielt sie sich nicht argwöhnisch oder feindselig, sondern nahm keinen Anteil an ihnen.

Die anderen neun Zehntel begrüßte sie zumindest mit einem Grinsen und Wedeln. Je schneller sich der Schwanz bewegte, desto mehr gefiel ihr die Person, die sie vor sich hatte. Etwa bei der Hälfte solcher Begegnungen hob sie ihr rechtes Vorderbein und stupste die neue Bekanntschaft vorsichtig mit der Pfote an, als wollte sie sagen: *Hier bin ich, sieh mich an, ich mag dich, bück dich, dann können wir wechselseitig unsere Gesichter beschnuppern.* Als Sympathiebekundung übertraf das ein bloßes Grinsen oder Wedeln. Völlige Akzeptanz drückte Trixie dadurch aus, dass sie sich so zu Boden fallen ließ, als wären ihre Beine plötzlich aus Gummi, auf den Rücken wälzte und ihren Bauch entblößte, damit der neue Freund oder die neue Freundin sie bewunderte und ihr Aufmerksamkeit schenkte.

Je länger Trixie bei uns war, desto deutlicher wurde mir bewusst, dass die Menschen, denen sie ihren Bauch präsentierte, meine wahren Freunde waren, denen gegenüber auch ich mich völlig verletzlich zeigen konnte, ohne einen Angriff befürchten zu müssen. Und die Menschen, denen gegenüber sich Trixie etwas zurückhaltend verhielt, waren auch diejenigen, die ich zwar sehr mochte, jedoch meinem Gefühl nach nicht ganz durchschaute. (Allerdings hätte es in meinem Fall wohl auch nichts gebracht, die Feinheiten ihres Charakters durch Erschnüffeln ihrer Gesichter auszumachen.)

Die Leute, die ich als kalt, falsch oder in anderer Hinsicht als unsympathisch empfand, zählten ausnahmslos zu den zehn Prozent, an denen Trixie keine Anteilnahme zeigte. Wenn es Menschen waren, die ich schon von früher her kannte, könnte man geltend machen, dass Trixie aus einer ganzen Reihe von subtilen Signalen in meinem Auftreten und Verhalten meine Einschätzung dieser Leute herausgelesen und als eigene übernommen hatte. Hunde beobachten und analysieren uns ihr ganzes Leben lang und lernen im Laufe der Zeit, die kleinste Veränderung in unseren Gesten, unserem Mienenspiel und unserem Tonfall zu deuten. Aber auch wenn ich jemandem zum ersten Mal begegnete, stimmte meine mit Trixies Meinung überein. Allerdings strafte sie »problematische« Menschen mit Nichtachtung, während ich länger brauchte, um zur selben Entscheidung zu gelangen.

Nur ein einziges Mal reagierte Trixie so negativ auf jemanden, dass sie diesem Menschen nicht einmal gestattete, sie anzufassen. Ich hätte diese Warnung unseres Golden Girls ernst nehmen sollen.

Um des Datenschutzes willen werde ich hier weder das Geschlecht noch den Beruf dieser Person angeben und sie nur als X bezeichnen.

Ich kannte X damals schon fast ein Jahrzehnt, allerdings nur geschäftlich, ohne engere persönliche Beziehung. Ein paar Jahre früher, als unsere wunderbare Trixie noch nicht zur Familie gehörte, war X in Begleitung von Y und Z (zwei Leuten, die für das Unternehmen arbeiteten, in dem X fest angestellt war) nach Südkalifornien gekommen. Sie befanden sich auf einer Geschäftsreise, die mit uns allerdings nichts zu tun hatte. Trotzdem führten Gerda und ich alle drei zum Abendessen aus. Die Gespräche an diesem Abend waren nicht so fesselnd und die Stimmung nicht so fröhlich, dass ich vorgeschlagen hätte: »Das müssen wir von jetzt an unbedingt unser Leben lang an jedem Freitagabend wiederholen. Am besten, wir fliegen abwechselnd einmal in der Woche zu euch und ihr dann in der Woche danach zu uns.« Aber der Abend verlief keineswegs unangenehm.

Als Trixie zu uns kam, hießen wir sie nicht nur als irgendein Haustier willkommen. Vielmehr nahm sie von nun an in jeder Hinsicht an unserem Leben teil. Und das schloss auch eine gewisse Rolle der Hündin in meiner Beziehung zu meinen treuesten Leserinnen und Lesern mit ein. Diejenigen von Ihnen, die in den Vereinigten Staaten leben und mir mit normaler Post schreiben, empfangen seit langem einen zwölfseitigen Newsletter (»Useless News«), in dem ich über demnächst erscheinende Bücher von mir informiere. Doch vor allem sind darin lustige Erlebnisse und humorvolle Texte aus meiner Feder abgedruckt. Nach Trixies Ankunft bei uns begannen wir damit, in dem Newsletter auch Fotos von Trixie zu veröffentlichen und witzige Bildunterschriften hinzuzufügen. Trixie schrieb auch Rezensionen meiner Bücher und legte feierlich den Schwur ab, man könne ihr Lob nicht durch Leckerlis erkaufen. Wenn in einem meiner Bücher ein Hund nicht zumindest in einer Nebenrolle auftauchte, verweigerte sie ihm die fünf Sterne. Ich hatte so viel Spaß daran, für Trixie eine ganz eigene Ausdrucksweise zu schaffen, dass sie irgendwann erfolgreich eigene Bücher veröffentlichte, »herausgegeben von Dean Koontz« oder »nach Erzählungen Trixies, protokolliert von Dean Koontz«.

Als eine Person, mit der ich geschäftlich zu tun hatte und die darüber hinaus behauptete, sie lese und möge meine Bücher, erhielt auch X die »Useless News« und wurde ein Fan von Trixie. Irgendwann kehrte X wegen einer Geschäftsreise nach Kalifornien zurück und wir luden X ein, uns zu Hause zu besuchen und danach mit mir zum Lunch auszugehen.

Wenn Trixie die Türglocke hörte, schoss sie fast immer zum Eingang, um nachzusehen, wer uns besuchen kam. Auch diesmal eilte sie zwar wie üblich in die Diele, doch als ich die Tür aufmachte, drehte sie sich um und huschte so schnell davon, dass X kaum einen Blick auf sie erhaschte.

Ich dachte mir bei ihrem abrupten Rückzug nicht viel. Vielleicht hatte sie gehört, wie jemand in der Küche die Tür zur Speisekammer öffnete, in der ihr Futter aufbewahrt wurde. Sie ging stets davon aus, dass es nur einem einzigen Zweck dienen konnte, wenn jemand die Speisekammer betrat: ihr Futter zu holen.

Nach der Begrüßung führte ich X ins Wohnzimmer, wo wir uns ein Weilchen unterhielten. Dann rief ich Linda im ersten Stock die Frage zu, ob Trixie bei ihr sei. Unsere Hündin hatte sich tatsächlich dorthin zurückgezogen, und ich bat Linda, sie ins Wohnzimmer zu bringen.

Argwöhnisch kam Trixie die vordere Treppe hinunter, blieb jedoch in der Diele stehen, während Linda durch den Torbogen ins Wohnzimmer trat, um X kurz zu begrüßen. Trixie versuchte, mit Linda nach oben zurückzukehren, aber ich sagte: »Trixie, schön hierbleiben!« Sie wollte den Befehl nicht missachten, also tauchte sie zögerlich und mit eingekniffenem Schwanz im Torbogen auf.

X beugte sich im Sessel vor. »Komm her, Süße, und gib mir einen Kuss!«

Doch nach einem kurzen Blick auf unseren Gast weigerte sich Trixie, ihn nochmals anzuschauen, als würde sie dann womöglich zu Stein erstarren. Als X sie weiterhin zu umschmeicheln versuchte, ließ Trixie die Ohren so hängen, als wäre das Knorpelgewebe darin geschmolzen, und senkte den Kopf auf eine Weise, als erwartete sie jeden Moment Prügel.

Als sie sich schließlich ins Wohnzimmer vorwagte, schlich sie zu meinem Platz auf der Couch und drückte sich so an mein Bein, als suchte sie dort Schutz. Hätte nicht ein großer Kaffeetisch zwischen mir und X gestanden, hätte sich Trixie wohl kaum aus der Diele getraut.

Da ich X erzählt hatte, unser Trickster liebe Menschen und sei so zutraulich, wie ein Hund nur sein könne, und so lieb, dass Lassie dagegen wie ein Raufbold wirke, war mir Trixies Verhalten etwas peinlich. Im Nachhinein gesehen hätte mich dieser Gang der Dinge beunruhigen müssen.

Aber durch unsere Telefonate kannte ich X, wie gesagt, schon seit Jahren, auch wenn dies erst unsere zweite persönliche Begegnung war. Ich hatte keinen Grund anzunehmen, es hier mit einer Person zu tun zu haben, deren Außendarstellung und der wahre Charakter sich so voneinander unterschieden wie eine Rose von einer Knoblauchzehe.

Ich erklärte X, Trixie fühle sich offenbar unwohl, und brachte sie nach oben, zu Gerda. Danach fuhr ich mit X zum Lunch.

Im Restaurant teilte mir X, nachdem wir unsere Bestellungen aufgegeben hatten, uns jedoch noch nicht mehr als Eistee serviert worden war, kurzerhand mit: »Nach dem Essen möchte ich Ihr Strandhaus besichtigen.«

Dieses Ansinnen kam mir recht dreist vor, zumal diese Äußerung eher nach einer Forderung als nach einer Bitte geklungen hatte. Außerdem wusste X, dass ich kurz vor einer Buchabgabe stand, unter Zeitdruck war, jeden Tag sehr lange arbeitete und die Stunden, die wir zum gemeinsamen Mittagessen brauchten, würde nachholen müssen. An diesem Abend würde ich länger als üblich am Computer sitzen müssen.

Ich erwähnte meinen Abgabetermin und schlug vor, wir könnten das Strandhaus ja beim nächsten Besuch von X an der Westküste besichtigen.

»Geben Sie mir einfach die Adresse, die Wegbeschreibung und die Schlüssel zu Ihrem Haus«, erhielt ich als Antwort. »Dann sehe ich es mir heute Nachmittag allein an.«

Schwach, aber unverkennbar vernahm ich nun innerlich die kreischenden Violinentöne, die in Hitchcocks Film *Psycho* jeden Messerstich unterstreichen.

»Nun ja, heute ist sowieso kein guter Tag für die Hausbesichtigung«, log ich. »Wegen der Termitenplage hat nämlich der Kammerjäger seine Zelte dort aufgeschlagen. Derzeit darf man das Haus nicht betreten.«

Wir unterhielten uns eine Weile über Termiten, und X äußerte dazu keine seltsam anmutenden Gedanken. Danach gingen wir zum Thema Schimmel und Hausschwamm über, denn auch das sind Probleme, wenn man in warmem Klima ein Haus am Wasser besitzt. Und irgendwie gelangten wir vom Hausschwamm zu einem Gespräch über aktuelle Filme. Von Minute zu Minute kam mir die Forderung von X »Geben Sie mir einfach die Adresse, die Wegbeschreibung und die Schlüssel zu Ihrem Haus« irrealer vor, so als müsste ich den Satz falsch verstanden haben. Die bizarre Person X, die nach den Hausschlüsseln gefragt hatte, schien meiner Fantasie entsprungen zu sein.

Doch nachdem man uns die bestellten Speisen serviert hatte und wir zu essen begannen, erklärte X beiläufig: »In diesem Sommer werde ich herkommen und ein paar Wochen in Ihrem Strandhaus verbringen.«

Erneut kreischten die Violinen auf, und plötzlich schmeckte mein Essen wie etwas, an dem möglicherweise Termiten genagt hatten. Ich lächelte so, als sähe ich nichts Befremdliches in der Erklärung von X, und erwiderte: »Na ja, wir vermieten das Strandhaus nicht und beziehen kein Einkommen daraus.«

»Ja, ich weiß«, sagte X. »Deshalb wird es ja ein ganz besonderer Urlaub werden, wenn wir in einem wunderbaren Haus anstatt in einem Hotel wohnen.«

Beunruhigt durch das scharfe Messer, das neben dem Teller von X lag, versuchte ich mir einzureden, dass diese Person mich bloß aufziehen und auf meine Kosten ihren Spaß haben wolle. Vielleicht wäre mir das sogar gelungen, hätten X' Augen nicht so fiebrig geglänzt wie die eines Malaria-Opfers, das unter Halluzinationen leidet. Über den Tisch hinweg starrte mich X so an, wie Rasputin den Zar angestarrt haben muss, als er ihn hypnotisierte. Zwar zögerte ich, diesen intensiven Blick zu erwidern, wenn ich diesem Blick jedoch auswich, würde es mir X vielleicht als Schwäche auslegen.

»Keine Angst«, sagte X. »Ich werde das Haus nicht verwüsten.«

Natürlich wurde mir sofort klar, dass er genau das tun würde.

»In einer Stadt wie Newport kann man sicher jede Menge interessanter Leute kennenlernen«, fuhr X fort. »All diese Surfer und Gammler, die am Strand rumhängen und so weiter. Aber ich werde die Partys auf eine pro Woche beschränken.«

»Nun ja«, sagte ich, »die Strandgrundstücke liegen alle ziemlich nahe beieinander und unsere Nachbarn mögen keine Partys.«

»Es ist doch Ihr Eigentum«, gab X zurück. »Die Nachbarn können Ihnen doch nichts vorschreiben!«

»Normalerweise würde ich Ihnen ja recht geben«, hörte ich mich sagen. »Aber unsere Nachbarn sind verrückte Skinheads, absolute Waffenfetischisten. Sie sitzen mit Sturmgewehren und Patronengürteln auf dem Schoß auf ihrer hinteren Terrasse. Man sollte es sich mit denen nicht verderben.«

X musterte mich nun so, wie ich vorher X gemustert hatte: als wäre ich womöglich nicht ganz bei klarem Verstand.

Doch statt mit weiteren Verrücktheiten aufzuwarten, sagte ich: »Also gut, sobald Sie entschieden haben, wann Sie kommen möchten, geben Sie mir die Termine durch, dann machen wir genauere Pläne.«

Ich hatte ebenso wenig vor, X drei Wochen Urlaub in meinem Strandhaus machen zu lassen, wie ich die Absicht hatte, einer Herde Trojanischer Pferde dort einen Stall zu bieten.

Offensichtlich klang ich aufrichtig, denn X erwiderte: »Großartig. Das wird viel Spaß machen. Sie und Gerda sind natürlich zu unseren Partys eingeladen.«

»Toll«, sagte ich.

Während des restlichen Essens redeten wir über dies und das, als ob keiner von uns in ein Irrenhaus gehörte. Die bizarre Person X kam nur hin und wieder in Form eines Gesichtsausdrucks zum Vorschein, der nicht zu den verbalen Äußerungen passte. Obwohl X eine komische Geschichte erzählte, war die Miene so finster, als handelte es sich um eine schlimme Begegnung mit einer tollwütigen Katze. Und über die globale Erwärmung schwadronierte X mit einem sonnigen Lächeln.

Nachdem ich das Essen und die Heimfahrt (auf der mich diese Person mitten im Verkehr leicht hätte überwältigen und mit einer Drahtschlinge strangulieren können) überlebt hatte, war ich erleichtert, dass X nicht vorschlug, zum Abendessen und danach mein ganzes restliches Leben zu bleiben. Ich winkte dem abfahrenden Leihwagen von X so hinterher, als verabschiedete ich mich traurig und verloren von jemandem, dessen Abwesenheit meine Welt in einen bitteren, grausamen Ort verwandeln würde.

Ein paar Tage später rief X, zurück an der Ostküste, bei uns an, um Linda fünf Namen für unsere Liste von Leuten durchzugeben, die Freiexemplare meiner Bücher erhalten. Jedes Mal, wenn ein neuer Roman von mir erscheint, schicke ich signierte Exemplare an rund zweihundertfünfzig Familienmitglieder und Freunde. Ich möchte damit ausdrücken, dass ich an sie denke und es mein Leben bereichert hat, sie schon seit so langer Zeit zu kennen. Weitere fünfzig Exemplare schicke ich an Menschen, die mir, wie X, geholfen hatten, soweit es die geschäftliche Seite meines Lebens betraf. Die fünf Namen, die X nannte, waren mir selbstverständlich nicht bekannt.

Wenige Tage später gab X telefonisch fünf weitere Namen für die Liste der Empfänger von Freiexemplaren durch. Bei dem Anruf in der darauf folgenden Woche erklärte X, keiner der von ihm genannten zehn Leute habe bis jetzt das signierte Freiexemplar erhalten. Vielleicht könnten wir die Bücher ja nochmals versenden, diesmal mit Federal Express. Einige Tage danach rief X schon wieder an, um den Namen und die Telefonnummer einer Bekannten – nennen wir sie Q – bei uns zu hinterlassen. Q habe gerade eine schlimme Scheidung hinter sich und brauche eine Schulter, an der sie sich ausweinen könne. Und keine Schulter in der ganzen Welt sei dazu wohl besser geeignet und ein besserer Trost als die ihres Lieblingsautors.

Zwar hatte es eine Zeit gegeben, in der ich die Anrufe von X persönlich entgegennahm, doch das war nun Vergangenheit. Gewöhnlich hatten wir vier Mal im Jahr Gesprächsbedarf, aber nun kamen zwei Anrufe pro Woche. Linda fing sie mit der ihr eigenen Höflichkeit und Geduld ab, bis X bald darauf verlangte, mit mir persönlich zu sprechen. Er ging sogar dazu über, in der Hoffnung, ich sei dann allein und werde die Anrufe in meinem Büro entgegennehmen, bei uns anzurufen, ehe Linda an ihrem Arbeitsplatz war oder wenn sie vermutlich Mittagspause machte. Wenn nur mein Anrufbeantworter erreichbar war, reagierte X beleidigt. Schließlich würden wir im kommenden Sommer ja jede Menge Partys miteinander feiern, mit Gammlern vom Strand und radikalen Typen herumhängen und die schönste Zeit unseres Lebens miteinander verbringen.

Ohne einen Grund anzugeben, beendete ich meine Geschäftsbeziehung zu dem Unternehmen, bei dem X angestellt war. Danach hatten wir keinen Anlass mehr, mit X zu sprechen. Trotzdem setzten sich die Anrufe noch ein paar Jahre fort und X forderte auch weitere Freiexemplare meiner Bücher für Menschen an, die sich glücklich schätzten, meinen besten Freund kennengelernt zu haben und darüber hinaus von X zu hören, dass sie meine Romane nun nie wieder im Leben würden *kaufen* müssen.

An jenem verhängnisvollen Tag, an dem ich X ins Haus gelassen hatte, hatte Trixie nur einen einzigen Luftzug geschnuppert, als die Tür halb offen stand. Wahrscheinlich hatte sie nicht einmal einen Blick auf diese Person geworfen. Und dennoch hatte sie *sofort* begriffen, dass sich ein zutiefst gestörter Mensch an der Türschwelle aufgebaut hatte. Deshalb hatte sie sich davongeschlichen, um sich zu verstecken. Und als sie sich gezwungen sah, kurz bei uns aufzutauchen, hatte sie nicht zugelassen, dass unser Gast sie anfasste. Nie wieder zweifelte ich ihre Einschätzung irgendeines Menschen an, und mit der Zeit traute ich auch ihrer Beurteilung anderer Hunde.

Gerda und ich hatten Trixie schon mindestens fünfzig Mal zum Abendessen im Innenhof eines Restaurants auf Balboa Island mitgenommen, oft waren auch Freunde dabei. Stets hatte sie sich wie ein perfekt erzogenes Kind benommen und nie auf irgendeine Weise gestört.

Und dann erblickte unser Golden Girl an einem warmen Augustabend, als alle Tische im Hof mit Gästen besetzt waren, auf der anderen Straßenseite, etwa einen halben Block entfernt, einen Hund mit seinem Herrchen. Unverzüglich sträubten sich ihre Nackenhaare. Sie sprang auf und bellte drei Mal wütend.

Trixie war ein außergewöhnlich femininer Golden Retriever und sanft wie ein Lamm, doch ihre Stimme war so stark und laut, als hätte sie den Körper eines fünfundfünfzig Kilo schweren Deutschen Schäferhundes, der mit Muskelaufbaupräparaten vollgestopft war. Bei ihrem ersten Bellen sprangen die Gäste an den anderen Tischen halb von ihren Stühlen hoch.

Ich griff nach ihrem Halsband, zog ihren Kopf nahe zu mir heran, hielt ihr mit meiner rechten Hand die Schnauze zu und benutzte nun auch das Kommando, mit dem ich ihr Bellen stoppen konnte. Zuvor hatte ich es noch niemals aussprechen müssen, doch nun befahl ich ihr: »Still jetzt!«

Sie knurrte trotz dieses behelfsmäßigen Maulkorbs, setzte sich jedoch, als ich »Still jetzt!« wiederholte. Nun versuchte sie ihre Zunge durch die Zähne zu drücken, um meine Finger zu lecken. Da ich wusste, dass sie ab sofort Ruhe geben würde, ließ ich sie los.

Zu den anderen Gästen, die uns alle so anstarrten, als fragten sie sich, wen von ihnen Trixie wohl als Ersten verspeisen würde, sagte ich: »Entschuldigen Sie bitte die Störung. Wir haben unsere Hündin schon Dutzende Male hierher mitgenommen, und nie zuvor hat sie gebellt.«

»Kein Problem«, erwiderte ein Mann an einem der hinteren Tische. »Sie ist eine gute Hündin und erkennt einen bösen Hund auf den ersten Blick. Dieses Biest, das sie angebellt hat, ist äußerst gefährlich. Der Hund hat kleinere Hunde bereits angegriffen, und jeder Bewohner der Insel hat aus gutem Grund Angst vor ihm.«

Trixie hatte mich seinerzeit darauf aufmerksam machen wollen, dass X eine gestörte Person war, und mich vor dieser Person warnen wollen. Und nun hatte sie mit ihrem Bellen den Hund abschrecken wollen, der die ganze Nachbarschaft tyrannisierte.

Wir bestellten eine ungewürzte gegrillte Hähnchenbrust für sie.

Aber Trixie hatte nicht nur ein Näschen für Unannehmlichkeiten, sie zögerte auch niemals, diesen Unannehmlichkeiten die Stirn zu bieten.

Als wir in Harbor Ridge wohnten, nahmen wir bei Trixies Morgenspaziergang stets denselben Weg: Von unserer Sackgasse aus gingen wir in südlicher Richtung auf der Ridgeline entlang, dem so passend benannten Sträßchen, das am Hügelkamm entlangführt. Hätten wir uns nach Norden gewandt, wären wir sofort zu einem lang gestreckten steilen Hügel gelangt, der Trixie nicht das Gelände bot, auf dem sie am liebsten ihre Geschäfte verrichtete. Da genau das während unserer Spaziergänge jedoch höchste Priorität hatte, war der südliche Weg die einzige brauchbare Alternative.

Anderthalb Häuserblöcke von unserem Haus entfernt war auf Ridgeline eine neue Familie zugezogen, und sie besaß den größten Rottweiler, den wir je gesehen hatten. Am frühen Morgen lag dieser Grobian – den wir hier nur *Big Dog* nennen wollen – stets auf einem Balkon, der wegen der seltsamen Konstruktion des Hauses kaum mehr als zwei Meter über dem Boden angebracht war. Wenn wir uns diesem Balkon auf dem öffentlichen Fußweg näherten, der etwa sechs Meter davon entfernt auf der anderen Straßenseite entlang führte, verhielt sich Big Dog so, als hätte er den Film *Jurassic Park* gesehen und wollte nun selbst einen Dinosaurier spielen. Er knurrte und bellte aus Leibeskräften, so dass schäumender Speichel aus seiner Schnauze tropfte, und warf sich immer wieder gegen das Balkongeländer. Mit jedem Stoß erbebte es so, als werde es gleich in unzählige Orakelstäbchen des *I Ging* zersplittern.

Da Trixie früher einmal von einem bösen Hund gebissen worden war, hatten Gerda und ich – und auch Linda bei ihren Nachmittagsspaziergängen mit Trixie an Werktagen – stets ein Pfefferspray dabei, um sie damit bei einem weiteren Angriff zu verteidigen. Dieses Abwehrmittel bringt jeden Hund mitten im Angriff zum Innehalten, verursacht jedoch keine dauerhaften Schäden. Wenn wir an Big Dog vorbeigingen, hielten wir das Pfefferspray bereit, den Zeigefinger auf dem Auslöser. Der Rottweiler war nämlich nirgendwo angebunden und so groß, dass er mühelos über das Balkongeländer hätte springen können, um sich dann ohne jede Verletzungsgefahr auf den Rasen fallen zu lassen. Offenbar wusste er gar nicht, wie leicht er vom Balkon ausbrechen konnte.

Morgen für Morgen führte uns Trixie an Big Dog vorbei, ohne ihm auch nur einen einzigen Blick zu schenken. Sie hielt den Kopf hoch und beeilte sich nicht, sein Revier hinter sich zu lassen. Im Gegenteil: Auf dieser Strecke verlangsamte sich ihr Tempo sogar. Zwei Monate lang gab sie dabei kein Anzeichen von Beunruhigung von sich, obwohl Gerda und ich mit den Zähnen knirschten, bis wir Big Dog einen Häuserblock hinter uns wussten.

Doch eines Tages im Juli, an dem Gerda sie Gassi führte, reichte es Trixie, denn diesmal verfiel Big Dog geradezu in Raserei. Mit verwegener Selbstvergessenheit warf er sich gegen das Geländer und knurrte und bellte so, als wollte er sich den Weg nach draußen dadurch bahnen, dass er die hölzernen Balkonbretter durchbiss. Abrupt wandte sich Trixie zum ersten Mal dem riesigen Geschöpf zu und rannte über den Rasen auf den Balkon zu.

Erschrocken versuchte Gerda, sie zurückzuzerren, doch Trixie war zu stark – und allzu entschlossen –, um sich davon abbringen zu lassen. Soweit es Trixie anging, war das hier Waterloo, und der Tyrann da oben würde genauso sicher eine Niederlage erleiden wie seinerzeit Napoleon. Als sie sich dem Balkon näherte, begann sie zu bellen und setzte dabei jede Phonstärke ihrer verblüffend lauten Stimme ein. Anfangs erwiderte Big Dog ihr Bellen, doch als er versuchte, sie niederzubrüllen, drehte sie zu gleicher Lautstärke auf.

Während Trixie schließlich unmittelbar unterhalb von Big Dog stehen blieb, fragte sich Gerda, ob unser Golden Girl nach dem unvermeidlichen Angriff des anderen Hundes die Tierklinik an Weihnachten würde verlassen können. Trixie gab Big Dog gründlich Stoff, darüber nachzudenken, was dieser ganze Tumult überhaupt sollte, und nach einer Minute hörte er damit auf, sich weiterhin gegen das Geländer zu werfen. Er rührte sich nicht mehr, gab keinen Laut mehr von sich und beschloss schließlich, sich lieber hinzulegen und auszuruhen. Als Trixie ziemlich sicher war, dass sie dem Rottweiler ihren Standpunkt klargemacht hatte, stellte auch sie das Bellen ein und führte Gerda wieder auf den Fußweg, um den Spaziergang fortzusetzen.

Big Dog verbellte uns nie wieder. Jeden Morgen blieb er auf dem Balkon liegen und sah zu, wie Trixie mit Gerda oder mir vorbeispazierte. Trixie hatte sich nie Sorgen wegen ihm gemacht, denn ihr war bewusst gewesen, dass er nur eine große Klappe hatte, aber nichts dahinter steckte.

Und da sie sein Wesen durchschaute, hatte sie ihn erst in seine Schranken verwiesen, als er sie so genervt hatte, dass sie ihn nicht mehr mit Missachtung strafen konnte.

Mit ihrem überaus feinen Näschen konnte sie ausmachen, welche Menschen und Hunde ihr und uns Unannehmlichkeiten machen würden – und welche nicht.

Wir lernten zuzuhören, WENN TRIXIE SPRACH. Manchmal vergingen Monate, ohne dass Trixie einen lauteren Ton als ein Seufzen oder ein sonderbares leises Grummeln der Unzufriedenheit von sich gab, das man nicht einmal als Knurren hätte bezeichnen können. Deshalb mögen Sie jetzt denken, dass wir bei den seltenen Gelegenheiten, wenn sie einmal bellte, uns sofort Sorgen machten und wissen wollten, was sie zum Sprechen veranlasst hatte.

Aber so war es nicht. Wir gewöhnten uns so an ihr Schweigen, dass wir auf ein Bellen so reagierten, als wäre es ein anomales Verhalten, das wir auf sanfte Weise korrigieren müssten, damit Trixie nicht ins Schlittern geriet. Soll heißen: von einer ruhigen Gefährtin zu einem bellenden Berserker mutierte. Haben Sie bitte ein bisschen Nachsicht mit uns. Schließlich sind wir auch nur Menschen.

An einem Samstag arbeiteten Gerda und ich in unseren nebeneinander liegenden Büros – Gerda an der Buchhaltung, ich an einem Roman, dessen Abgabetermin näher rückte. Wir wollten aber beide bald Schluss für diesen Tag machten und einigten uns auf eine Pizza zum Abendessen. Die DiGiorno-Pizza mit dünner Kruste ist schon seit langem ein so wichtiger Bestandteil unseres Lebens, dass es eigentlich jederzeit zu einem biologischen Umschlagpunkt kommen könnte, an dem unsere Poren beginnen, nur noch das Aroma von Käse und Pepperoni auszudünsten.

Gerda ging in die Küche, um den Backofen vorzuheizen, und kehrte dann in ihr Büro zurück, um ihre Einträge in die Buchführung zu vervollständigen.

Etwa eine Viertelstunde später gab Trixie, die lautlos zu meinem Schreibtisch gekommen war, ein einziges energisches Bellen von sich. Ich schoss aus meinem Stuhl wie ein Zirkusclown aus einer Kanone hoch. Die Schwerkraft zog mich wieder hinunter. Da ich befürchtete, in den Tonfall eines Romanabschnitts, den ich vor dem Abendessen gern noch fertig stellen wollte, nach einer Unterbrechung nicht zurückzufinden, reagierte ich auf Trixies Bellen mit dem Befehl, den ich zuvor nur ein einziges Mal benutzt hatte: »Still jetzt!«

Trixie trottete davon. Nun drang aus Gerdas Büro ein Bellen, das das Fenster vibrieren ließ, und ich hörte Gerda sagen: »Sei still, Miss Trixie. Du hast mich erschreckt.«

So verstohlen wie ein Gelegenheitsdieb kehrte unser Golden Girl zu meinem Arbeitsplatz zurück und bellte zweimal so wild, dass es mich erneut aus dem Stuhl hob. Dann bedachte sie mich mit einem äußerst missbilligenden Blick. Ihre aufgestellten Ohren, die geblähten Nasenflügel und ihre ganze Körpersprache wiesen darauf hin, dass sie mir dringend etwas mitteilen wollte.

Ich kam mir wie Lassies Herrchen vor, wenn er herauszufinden versucht, was diesmal geschehen sein mag: Ist Timmy in einen verlassenen Brunnen gefallen oder etwa in einer brennenden Scheune eingeschlossen? »Was ist los, Mädchen?«, fragte ich. »Zeig mir, was hier nicht stimmt.«

Trixie lief aus dem Zimmer und ich folgte ihr.

Unsere Büros liegen in einem eigenen Flügel des Hauses, abgeschieden vom Hauptwohnbereich. Trixie trottete den Gang entlang, wo ich in Regalen jeweils ein Exemplar von etwa fünftausend Ausgaben meiner Bücher in verschiedenen Sprachen aufbewahre. An Tagen, an denen ich mit dem Schreiben nicht recht vorankomme, ermutigt mich diese Sammlung. *Da ich früher schon so viele Romane fertiggestellt habe,* denke ich dann, *werde ich das sicher auch bei dem Buch schaffen, an dem ich gerade sitze.*

Dieser Gang ist mit der Diele verbunden. Dort wandte sich Trixie nach rechts. Sie lief jetzt schneller und warf einen Blick hinter sich, um nachzusehen, ob ich womöglich zu einem Fenster geschlendert war, um das rote neuseeländische Springkraut im Hof zu bewundern. Die kurze Aufmerksamkeitsspanne von Menschen kann einen Hund, der sich in einem wichtigen Einsatz befindet, wirklich zur Verzweiflung bringen.

Ich folgte Trixie in den Wohnbereich. Als ich das Wohnzimmer halb durchquert hatte, stach mir ein schwacher, aber beißender Brandgeruch in die Nase. Trixie rannte jetzt und bellte noch einmal, um sicherzustellen, dass ich nicht etwa an der Couch stehen blieb, um die Schmuckkissen neu zu arrangieren.

In der Küche schlängelten sich dünne graue Rauchtentakel aus den Entlüftungsöffnungen unterhalb der Backofentür. Jeder Herd von Thermador ist mit einem Gebläse ausgestattet, das die Gerüche und den Dunst durch eine spezielle Abzugshaube einsaugt und über dem Hausdach in die Luft abgibt. Die rußigen Tentakel, die sich in der Küche wanden, wiesen darauf hin, dass sich im Backofen so viel Rauch entwickelt haben musste, dass das Belüftungssystem überfordert war.

Nicht gut.

Als ich durch das Sichtfenster des Backofens spähte, sah ich, dass darin ein Gegenstand entflammt war. Einen Moment lang konnte ich wegen des Rauches nicht erkennen, was da brannte, und dann sah ich, dass es eine Hand war, die aufrecht auf dem Stumpf des Handgelenks stand.

Eine brennende Hand!

Diejenigen, die meine Romane nie gelesen haben, nehmen oft fälschlicherweise an, dass ich Horrorgeschichten schreibe. Wenn Sie einer von ihnen sind, gehen Sie vielleicht davon aus, dass Gerda und ich mit einer gewissen Regelmäßigkeit brennende Körperteile in unserem Herd entdecken. Ich kann Ihnen versichern, dass das nicht zutrifft.

Diese Erfahrung war für mich völlig neu und so makaber, dass ich kurze Zeit fast damit rechnete, die brennende Hand werde mir gleich zuwinken, vielleicht auch das »Okay«-Zeichen geben oder eine obszöne Geste machen. Doch dann merkte ich, dass es überhaupt keine Hand war. Irgendjemand hatte am Vorabend einen Küchenhandschuh im Herd liegen lassen. Ich schaltete den Herd aus und beobachtete durch das Fenster in der Herdtür, wie die Flammen sich nach und nach legten, nachdem sie allen verfügbaren Sauerstoff aufgezehrt hatten. Schließlich saugte der Endlüfter den letzten Rauch nach oben, in die Dunstabzugshaube, und die Luft in der Küche begann aufzuklaren.

Der verkohlte Handschuh sah noch bedrohlicher aus als im brennenden Zustand. Ich kam zu dem Schluss, dass er von mir *verlangte*, die Herdtür zu öffnen. Und so überließ ich das Reinigen des Herds jemand anderem.

Aus so weiter Entfernung, dass eine menschliche Nase von dort aus nicht den schwächsten Brandgeruch bemerkt hätte, hatte Trixie eine kommende Katastrophe erschnuppert. An diesem Abend gaben wir ihr besondere Leckerbissen – allerdings mit der Bedingung, dass sie dem Waldhüter namens *Smokey der Bär* – Maskottchen des US Forest Service – niemals von diesem Vorfall berichten würde.

14

Redefreiheit

Wenn ein Hund ein paar Pfunde zulegt, kümmert es ihn nicht im Geringsten, denn die menschliche Eitelkeit ist ihm fremd. Außerdem kann ein Hund körperliche Mängel perfekt kaschieren: durch sein Fell.

Könnten sich Menschen Fell transplantieren lassen, würde ich als Erster in der Schlange stehen, um mich von Kopf bis Fuß mit Fell

überziehen zu lassen. Und danach würde ich persönlich dafür sorgen, dass die Bäckereien und Eisläden in ganz Südkalifornien reichlich Gewinne einfahren.

Da Gerda und ich unser Wunschgewicht um ein paar Pfunde überschritten hatten, schlossen wir einen Pakt, eine Diät zu machen, und verabredeten, eine Woche lang nur noch leichte Kost zu uns zu nehmen. Wenn wir mit Trixie zum Abendessen in den Hof eines Restaurants ausgingen, bestellten wir Salat ohne Dressing mit gegrillter Hühnerbrust und als Beilagen Kürbis und Karotten. Sobald wir mit dem Essen fertig waren, fühlten wir uns tugendhaft – und immer noch hungrig. Wir wollten ja nicht alle Disziplin in den Wind schreiben und uns mit Desserts vollstopfen, aber der Gedanke an einen zweiten Salat wirkte nicht verlockernder, als unsere Servietten zu verspeisen.

Wenn ich unter Druck stehe, kann ich mich bestürzend schnell dazu überreden, etwas Unvernünftiges zu tun. Zwar kann ich Gerda meistens nicht dazu bringen, die für sie typische Besonnenheit aufzugeben, aber sie ist empfänglicher dafür, wenn sie Hunger hat. Ich plädierte dafür, dieses Diätessen mit der Bestellung von Nachos abzuschließen, die, wie ich geltend machte, selbst für Magersüchtige geeignet seien, wenn man einfach sagte: »Die Saure Sahne können Sie bitte weglassen.« Guacamole, Käse, Mais, Schwarze Bohnen und Chips waren genau das, von dem gertenschlanke Models jahrelang lebten – jedenfalls hatte ich das oder Ähnliches bei Wikipedia gelesen oder aus irgendeiner ähnlich verlässlichen Quelle erfahren. Gerda war in der Stimmung, sich auf diese sonderbare Argumentation einzulassen, und die Nachos wurden uns auf einer Platte serviert, die groß genug für ein Spanferkel gewesen wäre.

Im Allgemeinen verhalten wir uns so diszipliniert, dass wir, seit Trixie bei uns war, niemals Nachos bestellt hatten. Die Sinfonie verschiedener Aromen weckte verborgene Leidenschaften in ihr, so dass sie mit einer Miene verzweifelten Verlangens vom Terrassenboden aufstand, um sich neben meinen Stuhl zu setzen.

Ich war ein böser Junge und bot Trixie drei oder vier Maischips, getunkt in geschmolzenen Käse und Guacamole, an. »Willst du ein paar Nachos, Short Stuff?« Ich musste sie ihr nicht aufzwingen. Sie nahm einen Chip nach dem anderen und kaute sie geräuschvoll und mit großem Genuss. Doch als ich »No más« sagte, ließ sie sich wieder auf den Steinplatten nieder.

Sobald sich Menschen mit starker Willenskraft erst einmal zu einer vernünftigen Diät entschlossen haben, kann man sie nicht ganz leicht dazu verlocken, wieder auf die dunkle Seite der Ernährung überzuwechseln. Am folgenden Abend aßen Gerda und ich Salat mit zerkleinertem Hühnerfleisch – und beschlossen das Mahl mit einer weiteren Nachos-Platte.

Erneut verwöhnte ich Trixie mit ein paar mit Käse bestrichenen und in Guacamole getunkten Maischips: »Willst du ein paar Nachos?« Und wieder rümpfte sie keineswegs die Nase. Sie erkannte einen herzerfreuenden Leckerbissen, wenn sie einen sah. *Herzerfreuend* und *gesund fürs Herz* sind natürlich nicht gleichzusetzen, aber mir scheint, dass alles, was das Herz erfreut, dem Herz nicht schaden kann. Allerdings muss ich einräumen, dass ich kein Kardiologe bin.

Schließlich durchbrachen wir unsere Spirale von Verrücktheit und aßen in den folgenden drei Monaten keine Nachos mehr. Wir verloren auch die paar Pfunde, die wir hatten verlieren wollen, und zwar ohne Zuflucht zur Fettabsaugung oder Amputation zu nehmen.

Volle zwölf Wochen nach den zwei Nacho-Exzessen ging ich irgendwann in Lindas Büro, wo Trixie, die vorderen Gliedmaßen um einen riesigen Spielzeughummer aus Plüsch geschlungen, glücklich auf ihrem Bettchen lag. Linda, Elaine und ich gerieten in ein Gespräch über neue Restaurants. Eigentlich war ich quer durchs Haus bis zu ihrem Büro gegangen, um nachzuschauen, ob die beiden tatsächlich an ihren Schreibtischen saßen und arbeiteten oder aber ihre Stühle von geschickt verkleideten Gliederpuppen besetzt waren, die so aussahen wie sie. Außerdem wollte ich einen Ordner mit Verträgen holen, die ich durchsehen musste. Selbstverständlich verließ ich das Büro schließlich ohne diesen Ordner, kehrte in mein Arbeitszimmer zurück und musste den ganzen Weg durchs Haus erneut machen. Das amüsierte die beiden Frauen mehr, als es umsichtige Angestellte hätte amüsieren sollen.

Als zuvor Restauranttipps hin und her geflogen waren, hatte Linda gesagt: »Ach ja, wenn ihr dort hingeht, müsst ihr unbedingt deren wunderbare Nachos bestellen.« Kaum war das Zauberwort gefallen, schoss Trixie aus ihrem Bett, stieß ihren Plüschhummer zur Seite, raste zu Linda, starrte sie hingebungsvoll an und wartete auf Maischips, die mit Käse bestrichen und in Guacamole getunkt waren. Dabei wedelte ihr Schwanz in dem Rhythmus, der den letzten Takten von Ravels *Bolero* entsprach, und aus ihren Hängebacken tropfte Sabber. Sie mochte das Wort *Nachos* vier Mal abends im Restaurant und insgesamt acht Mal gehört haben, doch drei Monate später reagierte sie sofort darauf, als sie es nochmals hörte.

Nach fünf Jahren Französischunterricht in der Highschool und im College kann ich in dieser Sprache keinen zusammenhängenden Satz mehr herausbringen. Mir scheint das darauf hinzudeuten, dass der Französischunterricht mehr Nutzen bringen könnte, würde man den Lerneifer jeden Tag mit Nachos belohnen – oder auch darauf, dass Hunde durch geeignete Anreize durchaus Französisch lernen könnten.

Jedenfalls straft Trixies Reaktion auf das köstliche Wort *Nachos* einige Annahmen über die Intelligenz und das Gedächtnis von Hunden Lügen. Außerdem legt es nahe, dass Hunde den Sinn des Lebens besser begreifen als eine bedeutende Anzahl von uns Menschen.

Nein, natürlich liegt der Sinn des Lebens nicht in einer Platte Nachos. Aber wenn man Freude an so bescheidenen Dingen wie Maischips findet, ist das ein wichtiger Schritt zur Entdeckung von Lebenssinn.

Allzu viele von uns sterben, ohne jemals alles übersteigende Freude kennengelernt zu haben. Zum Teil liegt das daran, dass wir der einen oder anderen Art von Materialismus anhängen. Wir suchen Bedeutung in Besitztümern, im Streben nach himmlischer Gerechtigkeit als Entschädigung für unseren irdischen Kummer und in der Erlangung von Macht über andere Menschen. Doch eines Tages enthüllt der Tod, dass man das Leben mit kalten Leidenschaften vergeudet hat. Denn Fanatismus jeglicher Art schließt die Liebe aus, bis auf die Liebe zu dem, was man vergöttert.

Im Gegensatz dazu genießen Hunde ihre Nahrung, spielen voller Ausgelassenheit, arbeiten gern mit, wenn man ihnen Gelegenheit dazu bietet, geben sich dem Wunder und dem Geheimnis ihrer Welt hin und schenken einem überschwängliche Liebe. Der Neid macht das menschliche Herz krank. Wenn wir Neid empfinden, folgt daraus Begehren, und das, was wir begehren, wird zum Objekt einer alles verzehrenden Habgier. Wenn wir neidlos leben, mit der Bescheidenheit und freudigen Dankbarkeit von Hunden (Nachos! Ball! Zeit zum Kuscheln!), werden wir selbst auf den Tod vorbereitet sein, wenn er uns holen kommt – zufrieden, dass wir das Geschenk des Lebens gut genutzt haben.

Als wir in Harbor Ridge wohnten, führten uns unsere täglichen Spaziergänge an drei öffentlichen Tennisplätzen vorbei, die in den Hügeln lagen. Man erreichte sie über hinabführende, von hohen Bäumen beschattete Treppen. Kurz nach Morgenanbruch und manchmal auch nachmittags spielte dort niemand Tennis. Stets wollte Trixie die verlassenen Tennisplätze und deren Umgebung erkunden, denn sie suchte dort nach zu weit geflogenen oder vergessenen Tennisbällen. Manchmal fand sie keinen Ball, doch oft entdeckte sie bei ihrer Suche so viele Bälle, dass diese unsere Jackentaschen ausbeulten. Nach einer erfolgreichen Jagd trabte sie während des restlichen Spaziergangs erheblich schwungvoller dahin. Entzückt schnüffelte sie dann an unseren vollgestopften Taschen, ähnlich glückselig wie Dagobert Duck, wenn er wie ein Seehund in seinen Geldspeicher gesprungen war und sein Geld hoch in die Luft geworfen hatte, dass es ihm auf die Glatze prasselte.

Eines Tages kehrte Gerda vom Morgenspaziergang mit einem einzigen Tennisball zurück. Sie zeigte ihn mir so, als wäre etwas sehr Geheimnisvolles an diesem Ball und als hätte er eine besondere Bedeutung. Etwas war passiert, während Trixie die Tennisplätze abgesucht hatte, etwas, bei dem Gerda vor Verblüffung ein angenehmer Schauer über den Rücken gelaufen war, gefolgt von einem Gefühl, dass zu liebevoll gewesen war, um es als Traurigkeit zu bezeichnen, und zu zärtlich, um es anders zu nennen. Sie zögerte, es mir näher zu beschreiben, als würde das, was sie zu erzählen hatte, mir womöglich zu befremdlich erscheinen.

Gerda ist niemand, der Dinge erfindet oder ausschmückt. Manchmal lässt sie bei einer Geschichte sogar die farbenprächtigen Einzelheiten weg, weil sie zwar stimmen, es ihr aber so vorkommt, als würden sie vom Wesentlichen ablenken. Wenn ihre Geschichte tatsächlich absonderlich klang, musste der eigentliche Vorfall doppelt so unfassbar gewesen sein.

Wie immer hatte Trixie Tennisbälle aufspüren wollen. Sie führte Gerda die Stufen hinunter, von Tennisplatz zu Tennisplatz, und suchte auch Gräben nach den Schätzen ab, die aggressive Spieler über die Umzäunungen geballert haben mochten. Doch sie erlebte nur Enttäuschungen.

Schließlich begleitete Trixie Gerda zur Straße. Als sie den Fußweg erreicht hatten, blieb unser Golden Girl stehen und blickte zurück zu den Tennisplätzen. »Komm, wir gehen weiter«, sagte Gerda, doch die angeleinte Trixie gehorchte nicht und weigerte sich, sich wegziehen zu lassen. Während sie ihr Frauchen ansah, öffnete sie ihr Maul und schob die Schnauze so weit vor, als wollte sie unbedingt einen Laut hervorbringen. Und dann sagte sie: »Bah.«

Dieser etwas dumpfe Laut war völlig anders als jeder andere, den Trixie jemals von sich gegeben hatte. Außerdem zog sie dabei eine ernste Miene und spannte den ganzen Körper so an, dass Gerda zögerte, an der Leine zu zerren. Während Trixie Blickkontakt mit Gerda hielt, wiederholte sie das »Bah«. Als Gerda es zum zweiten Mal hörte, merkte sie, dass es so sehr nach »Ball« klang, wie es der Stimmapparat eines Hundes überhaupt zuließ. Als Trixie ein drittes Mal »Bah« sagte, fragte Gerda: »*Ball*, Süße? Sagst du *Ball*, Süße?« Noch angestrengter als zuvor wiederholte Short Stuff: »Bah.«

Gerda wurde sich dessen bewusst, dass sich die Hündin sehnlichst etwas wünschte. Sie wünschte sich jedoch keinen Ball, sondern die Fähigkeit, ihren Wunsch nach einem Ball mitteilen zu können. Es war die heftige Sehnsucht, sich nicht nur durch das Schwanzwedeln, die Körpersprache oder irgendein Kommunikationsmittel ihrer Spezies verständlich machen zu können, sondern mit einem *Wort*.

Überwältigt von einem Gefühl außerordentlicher Innigkeit zwischen ihr und der Hündin, sagte Gerda: »Wir haben doch schon nach Bällen gesucht, Süße. Heute Morgen sind keine da.«

»Bah«, wiederholte Trixie fast flehend.

Widerstrebend erwiderte Gerda: »Also gut, wir suchen noch mal.«

Als Gerda die Leine lockerte, führte Trixie sie sofort wieder zu der Treppe. Kaum waren sie halbwegs unten, verließ Trixie die Stufen und warf sich unter einen Busch. Dann zog sie sich vom Busch zurück und hob ihren wunderbaren Kopf. Im Maul hatte sie einen Tennisball. Sie war nicht nur befriedigt, weil sie den Schatz geborgen hatte, sondern auch überglücklich darüber, dass sie ihre Wahrnehmung des Balls mit einem *Wort* hatte vermitteln können. In noch größerer Hochstimmung als üblich setzte sie den Morgenspaziergang fort. Häufig sah sie dabei ihr Frauchen an und kaute mit Nachdruck auf ihrem Ball herum.

Da ich schon so lange gespürt hatte, dass sich diese Hündin danach sehnte, sprechen zu können, glaubte ich Gerda aufs Wort. Allerdings verzichtete sie, wie es ihre Art war, auf die farbige Schilderung von Einzelheiten, da sie die Geschichte auf das Wesentliche reduzieren wollte. Dieser Vorfall berührte sie tief. Von jeher war sie unserem Mädchen von Herzen zugetan gewesen, aber nach jenem Morgen war sie noch weichherziger Trixie gegenüber.

Ein paar Monate danach ging ich mit Trixie an einem Morgen spazieren, an dem ich zu wenig Zeit hatte, ihr eine ganze Stunde zu widmen. Ich kürzte die Strecke auf einen Weg von vierzig Minuten ab. Unter anderem ließ ich den Abstecher zu den Tennisplätzen weg. Doch als wir daran vorbeigingen, versuchte Trixie, mich dorthin zu führen. Schließlich blieb sie stehen und wollte nicht weitergehen. Ich bückte mich, um sie an der Brust und hinter den Ohren zu kraulen. Das tat ich manchmal, um sie lieber sanft dazu zu überreden, als ihr zu befehlen, sich an die Regeln zu halten. Sie verzog das Gesicht so, als wollte sie gähnen, gab aber keinen Laut von sich.

Dann warf sie den Kopf in meine Richtung, jedoch nicht, um weiter gekrault zu werden, sondern um meine Aufmerksamkeit zu erregen. Und dann sagte sie: »Bah.«

Seit Wochen hatte ich nicht mehr an Gerdas Erlebnis gedacht, deshalb verblüffte mich diese Äußerung von Trixies Wünschen. Das Wort brachte sie genau so heraus, wie Gerda es ausgesprochen hatte. Doch im direkten Gegenüber mit Trixie war das, was sie ausdrücken wollte, noch viel deutlicher, als ich gedacht hatte. Vielleicht lag diese eindrucksvolle Deutlichkeit daran, dass dieses Wort mit der Anspannung ihres Körpers, einem bestimmten Ausdruck in ihrem Gesicht und dem Vorstülpen ihrer Oberlippe einherging – eine übertriebene Nachahmung der Form des menschlichen Mundes, wenn er das Wort »Ball« artikuliert. Zudem sah mich Trixie dabei eindringlich an.

»Bah.«

Es handelte sich jedoch keineswegs um die Nachahmung eines Wortes wie bei einem Papagei, der aufgeschnappte Namen oder Wörter ohne jeden Zusammenhang plötzlich wiederholt. Trixie hatte sich dieses Wort und dessen Ausdrucksweise genau gemerkt und benutzte es in eben dem Moment, in dem es das für sie erreichen konnte, was sie sich wünschte. »Bah.«

In diesem bemerkenswerten Augenblick versuchte sie die Kluft zwischen einem Lebewesen, das sprechen kann, und einem anderen, das nicht zu sprechen vermag, zu überbrücken. Und es gelang ihr, das, worauf sie hinauswollte, zu vermitteln. Diese Leistung war sehr anrührend, aber nicht weniger ernüchternd, denn dieser Triumph verdeutlichte auch, dass er sich kaum noch einmal durch das Artikulieren eines anderen Wortes wiederholen würde.

Ich küsste sie auf die Braue. »Hast ja recht, Short Stuff«, sagte ich. »Falls ich deinen Spaziergang nochmals abkürzen muss, sollte ich niemals den Teil weglassen, der dir am meisten Spaß macht. Komm, wir gehen auf die Jagd nach Tennisbällen.«

An jenem Morgen fand sie genügend Tennisbälle, um all meine Jackentaschen damit zu füllen.

15

Wasser, Wunder und Trixie am Werk

Golden Retriever sind Wasserhunde, so gezüchtet und aufgezogen, dass sie in einem See schwimmen und die Ente, die man geschossen hat, ans Ufer befördern können. Da ich Daffy und Donald Duck schon seit meiner Kindheit liebe, habe ich niemals auf Enten geschossen, denn das wäre einer Ermordung meiner liebsten Comicfiguren gleichgekommen. Trixie hatte also keine Gelegenheit, ihre Fähigkeiten als Jagdhund zu beweisen.

Unser Haus in Harbor Ridge war allerdings mit einem Swimmingpool ausgestattet, und dort konnten wir feststellen, dass sie eine bessere Schwimmerin war als ihr Frauchen und Herrchen. Ehe wir Trixie adoptierten, hatten wir den Pool nur selten genutzt. Doch wenn sie an den Französischen Fenstern stand, auf das in der Sonne glitzernde Wasser blickte und seufzte, konnten wir dem gemeinsamen Planschen nicht widerstehen. Gerda, die niemals Gelegenheit gehabt hatte, schwimmen zu lernen, beschloss, sich das Schwimmen selbst beizubringen, und zwar mit Hilfe eines umgeschnallten Schwimmgürtels.

Während Gerda mit ernster Miene von einem Ende des Pools zum anderen paddelte, schwamm Trixie mit, wenngleich nicht an Gerdas Seite. Stattdessen umkreiste sie ihr Frauchen während der ganzen Strecke hin und zurück, und das ist wörtlich zu nehmen. Es war geradeso, als wollte sie Gerda zeigen, wie man richtig schwimmt. Vielleicht wollte sie sich aber auch nur wieder einmal einen Spaß erlauben.

Trixie schwamm zwar gern, kam jedoch nur in den Pool, wenn wir sie dazu einluden. Manchmal benutzte sie die Stufen, aber meistens klemmte sie die Beine zusammen, spannte den Körper an, stieß sich vom Beckenrand ab und sprang so ins Wasser, dass es hoch aufspritzte. Während der Stunde, in der sie herumtollte, kehrte sie mindestens zehn Mal auf die Terrasse rings um den Pool zurück, ruhte sich dort ein paar Minuten aus und schoss dann wieder ins Wasser.

Wir besitzen mit Schaumstoff gefüllte Gummimatratzen, auf denen wir uns im Wasser ausstrecken können, um uns zu sonnen. Als ich Trixie das zweite Mal mit ins Wasser nahm, zog ich, während sie herauskletterte, um eine Verschnaufpause einzulegen, eine dieser Matratzen in den Pool, legte mich darauf rücklings hin und blickte zu Trixie hinüber. Sie beobachtete mich höchst interessiert, hob den Kopf und schob ihn vor, denn es faszinierte sie, mich so träge und mühelos auf dem Wasser treiben zu sehen. Ich genoss mein Sonnenbad, bis ich plötzlich das Gefühl hatte, mich gleich in einem *Daffy Duck*-Cartoon wiederzufinden. Als ich die Augen aufschlug, stand

Trixie nämlich mit zusammengeklemmten Beinen am Rand des Pools und grinste wie verrückt. »Nein!«, rief ich noch, doch schon sprang sie und schlug so hart auf der Gummimatratze auf, dass diese umkippte und uns beide ins Wasser warf.

Als ich wieder an die Oberfläche kam, sah ich, dass Trixie mit den Pfoten wie eine Wilde nach der Matratze angelte und sich hochzuziehen versuchte, während die Matratze sich im Wasser drehte und auf und ab hüpfte. Also hielt ich die Matratze fest und drückte sie auf einer Seite unter Wasser, damit Trixie mit den Vorderläufen ohne Mühe hinaufrutschen konnte. Danach half ich ihr, vollständig an Bord zu gehen, indem ich die Matratze weiterhin mit einer Hand festhielt und Trixies Hinterteil mit der anderen Hand hochwuchtete.

Ihrer Miene nach war dies eines der erstaunlichsten und schönsten Erlebnisse, die unsere Hündin je gehabt hatte. Sie legte sich mit gespreizten Hinterläufen nieder, beugte die Ellbogen der vorderen Glieder, streckte sie vor sich aus, hob den Kopf und schaute sich so verwundert um, als wollte sie sagen: *Man kann auf dem Wasser treiben! Ohne zu paddeln! Genial! Mein Herrchen ist genial!*

Als ich sie, während sie auf der Matratze liegen blieb, von einem Ende des Pools zum anderen und wieder zurück schleppte, hechelte sie vor Aufregung. Und sie gab einen hinreißenden Laut von sich – kein Winseln oder Jaulen. Vielmehr klang es wie ein leiser liebreizender Ausdruck absoluter hündischer Begeisterung: *Ich bewege mich! Durch Wasser! Ohne zu schwimmen! Tolle Idee! Mein Herrchen hat tolle Ideen!*

Zunächst etwas unsicher, bald darauf voller Selbstvertrauen stellte sich Trixie aufrecht auf die Gummimatratze, während ich sie wieder ans Ende des Pools schleppte. Unser Golden Girl surfte!

Im Laufe der Jahre verbrachte Trixie mehr Zeit damit, sich auf der Gummimatratze hin und her schleppen zu lassen als zu schwimmen. Sie brachte sich selbst bei, ohne Hilfe an Bord zu gehen, indem sie die Matratze in eine Ecke des Pools stieß und sich dort hinauf zwängte, wo diese nicht von ihr weghüpfen konnte, während sie draufstieg.

Ich bewunderte die Kette der Überlegungen, die Trixie hatte anstellen müssen, um zu dem Schluss zu gelangen, dass sie diese Sache buchstäblich in den Griff bekommen würde.

Während sie auf der Gummimatratze lag, spielte sie gern mit mir, und zu dem Spiel gehörte ein kleiner hohler Gummiball, der mit einem Luftloch versehen war. Unter Trixies konzentriertem Blick nahm ich den Ball zwischen Daumen und Zeigefinger und bewegte ihn auf der Wasseroberfläche vor und zurück. Dann schob ich den Ball plötzlich unter das Wasser, ohne die Luft herauszudrücken. Aufgeregt tauchte Trixie eine Pfote ins Wasser und versuchte, sich den Schatz zu schnappen, während ich ihn nach links, rechts und im Kreis bewegte. Schließlich schob ich den Ball unter der Wasseroberfläche unmittelbar vor ihr Gesicht. Da die Luft im Ball verblieben war, sich das Loch unten befand und zum Beckenboden wies, schnellte der Ball, sobald ich ihn losließ, hoch, und zwar mit so viel Schwung, dass er ein paar Zentimeter in die Luft stieg. Trixie, die alles beobachtet hatte, versuchte nun abzuschätzen, wie hoch er steigen würde, und fing ihn oft mit den Zähnen aus der Luft ab, sobald er nach oben schoss.

Als ich unsere Hündin wieder einmal auf ihrem »Floß« im Pool herumschleppte, nahm sie den Ball zwischen die Pfoten und drückte ihn so unter Wasser, wie sie es bei mir gesehen hatte. Während wir uns vorwärts bewegten, blickte sie nachdenklich auf die untergetauchte blaue Kugel. Während ich anhielt und das »Floß« stillstand, ließ sie den Ball los, der sofort aus dem Wasser schoss, und erwischte ihn mitten in der Luft. Das wiederholte sie ein paar Mal, völlig auf diesen Vorgang konzentriert. Danach hob sie den Kopf und wir sahen uns an. Ich erwiderte ihren Blick kurz und flüsterte ihr zu: »Du bist wirklich ein schlaues kleines Mädchen!«

Sie grinste und hechelte, denn sie freute sich über das Lob.

Ständig lernte Short Stuff neue Tricks und, genau wie wir, das Einnehmen neuer Perspektiven. Während ihrer ersten Jahre als Mitglied der Familie Koontz schien sie sich ausschließlich auf Dinge zu ebener Erde zu konzentrieren. An Vögeln hatte sie genauso wenig Interesse wie an allem anderen oberhalb eines Hausdaches.

Mir war gar nicht aufgefallen, wie sonderbar das war, bis ich irgendwann an die historische Rolle des Hundes als Partner des Menschen bei der Jagd dachte. Ein Golden Retriever muss den Flug und Fall des geschossenen Federviehs verfolgen, damit er die Beute aufspüren und sie bei seinem Herrchen und dessen Jagdtasche abliefern kann. Vielleicht hatte Trixie während ihrer Ausbildung zum Assistenzhund ihre Wahrnehmung des Himmels vernachlässigt und es schließlich verlernt, den Blick weit nach oben zu richten.

Wenn sie auf einem Rasen Kaninchen beim Grasen entdeckte, machte es ihr viel Spaß, sie zu verfolgen. Doch niemals jagte sie diese Kaninchen wirklich oder schnappte nach einem. Stets näherte sie sich dem anvisierten Tier mit übertriebener Heimlichtuerei: Langsam hob sie eine Pfote nach der anderen, erstarrte auf drei Beinen und wartete lange ab, um dann lässig erneut eine Pfote vorzustrecken und auf den Boden zu setzen, wieder abzuwarten und das Ganze zu wiederholen. Wenn sie sich an ihre Beute anschlich, sah es so aus, als führte sie ein Hundeballet im Zeitlupentempo vor.

Selbst wenn das Kaninchen Trixie von Anfang an bemerkt hatte, kam sie oft erstaunlich nah an das Tierchen heran, bevor es blitzschnell die Flucht ergriff. Falls es schon vorher davon hoppelte, setzte Trixie ihren Spaziergang gleichmütig fort. Doch wenn sie sich ihm so weit angenähert hatte, dass sie hätte zuschnappen können, blickte sie nur grinsend zu mir auf, als wollte sie sagen: *»Schau mal, Herrchen. Das Verhalten von Menschen gefällt mir ja. Aber ich weiß immer noch, wie sich die Tiere in der Wildnis verhalten!«*

Eines Tages schwammen Trixie und ich gerade – nun ja, sie lag faul auf der Gummimatratze, während ich sie durch das lange Becken zog, immer hin und her –, als das kleine Luftschiff von Goodyear, das in Südkalifornien oft am Himmel zu sehen ist, in geringer Höhe über der Küste auftauchte. Es drehte landeinwärts ab und flog auf den Hügelkamm zu, wo wir wohnten. Das Luftschiff schwebte nur rund siebzig Meter über dem Boden und war ein eindrucksvoller Anblick. Sein Motor und die Propeller machten nicht einmal so viel Lärm wie die Pumpe unseres Swimmingpools. Es hing so lautlos über unseren Köpfen, als wäre es eine Geistererscheinung.

Wegen der geringen Flughöhe entdeckte Trixie das Schiff am Himmel und war so verblüfft, dass ihr der Ball aus der Schnauze fiel. Verwundert beobachtete sie das sonderbare Ding. Als es unmittelbar über unsere Köpfe schwebte – es wirkte so nah, als könnte ich es mit unserem blauen Gummiball treffen –, konnte Trixie den Blick gar nicht mehr davon lösen. Und wieder einmal drang aus ihrer Kehle dieser herzerwärmende leise Laut des Entzückens, während ihr feuchter Schwanz auf die Gummimatratze trommelte. Sie sah dem Luftschiff minutenlang hinterher, bis es nur noch als ein Punkt in der Ferne auszumachen war.

Nach diesem Sommertag verfolgte Trixie zwar immer noch Kaninchen, bis sie diese verscheucht hatte, blickte jedoch dann und wann zum Himmel hinauf, was sie früher nie getan hatte. Nun begann sie sich auch für Vögel und Flugzeuge zu interessieren – so als hätte sich die Welt über ihrem Kopf wie eine Tür geöffnet.

Durch ihre auffallende Intelligenz, ihren Humor, die unheimlichen Momente, in denen sie eine spirituelle Dimension erkennen ließ, weckte sie in mir wieder das Gespür für das Geheimnis des Lebens, das mir im Laufe der Zeit fast abhanden gekommen war. Und es kam mir so vor, als hätte das am Himmel schwebende Luftschiff auch bei Trixie ein Quäntchen ihres eigenen Gespürs für das Wunderbare neu belebt.

Eines Morgens, als wir uns in unserem Strandhaus aufhielten, führte bei ihr ein vergleichbares Erlebnis dazu, dass sie nun auch den Hafen mit anderen Augen sah.

Der Pavillon auf unserer Pier, der Ausblick auf den Landesteg und die Liegeplätze der Boote bot, war so geräumig, dass dort auch eine Couch und ein Esstisch mit vier Stühlen Platz gefunden hatten. Es war ein idealer Ort, um der Parade von weihnachtlich geschmückten Booten zuzuschauen oder vor dem Schlafengehen ein Glas Wein zu genießen, während die Lichter am anderen Ufer der Bucht über dem dunklen Wasser funkelten.

Bei einem unserer seltenen Besuche im Strandhaus saßen Gerda und ich gerade am Esstisch des Pavillons, als ich plötzlich ein leises Geräusch hörte, das wie das Zischen entweichender Luft klang. Ich nahm an, es müsse von einem der zahlreichen in der Nähe angedockten und vertäuten Boote kommen. Es mochte sich um die Entlüftung einer Bilge oder Ähnliches handeln, das ich als nautischer Laie nicht einordnen konnte.

Als das Geräusch zum dritten Mal zu hören war, erwiderte Trixie es mit ihrem leisen herzerwärmenden Laut, der Entzücken ausdrückte. Sie lag hinter mir auf dem Deck und ließ ihre Vorderpfoten über den Rand baumeln. Den Kopf hatte sie unter die niedrige Reling gestreckt, um sich irgendetwas im Wasser anzuschauen.

Als Gerda und ich uns neben Trixie hinknieten, entdeckten wir im nahen Wasser ein Geschöpf, das mehr als 350 Kilo wiegen musste. Ein Seelöwe! Er wälzte sich so gemächlich im Wasser herum, als wollte er uns mit einer kleinen Pirouette unterhalten. Da Hochwasser war, lag der Meeresspiegel des Hafens nur zwei oder drei Fuß unter der Pier. Während sich der Seelöwe wieder und wieder drehte, schienen seine glänzenden schwarzen Augen auf Trixie fixiert zu sein, die leicht zitterte.

Wir streichelten sie, um sie zu beruhigen, aber ihr Zittern war offenbar eher ein Ausdruck freudiger Erregung als der von Angst. Als der Seelöwe seine Vorführung beendet hatte und wegtauchte, schoss Trixie hoch.

Sofort war mir klar, dass sie ins Wasser springen und dem imposanten Geschöpf hinterher schwimmen wollte, sobald es wieder auftauchte. Noch während sich Trixie von uns abwandte, rief ich Gerda zu: »Halt sie am Halsband fest!« Doch weder Gerda noch mir gelang es, Trixie zu packen. Sie eilte zur anderen Seite des Decks – wir immer hinterher –, und schließlich schafften wir es, nach ihrem Halsband zu greifen und sie aufzuhalten. Eine Sekunde später wäre sie zweifelsohne unter der Reling hindurch gekrochen und in die Hafenbrühe gesprungen.

Seelöwen sind manchmal angriffslustig. Hätte sich Trixie zu ihm ins Wasser gestürzt, wäre der Seelöwe im besten Fall wohl in die Tiefe abgetaucht. Doch im schlimmsten Fall hätte er Trixie auch verletzen oder sogar töten können.

Da sie nun wusste, dass unter der Meeresoberfläche eine geheimnisvolle exotische Welt lag, wollte sie diese erkunden. Von nun an suchte sie mit ihren Blicken jedes Mal, wenn wir uns auf der Pier aufhielten, das Wasser ab, hielt nach Fischschwärmen, Inseln von Seegras und anderen rätselhaften Dingen Ausschau und wollte dann unverzüglich zum Liegeplatz der Boote sausen, um sich das alles genauer anzuschauen. Während unserer letzten Ausflüge zum Strandhaus mussten wir sie stets anleinen, denn wenn sie etwas im Wasser entdeckte, wollte sie es eingehender untersuchen. Und Mal für Mal eilte ich gemeinsam mit ihr den Steg zum Liegeplatz der Boote entlang. An manchen Tagen wiederholte sich das jede Stunde sechs oder sieben Mal.

Insbesondere rastete Trixie beim Anblick der braunen Pelikane aus, die nach Fischen tauchten, wieder an die Wasseroberfläche kamen und dann weit entfernt von der Stelle, wo sie abgetaucht waren, davonflogen. *Wenn diese Geschöpfe in beiden Elementen leben konnten – sowohl im Wasser als auch in der Luft –, wieso sollten diese beiden Welten nicht auch ihr, einem Wasser liebenden Hund mit Schwimmhäuten zwischen den Zehen, zugänglich sein?!*

Für einen Hund ist diese Welt ein geheimnisvoller Abenteuerspielplatz, der ständig neue Überraschungen bietet. Jede neue Erfahrung entzückt ihn und jeder Morgen ist voller Verheißungen.

Als Kinder haben wir eine ganz ähnliche Haltung zur Welt, und wenn wir dann erwachsen werden, verbannen wir sie aus unserem Bewusstsein, als müsste das Wissen, das mit der Erfahrung einhergeht, nun genau diese Kammer unseres Geistes in Beschlag nehmen – als müsste das Staunen seinen Platz für das Wissen räumen. Aber Wissen ohne Staunen ist kein Bisschen mit Weisheit gleichzusetzen, sondern umfasst nur gewisse praktische Fertigkeiten, die – mehr oder weniger eng – mit einer gewissen Klugheit gepaart sein können. Das Staunen beflügelt die Neugier, und die Neugier bewahrt den Geist vor der Krankheit irrationaler Ideologien und vor der Verdummung durch Dogmen.

Wenn ich behaupte, dass Trixie mein Gespür für das Wunderbare wiederhergestellt hat, dann fragen Sie sich vielleicht, wie es mir denn überhaupt abhanden gekommen war. Die Antwort lautet: durch das Leben selbst.

Meine Mutter, eine herzensgute Frau, starb nach langem, schwerem Leiden mit 53 Jahren. Mein Vater, ein egoistischer, gewalttätiger Mann, der jedem Laster zugetan war, starb erst mit 83 Jahren. Das Gespür für das Wunderbare stützt sich zum Teil auf die eigene Vorstellung, dass diese Welt auf einer natürlichen Ordnung beruht – einer Ordnung, die nicht nur für jeden Menschen verbindlich ist, sondern häufig auch in den persönlichen Lebensgeschichten ihren Ausdruck findet, sei es in den Entscheidungen, die Menschen treffen, oder in deren Folgen. Diese natürliche Ordnung ähnelt einer großartigen Maschinerie, die das Getriebe der Welt in Gang hält. Es ist eine Maschinerie, die unter der Oberfläche aller Dinge verborgen ist und sich nur hin und wieder auf eindrucksvolle Weise in Momenten der Transzendenz offenbart.

Das Leben meiner Mutter war geprägt von religiösem Glauben, gesundem Menschenverstand und der Sehnsucht nach Ordnung. Doch was sie erntete, waren nur Chaos und ein früher Tod. Mein Vater, ein Apostel des Chaos, hatte ein langes Leben, und dieses Leben war geprägt von dem fleischlichen Vergnügen, das er so schätzte. Gewohnheitsmäßig nutzte er Menschen aus, täuschte, verriet und betrog sie. Und stets entging er den Strafen des irdischen und himmlischen Gerichts. Die wunderbare Maschinerie der natürlichen Ordnung, die ich so gern einmal – zumindest flüchtig – am Werk gesehen hätte, blieb mir lange Zeit verborgen.

Nach dem Hochschulabschluss arbeitete ich, wie schon erwähnt, in einer bundesstaatlichen Einrichtung zur Bekämpfung von Armut. Ich war davon ausgegangen, dass ich dort die Chance haben würde, meine idealistischen Vorstellungen in die Tat umzusetzen. Aber innerhalb weniger Monate gelangte ich zu der Erkenntnis, dass solche Projekte nicht funktionieren. Die Projekte dieser Einrichtung waren sogar äußerst destruktiv, denn die Politikerkaste, die das Programm konzipiert hatte, war in erster Linie nicht daran interessiert, soziale Missstände zu beseitigen, sondern es ging ihr vor allem um Macht. Und diese Macht nutzte sie dazu, sich selbst und ihre Kumpels zu bereichern. Ihre Gier war so unersättlich wie die von Schweinen am Fresstrog, wie ich zynisch feststellen musste. Und der Zynismus kann das eigene Gespür für das Wunderbare wirklich zersetzen.

Später sagte mir das Unterrichten an der Mechanisburg Highschool in Pennsylvania zunächst sehr zu und ich hatte auch ein gewisses pädagogisches Geschick. Mechanisburg, mittlerweile eine Gemeinde von rund zehntausend Einwohnern, wurde 1820 als Siedlung von Mechanikern gegründet, deshalb der Name. Doch die Schulbürokratie und die Bildungskonzepte, auf die sie sich stützte, erwiesen sich als Phänomene, die der wunderbaren Maschinerie einer natürlichen Ordnung geradezu entgegenwirkten. Stattdessen war diese Schule nur eine ständig wachsende, geistlose Schleifmaschine von gigantischem Ausmaß, die, seit Jahrzehnten am Werk, nur Schlimmes bewirkte. Für mich war absehbar, dass diese Art von »Bildung« im Laufe der Zeit nur absolute Barbaren hervorbringen würde.

Natürlich ist es wichtig, die Illusionen, die man sich einst gemacht hat, zu durchschauen. Aber es kann einen auch entmutigen und einem das Gespür für das Wunderbare des Lebens rauben.

Für mich war es ebenso aufregend wie erfreulich, zu einem Schriftsteller zu werden, dessen Bücher veröffentlicht werden. So konnte ich nach einer Reihe von Jahren als hauptberuflicher Autor schließlich vom Schreiben leben. Diesem Erfolg ging jedoch eine Zeit langwieriger und schwieriger Plackerei voraus. Und in dieser Zeit entpuppten sich die Romantik, der Glanz und das Erhebende eines Lebens als Literat als Dinge, die neue Illusionen mit sich brachten. Und auch diese Selbsttäuschungen galt es zu durchschauen.

Ich hatte gute Literaturagenten und schlechte. Die schlechten waren grauenhaft. Und die guten sahen eine Karriere für mich vor, die nicht meinen Vorstellungen entsprach.

Lange Zeit hatte ich die Verfasser von Romanen wie Helden verehrt. Zwar begegnete ich nun einzelnen Schriftstellerinnen und

Schriftstellern, die zu geschätzten guten Freundinnen und Freunden wurden, doch insgesamt gesehen empfanden Gerda und ich die Gemeinschaft von Literaten als eine von selbstverliebten Menschen, in der sich alles um das persönliche Ego drehte. Diese Gemeinschaft kam uns so verrückt vor, dass Gerda, als ich ihr einen Zeitungsartikel über eine wissenschaftliche Studie mit der Schlagzeile *80 % der literarisch Begabten zeigen Anzeichen von Schizophrenie* vorlas, trocken bemerkte: »Glaubst du wirklich, dass es nur achtzig Prozent sind?«

Trotzdem war ich nach wie vor glücklich, blieb optimistisch und fleißig, denn drei Gegebenheiten sorgten bei mir für ein nachhaltiges Hochgefühl: Gerda und unsere Liebe; die wachsende Liebe zur englischen Sprache, untrennbar verbunden mit immerwährender Freude am Geschichtenerzählen; enge Freundinnen und Freunde – und das schloss auch Menschen ein, mit denen ich zusammenarbeitete, beispielsweise meine Lektorin Tracy Devine.

Trixie gelang es, mein vermindertes Gespür für das Wunderbare der Welt und des Lebens so vollständig wiederherzustellen, dass es in mir wieder genauso lebendig wurde wie in meiner Kindheit. Zugleich inspirierte sie mich dazu, mein wiederentdecktes Entzücken über das Geheimnis des Lebens mit meinen Leserinnen und Lesern zu teilen.

Ich hatte eine Phase durchlebt, wie sie bei vielen Autoren im Laufe ihrer Karriere auftritt: Die Arbeit hat dann eine feste Form angenommen, die man nicht mehr sprengen kann. Die Begeisterung für neue Schreibtechniken ist der Vorliebe für die Bequemlichkeit des Vertrauten gewichen. Die Handlungsträger sind alte Freunde, denen man nur neue Namen und ein anderes Äußeres als früher gegeben hat. Und die Geschichten halten sich an die seit langem bewährten Muster.

Trixie trug dazu bei, dass ich eine Flutwelle von Kreativität spürte, die mich aus den verkrusteten Entenmuscheln eines dreißig Jahre währenden Erzählens herausriss. Ich begann Romane zu schreiben, die ganz anders waren als die früheren, und ging bei den Erzählweisen, Themen und Charakteren Risiken ein, die ich vorher nicht eingegangen wäre. Vordem hätte ich ja nicht einmal erkannt, dass man solche Risiken überhaupt eingehen *konnte.* Die höheren Anforderungen dieser neuen Bücher bereiteten mir ein riesiges Vergnügen, das zeitweilig fast einem anhaltenden Schreibrausch glich. Wenn Probleme auftauchten, forderten sie von mir, mich ganz und gar ihrer Lösung zu widmen. Das beflügelte nicht nur meine Vorstellungskraft, sondern half mir auch dabei, meine Lebensanschauungen zu klären, so dass ich mich nur auf die wesentlichen Dinge konzentrierte. Sie brachten mich zu einem Glauben zurück, von dem ich mich zuvor sehr weit entfernt hatte. Und dieser Glaube kehrte nicht nur vorübergehend zurück, sondern gibt mir beständig Sicherheit. Er verlangte nämlich eine rigorose geistige Auseinandersetzung mit mir selbst, die zu einem neuen Verständnis der Glaubensweisheit und der Erkenntnis führte, dass das Leben ein uns stets begleitendes Mysterium ist.

Schon ein ganz besonderer Hund, der all das in mir ausgelöst hat, stimmt's?

In früherer Zeit hatte ich außer Büchern mit eher bescheidenem Umfang auch zwei dicke Wälzer geschrieben: *Schwarzer Mond* und *Dunkle Flüsse des Herzens*. Beide fanden großen Anklang. Doch mittlerweile kommt es mir so vor, als schiene der innere Kampf des Verfassers auf manchen Seiten durch. Das erste Buch, das ich schrieb, während Trixie bei uns war, *Stimmen der Angst*, entpuppte sich als das längste Buch, das ich bis dahin verfasst hatte. Und dennoch hatte es mehr Dichte als die beiden erwähnten Romane. Dieser Roman ist eine Allegorie.

Zwar hatte ich auch früher schon humorvolle Szenen in unheimliche Geschichten eingefügt, doch in *Stimmen der Angst* gab ich dem Humor und der Spannung erstmals gleiches Gewicht. Die Geschichte handelt vom Problem des Bösen. Sie enthüllt, dass böse Taten sich nicht im Einklang mit der natürlichen Ordnung der Welt befinden und daher widersinnig und absurd sind. Der Irrwitz des Bösen und jener, die ihm dienen, ist die Quelle unserer besten Abwehrmöglichkeit des Dunklen: des Lachens. Der Widersacher der Protagonisten in *Stimmen der Angst* ist unbewusst ein ebenso belustigender wie Angst einflößender Mensch. Während ich die Szenen, in denen er vorkommt, verfasste, musste ich über seine Anmaßungen und Selbsttäuschungen oft laut lachen.

Die neue Richtung, die meine Arbeit bei diesem Buch und an allem, was ich seitdem geschrieben habe, nahm, hatte ihren Ursprung in vier Erkenntnissen.

Erstens gelangte ich zu der Gewissheit, dass Trixie eine Seele besaß, die genauso real war wie meine. Intelligenz bedeutet mehr als die Fähigkeit, Ursache und Wirkung miteinander zu verbinden und Probleme zu lösen. (Beides beherrschte Trixie.) Die Tatsache, dass das Universum existiert, ist das Erstaunlichste überhaupt. Doch fast ebenso erstaunlich ist die Existenz von Lebewesen – seien es Menschen, Hunde oder andere Tiere –, die denken und lernen können und nicht nur von ihren Instinkten getrieben werden. Bewusst und unterbewusst sucht das intelligente Wesen nach Bedeutung und forscht nach dem Sinn und dem Zweck. Dieses Bestreben kann nicht nutzlos sein, denn die Natur gibt uns genau dies ein, und die Natur verschwendet nichts. Das Universum ist effizient: Materie wird zu Energie, Energie wird zu Materie. Eine Form von Energie wird in eine andere umgewandelt. Das Gleichgewicht verändert sich ständig, doch das Universum ist ein geschlossenes System, in dem kein Teilchen von Materie und keine Welle von Energie jemals verloren gehen. Und wenn die Natur nichts verschwendet und intelligente Lebewesen von ihrer Natur her nach Sinn und Bedeutung suchen, dann müssen Sinn und Bedeutung auch aufzuspüren sein. Trixies Intelligenz und ihr Gespür für das Wunderbare offenbarten eine suchende Seele. Und das führte bei mir dazu, dass ich nicht nur das Geheimnis des Lebens neu überdachte, sondern auch das Geheimnis meiner eigenen Seele und meiner eigenen Bestimmung.

Zweitens erkannte ich, dass Trixies Seele, verglichen mit meiner Seele oder den Seelen anderer Menschen, völlig unbefleckt und unschuldig war. Sie brauchte keinen neuen Ferrari oder eine Woche in Las Vegas, um Freude zu empfinden. Für sie bedeutete Glückseligkeit, Streicheleinheiten zu bekommen, an einem sonnigen Tag (oder auch bei Regen) spazieren zu gehen, unerwartet einen Leckerbissen zu erhalten, mit Herrchen und Frauchen zu kuscheln, ein freundliches Wort zu hören. Sie lebte, um Liebe zu schenken und zu empfangen – und das hatte sie mit Engeln gemein.

Drittens begriff ich nun, dass die Freude, die ihre Quellen in der Unschuld und im Gleichklang mit der Natur und der natürlichen Ordnung hat, offenbar das stärkste Hochgefühl ist, das Hunde oder Menschen empfinden können. Die Freude von Hunden hat unmittelbar damit zu tun, dass sie keine Falschheit, keinen Verrat und keinen Neid kennen. Unschuld ist weder naiv noch unzeitgemäß, sondern Voraussetzung für höchste Glückseligkeit.

Viertens wurde mir klar, dass die Flucht aus der Unschuld, die so charakteristisch für unsere Zeit ist, einem Sprung in die Vernunftwidrigkeit und in den Irrsinn gleichkommt.

Ich frage mich, wer ich jetzt – elf Jahre, nachdem Trixie in unser Leben trat – wäre, hätten Gerda und ich beschlossen, die Aufnahme eines vom CCI trainierten Hundes zu verschieben und uns später einen anderen Golden Retriever statt Trixie zu beschaffen – oder wenn wir sogar ganz auf einen Hund verzichtet hätten. Welcher Dean Koontz wäre ich dann? Nun, welcher auch immer: Ganz sicher wäre ich nicht der Mensch, der ich heute bin.

Wenn man bedenkt, dass selbst die kleinsten Entscheidungen, die wir treffen, möglicherweise sehr weitreichende Folgen haben, kann das schon beängstigend sein und Demut bei uns auslösen. Wir sollten große Dankbarkeit für alles empfinden, was uns an Gutem zuteil wird.

16

Zeit und Gedächtnis

Jedes Mal, wenn ich in einem Roman oder Sachbuch irgendetwas über Hunde schreibe, erhalte ich ein paar Briefe mit der Anschuldigung, ich würde Hunde vermenschlichen und Geschöpfen, die doch nur Tiere sind, menschliche Eigenschaften zuschreiben.

Manche Verfasser solcher Briefe mögen keine Hunde und ärgern sich, wenn ich von einem Hund mit »überbetriebener Zuneigung«, wie sie es nennen, erzähle. Andere nehmen in ihren Briefen im Namen der Religion einen Standpunkt moralischer Überlegenheit ein. Leider sind sie sich allzu sicher, dass sich Gottes Gnade nur auf Menschen bezieht und alle anderen Lebewesen auf dieser Erde mehr oder weniger den schlecht bezahlten Statisten ähneln, die für Massenszenen in Filmen eingesetzt werden. Vermutlich deuten sie die biblische Belehrung, dass kein Sperling vom Himmel fällt, ohne dass Gott es weiß, nicht so, dass ihm all seine Geschöpfe in dieser so sehr von ihm abgefallenen Welt am Herzen liegen, sondern meinen, dass Gott ein großartiges weltumspannendes Überwachungsnetz geschaffen hat, mit dem nicht einmal das Heimatschutzministerium mithalten kann.

Andere (nicht sehr zahlreiche) Verfasser von Briefen lehnen die Vorstellung von einer Ausnahmeposition der Menschheit hingegen ab und glauben, dass jedes Tier jedem Menschen *überlegen* ist. Wenn ich einem Hund menschliche Eigenschaften und Besonderheiten zuschreibe, empfinden sie das als Herabsetzung von Hunden.

Und dann ist da noch die Gruppe von Tierpsychologen, Zoologen oder Naturforschern anderer Art, die mir versichert, dass die menschlichen Eigenschaften und Empfindungen, die ich bei Hunden wiederfinde, nicht das sind, was sie zu sein scheinen. Der Verstand eines Tieres unterscheide sich nämlich drastisch von unserem. Je nach Forschungsbereich behaupten diese Leute alle möglichen erstaunlichen Dinge: Ein Hund, sagen sie, habe kein Gespür für seine Individualität, keine wirkliche Selbstwahrnehmung, so wie wir sie haben. Der Verstand eines Hundes sei nicht so komplex, dass er Empfindungen hervorbringen könne. Und ein Hund könne auch nicht von einer Ursache auf eine Wirkung schließen.

Unsinn!

Wir alle, ob Wissenschaftler oder nicht, finden es schwierig, wenn nicht sogar unmöglich, die Welt mit dem inneren Auge eines anderen Menschen zu sehen. Selbst das, was unsere Freunde und Nachbarn zu tun fähig sind, verblüfft uns ständig. Mit schöner Regelmäßigkeit wird der Serienmörder von nebenan von denen, die ihn zu kennen glauben, als ein ruhiger, netter, ganz normaler Bursche beschrieben. Welche Anmaßung also, darauf zu beharren, dass wir vollständig wissen können, wie der Verstand einer *anderen Spezies* arbeitet!

Die großen Vorzüge einer gemeinsamen Sprache und Kultur erweisen sich Tag für Tag als unerheblich, wenn wir uns bemühen, unsere eigene Spezies zu verstehen. Bei Hunden können die Experten nur von Annahmen ausgehen. Offensichtlich ist die Vorstellung, dass die Welt letztlich auf einem Geheimnis beruht, das wir auf dieser Seite des Todes niemals werden lüften können, für manche Menschen so beängstigend, dass sie unsere bewunderungswürdigen Hunde als nichts anderes denn organische Maschinen betrachten können. Die Erkenntnis des wahrhaft erstaunlichen Wesens von Hunden würde sie ja dazu zwingen, auch über das Wunder der eigenen Existenz nachzudenken.

Allerdings muss ich hier auch eine Einschränkung äußern: Wenn wir die möglichen Gedanken, Schlussfolgerungen und Absichten eines Hundes erörtern, müssen wir berücksichtigen, dass die Intelligenz, insgesamt gesehen, bei jeder Hunderasse unterschiedlich ausgeprägt ist. Und auch innerhalb einer Hunderasse ist der Intelligenzgrad bei jedem Hund verschieden, wie es ja auch bei den Menschen der Fall ist.

Trixie war ein sehr kluger Golden Retriever.

Ich habe oft gelesen und gehört, Hunde hätten kein Zeitgefühl. Ich glaube das nicht. Allerdings glaube ich, dass Menschen, die so etwas behaupten, Unsinn daherreden. Basta!

Wenn man davon ausgeht, dass Hunde kein Gespür für Zeitspannen haben, spielt es keine Rolle, ob man den alten Hasso eine einzige Stunde oder vier Stunden allein lässt, wenn man abends ausgeht. In jedem Fall wird er wohl merken, dass man eine Weile fort ist, doch wie lange – ob für eine Minute oder einen ganzen Tag –, kann er demnach nicht erfassen.

Trixie besaß jedoch ein so präzises und verlässliches Zeitgefühl, dass wir keine Wand- und Armbanduhren gebraucht hätten, um ihren täglichen Stundenplan einzuhalten. Nach ihrem Frühstück, das aus Trockenfutter bestand, bekam sie um 11 Uhr 30, unmittelbar vor ihrem Mittagsspaziergang, einen Reiskuchen mit Äpfeln und Zimt und vor ihrem Nachmittagsspaziergang um 15 Uhr 30 nochmals einen Napf Trockenfutter. Tag für Tag erlebten Gerda, Linda, Elaine und ich, wie unheimlich pünktlich Trixie zum Fressen erschien. Niemals später als zur festgelegten Zeit und auch nie mehr als ein, zwei Minuten zu früh kam sie zu demjenigen, der an diesem Tag das »Sorgerecht« für sie hatte. Mit einem Vorstoß ihrer erhobenen Pfote, einem Nasenstups oder indem sie einem den Kopf auf den Schoß legte und die Augen verdrehte, verkündete sie (für den Fall, dass man es übersehen hatte), es sei nun Zeit für ihre Mahlzeit, ein wenig sportliche Betätigung oder den Toilettengang. Jahr für Jahr kündigte sie diese sich täglich wiederholenden Abläufe pünktlich an.

Im Laufe der Zeit gewöhnten wir uns so an Trixies verlässliche innere Uhr, dass wir uns gar nicht mehr darüber wunderten. Doch immer wieder beeindruckte es uns, wie sie sich der Umstellung der Uhr auf die Sommerzeit anpasste. Wenn wir im Frühjahr die Uhr eine Stunde vor stellten und im Herbst wieder eine Stunde zurück, kam sie niemals eine Stunde zu früh oder eine Stunde zu spät zum Fressen, sondern trotz der Zeitumstellung auf die Minute pünktlich.

Als wir Trixie bei uns aufnahmen, akzeptierte sie Gerdas und meinen Arbeitsrhythmus. Obwohl wir jeden Morgen um 5 Uhr 30 oder 6 Uhr aufstanden, arbeiteten wir mindestens bis 18 Uhr an unseren Schreibtischen, oft aber auch bis 19 Uhr oder länger.

Nach zwei Wochen kam Trixie jedoch zu dem Schluss, dass es verrückt von uns war, länger als bis 17 Uhr zu arbeiten. Also machte sie sich daran, uns an normalere Arbeitszeiten zu gewöhnen und aus unseren Büros zu holen. Eines Tages erschien sie um Punkt 17 Uhr hinter meinem U-förmigen Schreibtisch und meldete sich nicht mit einem Bellen, sondern einem leisen *Wuff.* Als ich mich vom Computer abwandte, um nachzuschauen, was ihr auf der Seele lag, sah ich nur ihren wunderbaren großen Kopf über dem Schreibtisch. Sie starrte mich mit eindringlicher Miene an – einer Miene, die Gerda als den »Ross-Blick« bezeichnet. Ross Gerra, Gerdas Vater, konnte so finster und missbilligend dreinschauen, dass er eine frisch aufgeblühte Blume aus einer Entfernung von mehr als zwölf Metern zum Verwelken bringen konnte.

Nachdem ich Trixie mitgeteilt hatte, dass noch nicht Arbeitsende sei und sie Geduld haben müsse, wandte ich mich wieder der Tastatur zu.

Fünfzehn Minuten später meldete sie sich erneut *sotto voce* mit einem *Wuff.* Diesmal streckte sie den Kopf um die Schreibtischecke. Ihr »Ross-Blick« war inzwischen so streng, dass sogar Ross persönlich nicht eine solche Wirkung hätte entfalten können. Erneut teilte ich Trixie mit, ich hätte noch kurz zu tun, und konzentrierte mich wieder auf die Szene, an der ich gerade schrieb.

Um 17 Uhr 30 kam sie direkt zu meinem Stuhl, setzte sich und starrte mich an. Als ich sie nicht beachtete, streckte sie den Kopf unter der Armlehne meines Schreibtischstuhls hindurch, kniff die Ohren und das Fell zusammen und spähte mit einem derart verzweifelten Ausdruck zu mir hinauf, dass ich sie nicht mehr ignorieren konnte. Wenige Minuten später machte ich früher als sonst Schluss und nahm Trixie zum Spielen mit nach draußen.

Als sie am folgenden Nachmittag wieder um Punkt 17 Uhr ein leises *Wuff* von sich gab, war mir noch nicht klar, dass sie sich auf einem Kreuzzug befand, um unser Leben zu verändern. Wie zuvor begann sie an der hinteren Schreibtischecke, streckte den Kopf fünfzehn Minuten später um die Ecke und kam um 17 Uhr 30 zu meinem Stuhl. Als sie ihren Kopf unter der Armlehne hindurchquetschte und mich mit traurigem Blick forschend musterte, merkte ich, dass sie eine Strategie verfolgte und auch über die Taktik verfügte, ihr Ziel zu erreichen.

Ich versuchte, die Unantastbarkeit meiner täglichen Arbeitszeit zu verteidigen, konnte Trixies Tricks jedoch nicht widerstehen. Es dauerte nur zwei Wochen, bis Gerda und ich unsere Arbeit stets um

17 Uhr 30 beendeten, und nur einen einzigen Monat, bis wegen Trixies innerer Uhr und ihrem beharrlichen Drängen 17 Uhr als offizielles Arbeitsende in Koontzland eingeführt wurde.

Manche Leute erzählen einem, Hunde hätten nur ein Kurzzeitgedächtnis. Sie könnten nur das behalten, was man ihnen durch wiederholtes Training eingehämmert habe, sowie das, was mit ihren unmittelbaren Bedürfnissen wie Nahrung, Wasser und Schutz verbunden sei.

Meine höfliche Antwort darauf lautet: »Humbug!«

Vito und Lynn, die gerade Urlaub in unserem Strandhaus machten, als die Leute vom CCI uns Trixie brachten, kehrten im Folgejahr für zwei Wochen ins Strandhaus zurück. An ihrem Ankunftsabend fuhren wir mit unserem Ford *Explorer SUV* zur Halbinsel, um sie zum Essen abzuholen. Trixie saß im Gepäckraum und blickte vom hinteren Fenster aus auf die zurückweichende vertraute Welt.

Wenn sie Menschen begrüßte, die sie schon kannte, entsprach der Grad ihrer Begeisterung genau dem Ausmaß von Spaß, den sie früher mit diesen Menschen gehabt hatte. Und mit Vito und Lynn hatte sie (schon *vor* deren Cocktailstunde) immer mehr Spaß gehabt, als ihr ein ganzer Vergnügungspark hätte bieten können. Als die beiden auf der Hinterbank Platz nahmen, geriet Trixie außer Rand und Band. Sie wedelte so aufgeregt, dass ihr Schwanz immer wieder gegen die Wände des Gepäckraums peitschte, und gab diesen herzerwärmenden, kaum hörbaren Quietschlaut von sich, der höchstes Entzücken ausdrückte. Unfähig sich zurückzuhalten, sprang sie zwischen Vito und Lynn auf die Hinterbank, was sie noch nie getan hatte, und überhäufte sie mittels ihrer Zunge mit Liebesbezeugungen, obwohl sie sonst kaum jemanden abschleckte.

Beim früheren Besuch der beiden hatte sie an mehreren Tagen viel Zeit mit ihnen verbracht, sie jedoch ein ganzes Jahr nicht gesehen. Ihr Verhalten zeigte aber, dass sie Vito und Lynn nicht nur wiedererkannte, sondern sich auch daran erinnerte, dass sie sich in ihrer Gesellschaft überaus wohlgefühlt hatte. Es gibt keine andere stichhaltige Erklärung dafür, schon deshalb nicht, weil Vito bereits seit langem nicht mehr das nach Leber duftende Rasierwasser benutzte.

Doch Trixie bewies auch ein bemerkenswertes Langzeitgedächtnis, das in einem Fall bis zu ihrer frühen Welpenzeit zurückreichte.

Ein Jahr zuvor hatten Vito und Lynn uns zum CCI-Campus in Oceanside begleitet, gemeinsam mit dem Filmteam von *Pinnacle*. Bei dieser Gelegenheit hatten Gerda und ich Judi Pierson gefragt, was mit dem großen, bisher ungenutzten Teil ihres Landbesitzes geschehen würde. Sie erwiderte, CCI hoffe, an dieser Stelle eine geräumige Wohnanlage bauen zu können. Jede Behindertengruppe sollte dort die vorgeschriebenen zwei Wochen wohnen, in denen man sie in den richtigen Umgang mit ihren Assistenzhunden und deren Pflege einweisen würde.

Bislang hatten die Behinderten, denen man einen Assistenzhund (einen sogenannten Teampartner) zuweisen wollte, während des vierzehntägigen Trainings noch in Motels der Umgebung übernachten müssen. Das war aus drei Gründen keine gute Lösung. Einige der Behinderten konnten sich diese beiden Wochen mit Übernachtung und Verköstigung im Motel kaum leisten. Zudem waren einige ältere Motels nicht behindertengerecht ausgestattet. Und manche Gruppenmitglieder fanden nur weit vom Campus entfernte Unterkünfte – was einen anstrengenden Tag der Einweisung noch anstrengender machte. Und wenn sich die Gruppe jeden Abend auf verschiedene Unterkünfte verteilte, konnte sich auch kaum ein Kameradschaftsgeist und die Möglichkeit wechselseitiger Unterstützung entwickeln.

Das CCI stellte sich eine Wohnanlage auf dem Oceanside-Campus vor, die für Rollstuhlfahrer leicht zugänglich war, und Räumlichkeiten, die groß genug waren, um darin die Behinderten mit ihren Angehörigen unterzubringen. Darüber hinaus sollte es dort eine Küche mit ganztägigem Verpflegungsdienst, einen Speisesaal, einen Gemeinschaftsraum und andere Annehmlichkeiten geben. Gerda und ich kamen überein, dieses CCI-Projekt durch unsere gemeinnützige Stiftung finanziell zu unterstützen, das heißt einen Zuschuss zu spenden, der zum Bau der Wohnanlage verwendet werden sollte.

Wenige Jahre später war die große Eröffnungsfeier mit dem Abschlussfest der ersten zehn- oder zwölfköpfigen Gruppe verbunden, die in der neuen behindertengerechten Wohnanlage untergebracht gewesen war.

Als Gerda und ich dort mit Trixie ankamen, verblüffte uns ein riesiges Schild auf dem vorderen Rasen, auf dem DEAN UND GERDA KOONTZ CAMPUS DER CANINE COMPANIONS FOR INDEPENDENCE zu lesen war.

Wir bitten eine gemeinnützige Einrichtung, die wir unterstützen, niemals darum, unsere Namen in irgendeiner Form zu verewigen. Uns war gar nicht die Idee gekommen, dass man uns damit überraschen könnte, denn wir halten uns lieber bedeckt. Aber da das CCI uns so sehr am Herzen liegt, berührte uns diese Ehrung eher, als dass sie uns peinlich war.

Jeder Parkraum an der Straße war belegt, und weder Gerda noch ich wussten, dass nahe beim Eingang zur Wohnanlage ein Parkplatz für uns reserviert war. Wir fuhren die kleine Straße zum Gipfel des lang gestreckten Hügels hinauf, der Aussicht auf den Campus bot, und parkten ziemlich weit von der Wohnanlage entfernt.

Als Trixie aus dem Gepäckraum unseres Geländewagens sprang, war sie eifrig darauf bedacht, *schnell* zum CCI-Campus zu gelangen. Hier hatte sie vor Jahren sechs Monate lang ihr Fortgeschrittenentraining absolviert und zusammen mit ihrer menschlichen Partnerin Jenna den Abschluss gemacht. Ich nahm an, Trixie sei lediglich aus Nostalgie – der Erinnerung an die Zeiten, als sie in ihrer Gruppe den Klassenclown gespielt hatte – so aufgedreht. Kein Gaul hätte mich stärker ziehen können als Trixie, und auf dem Weg den Hügel hinunter rechnete ich jeden Augenblick damit, kopfüber hinzufallen. »Warte, warte, mach langsam«, sagte Gerda immer wieder, während ich auf dem Abhang um mein Gleichgewicht kämpfte. Mir blieb keine Zeit, ihr mitzuteilen, dass Trixie sich meiner Erfahrung nach zum ersten Mal wie ein weiblicher Rowdy verhielt, der alle Regeln der Ausbildung an der Leine missachtete.

Falls Trixie dieses Verhalten im Empfangsraum der Wohnanlage fortsetzte, würde ich erklären müssen, wie ich es hatte zulassen können, dass sich diese vom CCI perfekt ausgebildete junge Dame in eine Kandidatin für ein Video über ausrastende Hunde hatte verwandeln können. Vielleicht würde ich die Schuld glaubwürdig einem ungezogenen blonden Labrador zuschreiben können, der uns gegenüber wohnte und einen schlechten Einfluss auf Trixie ausübte. (Selbstverständlich gab es diesen Labrador gar nicht.) Und ich hatte leider nicht genügend Zeit, plausible Einzelheiten für die Behauptung zu erfinden, Trixie habe sich schlecht gewordenes Trockenfutter einverleibt.

An diesem trockenen sonnigen Tag war von den matten Bäumen in der stillstehenden Luft nicht einmal ein Wispern der Blätter zu hören. Doch in größerer Höhe trieb eine Brise Wolken auf die ferne Küste zu. In dieser absoluten Stille wogten Wolkenschatten über den Boden. Mir kamen sie wie Geister aus einem turbulenten Paralleluniversum vor, die in die beschauliche Realität einfielen. Trixies glänzendes Fell leuchtete in den sich ständig verändernden Formen der Schatten rötlichblond auf und in hellerem Licht eher blond als rötlich, während sich ihre flauschigen Flanken in jedem Licht weißlich abzeichneten. Vielleicht trugen die sonderbar stille Luft und die wild umher huschenden Schatten bei mir zu dem Eindruck bei, dass die Schönheit unseres Golden Girls ätherischer denn je wirkte – obwohl sie so mächtig an der Leine zog, als wäre sie entschlossen, mich auf die Knie zu zwingen.

Als wir in der Eingangshalle ankamen, hoffte ich, Trixie würde aufhören, an der Leine zu ziehen, aber diese Hoffnung erfüllte sich nicht. Sie war noch nicht dort, wo sie hin wollte.

Einige hundert Menschen feierten die Eröffnung bereits, standen in den Gängen und zwischen den Gebäuden in den Höfen. Außerdem nahmen auch ungefähr hundert Hunde teil, nicht nur diejenigen, die an diesem Tag mit ihren Teampartnern die Abschlussprüfung bestanden hatten, sondern auch jüngere Hunde in ihren Trainings-Pelerinen, begleitet von ihren Welpenbetreuern, sowie freigestellte Hunde wie Trixie. Diese Hunde waren nun Gefährten der ehrenamtlichen Helferinnen und Helfer, die dem CCI so viel Zeit schenkten und dafür sorgten, dass die Einrichtung wie eine höchst effiziente Maschinerie lief.

Trixie zog nach wie vor an der Leine und führte Gerda und mich durch die Menschenmenge. Sie interessierte sich nicht im mindesten für die Reihen von Teampartnern, an denen sie vorbeikam, oder für die Leute, die sie bei ihrem Namen riefen und streicheln wollten. Schließlich blieb sie, Nase an Nase, vor einem anderen wunderschönen Golden Retriever stehen. Beide wedelten vor Freude heftig, die Schwänze peitschten geradezu durch die Luft. Eindeutig war dieser Retriever von dem Moment an, als Trixie aus dem Geländewagen gesprungen war, ihr einziges Ziel gewesen.

Während die beiden Hunde miteinander kommunizierten, unterhielten Gerda und ich uns mit der Frau, die den anderen Golden Retriever mitgebracht hatte. Als ich ihr beschrieb, wie entschlossen Trixie genau auf diesen Ort zugesteuert war, erwiderte sie: »Wissen Sie, wer dieser Hund ist? Es ist Tinsey, eines von Trixies Wurfgeschwistern.«

Die meisten Experten würden behaupten, dass Geschwister aus einem Wurf schon wenige Wochen nach Trennung der Welpen einander nicht mehr als Brüder und Schwestern erkennen, da ihr Langzeitgedächtnis dazu nicht ausreiche. Aber noch Jahre danach hatte Trixie aus mehreren hundert Metern Entfernung den Geruch ihrer Schwester ausgemacht und keine Ruhe gegeben, bis sie wieder mit ihr vereint war. Berücksichtigt man, wie viele andere Hunde an diesem Tag anwesend waren, ist diese kleine Begebenheit für mich ein überzeugender Beleg dafür, dass Hunde sich keineswegs nur an das erinnern können, was sie durch wiederholtes Training gelernt oder sich als überlebenswichtig gemerkt haben. Sie behalten auch das im Gedächtnis, was ihnen darüber hinaus am wichtigsten ist, und zwar für eine sehr lange Zeit.

17

Hunde und der Tod

Wenn in einem meiner Romane ein geliebter Mensch (und Handlungsträger) stirbt, muss ich über dessen Tod mit derselben Empfindung und Ehrerbietung schreiben, die ich einer wirklich existierenden Person in einer Grabrede entgegenbringen würde. Wir alle gehen in die Dunkelheit, die die Dunkelheit Gottes ist – machen diese eine Erfahrung, die unsere hochmütige Spezies zu äußerster Demut zwingt. Deshalb ist der Tod für mich ein sakrosanktes Thema. Es verlangt von mir, das mir innewohnende Wissen um die Sterblichkeit zu berücksichtigen, unabhängig davon, ob es sich um den Tod einer erfundenen Person, einer realen Person oder den eines Hundes handelt.

Die derzeit aktuellen Theorien gehen davon aus, dass Hunde nicht wissen, dass sie eines Tages sterben werden. Doch solche Theorien verdienen keinen Respekt, wenn sie unserer Intuition und dem gesunden Menschenverstand widersprechen. Beides ist in unserer Seele von Geburt an verankert und für unsere geistige Gesundheit grundlegend.

Wir mögen Trost in der Behauptung finden, dass sich Hunde ihrer Sterblichkeit nicht bewusst sind, denn es entlastet sie von der elementaren Angst, mit der wir Menschen leben müssen. Aber das ist ein falscher Trost, wie jeder weiß, der jemals einen Hund geliebt hat und von ihm geliebt wurde und seinen gesunden Menschenverstand behalten hat.

Noch schlimmer ist, dass wir, wenn wir so etwas glauben, den zutiefst anrührenden Gleichmut kleinreden, der den Hunden so enorme Würde verleiht. Wenn man mit Hunden zusammenlebt, bekommt man ihre klaglose Akzeptanz des Leidens mit, ihren tapferen Wunsch, trotz der Einschränkungen durch Alter und Krankheit das Beste aus ihrem Leben zu machen, ihre Gelassenheit bei der Wahrnehmung, dass das Ende naht, wenn ihre letzte Stunde schlägt. Sie nehmen den Tod mit einer überaus würdigen, gefassten Haltung an. Ich hoffe nur, dass ich eines Tages tapfer genug sein werde, dieselbe Haltung zu bewahren.

Wir leben mit dem Tod, der uns überall umgibt und in uns wartet. Und doch leben wir modernen Männer und Frauen – damit meine ich nicht alle Menschen der Gegenwart, sondern diejenigen, die sich die vorgefassten modernen Ansichten zu eigen machen – so, als wäre der Tod nicht ein Bestandteil des Lebens, sondern nur ein Ende. Sie vergöttern die Jugend, leben für den Moment, in der Zeit und von der Zeit, ohne die Fähigkeit, sich irgendetwas jenseits von dieser Zeit vorzustellen. Sie verleugnen den Tod zwar nicht vollständig, verdrängen jedoch die eigene, persönliche Beziehung zum Tod.

In ihren Gedanken räumen sie dem Tod einen ähnlichen Platz ein wie einem Kindheitsfreund, den sie seit zwanzig Jahren nicht gesehen haben. Sie wissen, dass es ihn irgendwo da draußen, in der alten Heimatstadt, noch gibt, tausend Meilen weit entfernt. Aber gegenwärtig ist er ihnen nicht wichtig.

Eine das eigene Leben verändernde Lektion kann man lernen, wenn man darüber nachdenkt, was Hunde über Sterblichkeit wissen und woher sie es wissen.

Intuition und ein gesunder Verstand machen die Weisheit des Hundes aus.

Erste Behauptung: Hunde wissen es. Hunde wissen, dass sie sterben müssen.

Zweite Behauptung: Wegen ihrer Intuition wissen Hunde mehr über den Tod als die bloße Tatsache, dass es den Tod gibt.

Irgendwann hörte einer unserer Nachbarn einen Tumult im Garten hinter seinem Haus. Als er nach draußen ging, musste er feststellen, dass ein Puma aus der Schlucht gekommen und über den Gartenzaun gesprungen war. Die große Katze, eines der aggressivsten Raubtiere, das man jedoch nur selten in dieser Gegend sieht, verfolgte den Hund der Familie. Dieser Hund, nennen wir ihn Winslow, rannte um sein Leben. Auf der Suche nach irgendeiner Zuflucht raste er im Garten herum und quer über die Terrasse, umrundete den Swimmingpool, wirbelte hin und her, sprang und kroch von einem Ort zum anderen. Doch Winslow und sein Herrchen hatten Glück: Durch lauten Krach und eine behelfsmäßige Waffe ließ sich der Puma vertreiben. Glück war das auch deswegen, weil sich der Puma ebensogut dazu hätte entschließen können, lieber einen Big Mac als einen kleinen Hamburger zu verschlingen. Winslows Herrchen hätte er genauso mühelos töten können wie den Hund, der nur ein Drittel so groß war.

Falls Hunde keine Vorstellung von ihrer Sterblichkeit haben, nicht wissen, dass sie sterben können, wieso hat Winslow dann so verzweifelt versucht, dem Puma zu entkommen? Vielleicht wollte die große

Katze ja nur spielen. Vielleicht hätten sich Winslow und der Puma mit einem Hundespielzeug bestens amüsieren können.

Wir könnten nun behaupten, dass der *Instinkt* Winslow zur Flucht riet.

Der Instinkt ist ein angeborenes, Handlungen auslösendes Muster, ein genetisch einprogrammierter natürlicher Impuls. Ein Beispiel dafür ist der spätherbstliche Vogelzug nach Süden, ein anderes die Art und Weise, in der eine Spinne stets ein bestimmtes Muster in ihr Netz einwebt.

Intuition ist eine höhere Form des Wissens als der Instinkt. Es ist die unmittelbare Wahrnehmung einer Wahrheit oder Tatsache, unabhängig von allen Überlegungen – ein Wissen, das weder auf Erfahrungen beruht noch von ihnen begrenzt wird – wie ja auch das Ganze größer ist als die Summe seiner Teile. Zwei Dinge, die einem dritten ähneln, ähneln auch einander. Intuition schließt außerdem die Vorstellung von Raum und von räumlichen Beziehungen sowie die Wahrnehmung von Zeit mit ein.

Zwar kann ein Instinkt in jedem Geschöpf, von Menschen bis zu Walen oder Feldmäusen, existieren, er ist jedoch auch eine Eigenschaft von weitgehend gehirnlosen Lebewesen wie Ameisen und Goldfischen, die keinerlei Intuition besitzen. Der gesunde Menschenverstand sagt uns, dass ein Hund mehr als eine Ameise einem Menschen ähnelt.

Selbst wenn es nur der Instinkt war, der Winslow riet, vor dem Puma davonzulaufen, war diese Handlung dieselbe wie die von einer Intuition ausgelöste Verhaltensweise. Aber wenn Winslow klar ist, dass er flüchten muss, um nicht gefressen zu werden, weiß er bestimmt auch, dass er sterben kann. Wenn man also an der Behauptung festhalten möchte, dass Hunde nichts von ihrer Sterblichkeit wissen, muss man sich an die Vorstellung halten, dass schon Winslows Instinkt dazu ausreichte, ihn zum Weglaufen anzutreiben, selbst wenn er nicht wusste, warum er dem Puma entkommen musste.

Allerdings gibt es sicher viele Vorfälle, bei denen Hunde wie Winslow erleben, wie ein Artgenosse oder eine Hauskatze angegriffen und getötet werden – wenn nicht von einem selten auftauchenden

Puma, dann vielleicht von Kojoten, die in den Schluchten dieser Gegend zahlreicher vorkommen. Meine nächste Frage lautet deshalb: Wenn Winslow schon einmal erlebt hat, wie ein Kojote den Familienhund Fido oder eine Miezekatze verspeist hat, ist ihm dann auch klar, was ihm an jenem Tag, als der Puma in den Garten eindrang, beinahe zugestoßen wäre? *Weiß er nun, dass er sterblich ist?*

Wenn wir von der gegenwärtig vorherrschenden Theorie ausgehen, müssen wir die Frage konsequenterweise verneinen. Falls es für einen Hund wirklich so einfach wäre, die eigene Sterblichkeit zu erkennen, wären alle Hunde überaus weise.

Also gut. Winslow hat also gesehen, wie Fido gefressen wurde. Wenn er nicht so weit denken kann, dass er dabei auf die Idee eigener Sterblichkeit kommt, was ist dann seiner Vorstellung nach dem unglückseligen Hund zugestoßen? Meint er, dass Fido jetzt *in* dem Kojoten lebt oder dass sie sich zusammen in etwas anderes verwandelt haben?

Vielleicht würden jetzt einige erwidern, dass Winslow überhaupt nichts denkt, da sein Gehirn nicht so groß und neuronal nicht so vernetzt ist, dass er über diese Fragen sinnieren könnte. Fido war da. Und nun ist er nicht mehr da. Für Winslow bedeutet das nichts und er hält an seinem üblichen Tagesablauf fest.

Ich glaube jedoch nicht, dass irgendjemand, der seinen Hund sehr liebt, nach einer solchen Annahme die gegenwärtige Theorie über das Bewusstsein von Hunden noch verteidigen kann.

Diejenigen, die darauf beharren, dass Winslow niemals über Fidos Schicksal nachdenken wird, mögen vielleicht im Labor mit Hunden experimentieren, halten in ihrem Privatleben aber sicher keinen Hund.

Wenn ein Hund ein Gefährte ist und nicht nur ein Versuchstier im Labor oder ein dekoratives Schoßhündchen, wenn er ein Familienmitglied ist und so liebevoll wie ein Kind beobachtet wird, dann erfährt man nämlich, dass die klügeren Hunderassen – bis zu einem gewissen Grad vielleicht sogar alle Hunderassen – größere Intelligenz besitzen, als man ihnen oft nachsagt. Sie sind nicht nur schlau, sondern enorm *neugierig*, neugieriger als manche Leute, die als anerkannte Autoritäten über Hunde reden. Und wenn man diese Neugier bei Hunden fördert, können sie einen mit ihrer Lernfähigkeit verblüffen.

Vor fünfunddreißig Jahren bemerkte Bonnie Bergin, dass Hunde zu mehr fähig sind, als Blinden als Leithunde zu dienen. Sie entwarf das Konzept des »Assistenzhundes« für Menschen mit unterschiedlichsten Behinderungen und setzte dieses Konzept in der Organisation *Canine Companions for Independence* um. Später gründete sie das *Assistence Dog Institute*, das schließlich zur *Berging University of Canine Studies* wurde.

Vor kurzem erzählte sie mir: »Als ich diesen Weg vor so vielen Jahren einschlug, hätte ich nie geglaubt, dass man diesen Hunden so gut wie *alles* beibringen kann.«

Beispielsweise hat sie Hunde gelehrt, den Geruch von Pflanzenschädlingen, die Weinreben zerstören, so frühzeitig zu erkennen, dass nur die ersten davon befallenen Weinstöcke entfernt werden müssen und der Weinberg überleben kann. Auch das großflächige Versprühen von Pestiziden ist deshalb nicht mehr so unabdingbar wie früher. Bonnie Bergin hat Hunden auch beigebracht, bei einem Patienten den Geruch von Krebs zu einer Zeit auszumachen, in der medizinische Tests die Krankheit noch gar nicht aufdecken können. Auf diesem Gebiet werden derzeit weitere Versuche durchgeführt.

»Es stimmt tatsächlich«, erklärte Bonnie mit Nachdruck. »Mit Geduld und der passenden Methode, durch eine Ausbildung, die mit Belohnungen arbeitet, und indem man die Hunde achtet, kann man ihnen buchstäblich *alles* beibringen. Je mehr sie lernen, desto mehr können sie noch dazulernen.«

Da ich seit mehr als zwanzig Jahren die Intelligenz von Hunden beim CCI und anderswo im praktischen Einsatz erlebt habe, sind mir Spielfilme zuwider, die den Hund als dümmliches, albernes, tollpatschiges Lebewesen verkaufen, das nur Chaos verbreitet. Fast immer ist das Problem nicht der Hund, sondern sein Halter. Er schafft es nicht oder will sich gar nicht erst die Mühe machen, den Hund gewisse Dinge zu lehren, so wie man ja auch ein Kind gewisse

Dinge lehren muss. Längst ist ein Film über dümmliche, alberne, tollpatschige Menschen fällig, die nur Chaos verbreiten, während ihr Gegenspieler ein weiser, leidgeprüfter Hund ist, der diese Menschen trotz ihrer Dummheit liebt.

Hunde wissen vieles.

Mike Martin, unser Freund und Generalauftragnehmer beim Hausbau (wie schon erwähnt sagte er einmal im Scherz, er denke meistens an Analdrüsen, wenn er an mich denke), starb, ehe unser Haus fertiggestellt war, plötzlich an einem Herzinfarkt. Er war erst fünfundfünzig Jahre alt.

An jenem Morgen waren wir gerade aufgestanden, als Mikes Frau Edie anrief und Gerda mitteilte, eine Ambulanz habe Mike gerade in höchster Eile ins Krankenhaus gebracht. Offensichtlich habe er einen Herzinfarkt erlitten. Mike war ein so großer, kräftiger Mann, eine wahre Naturgewalt, und dennoch so gelassen und ein Mensch der leisen Töne, dass wir annahmen, es könne sicher nur eine leichte Herzattacke gewesen sein. Mike und Edie wohnten nur wenige Straßenzüge von der besten Klinik im Umkreis entfernt, und es beruhigte uns, dass er so schnell in den Händen der besten Ärzte war.

Gerda und ich hatten noch nicht einmal geduscht, als wir von Mikes Herzattacke erfuhren. Und da ich jeden Morgen mit so unglaublich zerzaustem Haar aufwache, dass ich fast wie der Schauspieler Christopher Lloyd in der Rolle des Doc Brown im Film *Zurück in die Zukunft* aussehe, drängte mich Gerda ins Bad, bevor sie zu Edie in die Klinik fuhr. Sobald ich später zu den Frauen stieß, wollte Gerda nach Hause fahren, um zu duschen, und dann in die Klinik zurückkehren.

Ich hatte geduscht, war jedoch noch nicht angezogen, als mich Gerda weinend und von Kummer erschüttert anrief und sagte: »Es ist zu spät. Er ist gestorben.«

Ich rief Linda an, um ihr die schreckliche Nachricht zu übermitteln, ließ Trixie in Lindas Büro zurück und fuhr im Nieselregen zur Klinik.

Mike wurde von so vielen Leuten geschätzt und geliebt, dass zahlreiche Menschen trotz seines Ablebens in die Klinik kommen wollten, um Mike ein letztes Mal zu sehen, obwohl sie dazu auch im Bestattungsinstitut Gelegenheit gehabt hätten. Wochen danach nahmen Hunderte an der Trauerfeier für Mike teil. Bei dieser Feier hielt ich eine Rede zum Gedenken an ihn und fungierte als eine Art Zeremonienmeister, der die anderen Rednerinnen und Redner vorstellte. Es war fast die schwerste Aufgabe, die ich je hatte erfüllen müssen, meine Beherrschung während der mehr als einstündigen Trauerfeier zu bewahren. Mit Gottes Hilfe gelang es mir, bis ich ganz zum Schluss dann doch noch die Fassung verlor.

Am Morgen, als Mike gestorben war, blieben wir mit Edie, ihrem Sohn Eric (den Mike von dessen Kindheit an großgezogen hatte), Mikes Bruder Jeff und dessen Frau Judy in der Klinik, um gemeinsam mit ihnen die Menschen zu begrüßen, die Abschied von Mike nehmen wollten.

Gerda begleitete mich ins Sterbezimmer, wo wir ein paar Minuten mit Mike allein sein wollten, und das tat uns trotz allem gut. Angesichts eines Verstorbenen, den der Bestattungsmeister noch nicht zur Aufbahrung hergerichtet hat, erkennt man die schreckliche Würde des Todes und die Vergänglichkeit aller Dinge, und diese Erkenntnis verlangt von einem absolute Demut.

Die Wahrheit und die Hoffnung des Lebens drückt auch der große englische Lyriker T. S. Eliot in der ersten und letzten Zeile von *East Coker* aus – so hieß das Dorf seiner Vorfahren –, das zu seinem Gedichtzyklus der *Vier Quartette* gehört. Diese Zeilen lauten: »In meinem Anfang ist mein Ende. In meinem Ende ist mein Anfang.«

Ich bin geboren, um zu sterben, aber ich vertraue darauf, dass ich sterbe, um erneut zu leben.

Am Nachmittag und bis in den späten Abend hinein versammelten sich viele von Mikes Freunden, sein Sohn Eric, sein Bruder Jeff und andere Familienangehörige bei Edie zu Hause. Wir alle brachten viel zu viel zu essen mit. Nicht nur aus praktischen Erwägungen, weil auch Trauernde etwas essen müssen, sondern weil solche Zusammenkünfte zu vierzig Prozent dem Kummer, zu weiteren vierzig Prozent der Anteilnahme und zu zwanzig Prozent der Dankbarkeit gewidmet sind, noch zu den Lebenden zu gehören. Und Letzteres drückt ein reichliches Büfett am besten aus.

Als wir an diesem Abend heimkehrten, begrüßte uns Trixie nicht mit dem üblichen Überschwang. Weder wackelte sie mit dem Hinterteil, noch hechelte sie vor Freude. Sie wedelte zwar, aber nicht voller Übermut. Stattdessen wollte sie, wie immer, gern schmusen, aber dabei war sie zurückhaltender als sonst.

Wie gesagt schlief Trixie am liebsten in ihrem Hundebett. Ich habe aber noch nicht erwähnt, dass sie während ihres siebten und achten Monats bei uns zu dem Schluss kam, Gerdas und mein Bett sei dem ihrigen doch vorzuziehen. In dieser Zeit schlief sie an unserem Fußende, und zwar so ruhig und die ganze Nacht durch, dass wir sie kaum bemerkten. Nach diesen beiden Monaten änderte sie ihre Meinung wieder, kehrte in ihr Hundebett zurück und kam in unseres nur dann, wenn es nachts heftig donnerte. Anders verhielt sie sich nur in zwei Nächten, und eine davon war die Nacht nach Mikes Tod.

Zweifelsohne können Hunde unsere Stimmung aus zahllosen Anzeichen deuten, die uns selbst gar nicht bewusst sind. Vielleicht hilft ihnen dabei sogar eine übernatürliche Wahrnehmung. Es mag sein, dass Trixies auffällige Zurückhaltung nichts anderes besagte, als dass sie unseren Kummer und unseren Ernst spürte. Doch ich glaube, dass Hunde Dinge ahnen können.

Einen Großteil des folgenden Tages verbrachte ich mit Edie und Eric. Wir gingen ins Bestattungsinstitut, um Absprachen für die Feuerbestattung zu treffen. Danach suchten wir meinen Rechtsanwalt auf, da Edie derzeit keinen hatte, um juristische Fragen hinsichtlich des Nachlasses zu besprechen. Der ach so mitfühlende Staat verlangt von den Hinterbliebenen, dass sie sich unverzüglich um diese Dinge kümmern, ehe sie überhaupt wieder einen klaren Gedanken fassen können. Außerdem sprachen wir mit dem Anwalt noch weitere Dinge durch, die zu regeln waren.

Noch schwerer fiel uns das alles wegen des grauenhaften Wetters. Es regnete so heftig, als wäre das Ende aller Tage da. Hinzu kam das trübe, trostlose Licht, das dem Tag jede Farbe nahm und alle Dimensionen verschwimmen ließ. All das drückte unsere sowieso schon deprimierte Stimmung noch weiter nieder.

Nachdem ich Edie und Eric nach Hause gebracht hatte und nun allein zurück nach Harbor Ridge fuhr, fragte ich mich, wie ich mich wohl fühlen würde, müsste ich in ein Haus zurückkehren, in dem Gerda für immer fehlen würde. Und während ich diese Erinnerungen zu Papier bringe, überwältigt mich die gleiche Traurigkeit wie damals.

Gerda und ich leben schon zwei Mal so lange unter demselben Dach, wie wir vor unserer Heirat allein gelebt haben. Vor unserem Zusammenleben kam mir die Welt stets sinnlos vor, und ich weiß nicht, wie ich einen Sinn darin finden sollte, müsste ich ohne Gerda leben. Es gibt Momente – und in letzter Zeit häufen sie sich –, in denen diese Welt in hundert verschiedene Arten von Wahnsinn zu zerfallen scheint. Umso kostbarer ist das wohltuende Leben, das wir füreinander geschaffen haben. In dieser Epoche des Unglaubens, der Unzufriedenheit und Irrationalität kommt es mir mehr denn je völlig außergewöhnlich und idyllisch vor.

Ich bin in keiner Weise vom Solipsismus infiziert – von der Auffassung, dass nur das eigene Ich existiert und nur dessen Bewusstseinsinhalte real sind. Doch würde Gerda vor mir sterben, könnte sich herausstellen, dass sie das letzte Reale in meinem Leben gewesen ist, so dass die ganze Welt ringsum sofort jegliche Farbe verlieren würde und mir jeglicher Maßstab verloren ginge.

An jenem Abend nach Mikes Tod am Vortag, als der Regen gegen die Fenster trommelte, war ein Abendessen zu zweit und eine Flasche Wein bei Kerzenlicht ein größerer Luxus, als ihn irgendein König mit all seiner Macht und all seinen Reichtümern hätte genießen können. Trixie verhielt sich nach wie vor sehr zurückhaltend, wie auch später, als sie diese eine Nacht wieder am Fußende unseres Bettes verbrachte.

Drei Tage später fuhren wir bei blauem Himmel zur Baustelle. Dort wollten wir uns mit einigen Handwerkern und Lieferanten treffen, die seit langem an diesem Bauprojekt beteiligt waren. Wir mussten entscheiden, wie wir die restlichen Arbeiten erledigen würden. Es handelte sich dabei um einige einfache Innenarbeiten und aufwändigere Arbeiten im Außenbereich, etwa das Anlegen von mit Stein, Holz oder Beton gepflasterten Flächen oder Wegen, außerdem um die Landschaftsgestaltung.

Jahrelang hatte Mike sein Büro auf der Baustelle in einem Wohnwagen gehabt, doch vor einiger Zeit war er in einen Raum im Wirtschaftsgebäude auf dem hinteren Gelände umgezogen. Wir würden seinen Schreibtisch ausräumen und die Akten durchsehen müssen, wobei wir seine persönlichen Dinge von den Dokumenten, die unseren Hausbau betrafen, trennen mussten. Aber es war nicht der passende Tag für diese deprimierende Aufgabe.

Alle am Bau Beteiligten sollten sich vor dem Wirtschaftsgebäude treffen. Danach würden wir uns den Außenbereich des Hauses ansehen und eine Checkliste für die Restarbeiten erstellen. Da die Tore zur Einfahrt und zum Fußweg bereits eingefügt und geschlossen waren, konnten wir Trixie von der Leine lassen, damit sie sich im Schatten der Kalifornischen Lebenseichen und Pfefferbäume im Gras vergnügen konnte. Doch als alle versammelt waren, fehlte Trixie. Normalerweise blieb sie innerhalb unseres Blickfelds, deshalb machten wir uns Sorgen.

Jemand sagte, er habe Trixie noch vor kurzem am Eingang zum Wirtschaftsgebäude gesehen. Schließlich fand ich sie in Mikes Büro. Sie stand vor seinem Schreibtisch. Wenn ich mir diesen Augenblick ins Gedächtnis rufe, kann ich in dem Versuch, Trixies Gedanken und Empfindungen in diesem Moment zu deuten, leicht zu weit gehen. Deshalb ist es wohl am besten, davon abzusehen. Sie war nur eine Hündin, die dort stand, wo man Mike oft am Telefon hatte finden können.

Von diesem Schreibtisch aus hatte er mit Lieferanten verhandelt und den Bestellungen dringend benötigter Dinge nachgespürt, die man längst hätte ausliefern müssen. Aus irgendeinem Grund hatte sich Trixie dazu entschlossen, Mikes Arbeitsplatz aufzusuchen. Vernünftigerweise kann man also davon ausgehen, dass sie einfach zu Mike wollte, der ihr stets die Brust kraulte oder sie hinter den Ohren kratzte.

Ich wartete ab und beobachtete sie. Doch irgendetwas, das wichtiger war als die Hoffnung, gekrault zu werden, hielt sie vor Mikes Schreibtisch fest. Die Vermutung, dass es Erinnerungen an Mike waren, liegt auf der Hand. Allerdings hätte das ja vorausgesetzt, dass ihr die traurigen Umstände seiner Abwesenheit klar gewesen wären. Tatsächlich schien ihre ernste Stimmung darauf hinzudeuten. Schließlich wandte sie mir ihre Aufmerksamkeit zu. »Lass uns gehen, Short Stuff«, sagte ich.

Sie zögerte, blickte sich erneut in dem Raum um und kam zu mir herüber. Mit zurückgelegtem Kopf und weit zurückgelegten Ohren – was Golden Retriever besonders klug aussehen lässt – nahm sie vor mir Platz. Ich kniete mich hin, um ihr Gesicht erst mit den Fingerspitzen und dann mit den Fingerknöcheln zu massieren, denn das folgte in der Rangordnung von Trixies höchsten Genüssen gleich auf den Platz eins, den das Fressen einnahm. Meistens schloss sie bei dieser Wohltat die Augen, doch diesmal erwiderte sie meinen Blick. Als ich mit der Gesichtsmassage aufhörte, ging sie mir voran nach draußen in den Sonnenschein.

Hunde haben Ahnungen.

Einen Tag, bevor wir Trixie zu uns nahmen, hörte ich bedauernswerte Jammerlaute, als ich die Hintertreppe hinunterging. Anfangs hielt ich sie für das Wehklagen eines kleinen Kindes. Es schien mir ganz aus der Nähe zu kommen, vielleicht aus unserem Fernsehraum oder dem Wohnzimmer. Doch bald darauf merkte ich, dass die Laute von draußen kamen. Unsere Nachbarn hielten zwei Hunde der Rasse Alaskan Malamutes, und einer dieser Hunde saß in dem langen Zwinger, der seitlich ans Haus angrenzte, und jaulte vor Kummer. Sein Geheul war das qualvollste, das ich je bei einem Tier gehört hatte. Aber ich konnte an ihm keine Verletzungen oder Anzeichen von Krankheit entdecken.

Oft nahmen die Nachbarn einen der Hunde oder auch beide zu sich ins Haus. Sie vernachlässigten ihre Tiere nicht. Wären sie zu Hause gewesen, hätten sie das Jaulen gehört und bestimmt nachgesehen, was den Hund so quälte.

Als ich in unser Haus zurückkehrte, um Gerda zu fragen, ob sie eine Handynummer von unseren Nachbarn habe, konnten wir das Heulen sogar in Gerdas Arbeitszimmer hören, das weit entfernt vom Zwinger lag. Doch Gerda war klar, dass sich ein Anruf bei unseren Nachbarn erübrigte. Kurz vorher hatte sie das Paar auf der Straße getroffen und erfahren, dass die beiden auf dem Weg zum Tierarzt waren. Einer der Hunde war plötzlich so schwer erkrankt und hatte Tag für Tag mehr abgebaut, dass man ihn würde einschläfern müssen, um ihm weiteres Leiden zu ersparen.

Der andere Malamute war schon oft allein im Zwinger geblieben, und niemals hatte er geheult. Das hier war das kummervolle Jaulen eines trauernden Geschöpfs, das wusste, dass sein Freund nicht zurückkehren würde. Drei Stunden hielt sein Geheul an. Und nachdem es für eine Weile verstummt war, setzte es in der Abenddämmerung erneut ein.

Mehr als einen Monat hielt die Trauer dieses bemitleidenswerten Hundes an. Zwei oder drei Mal am Tag jaulte er laut, jedes Mal eine Stunde lang oder noch länger. Niemals zuvor und niemals danach habe ich so kummervolle, verzweifelte Laute gehört. Und nichts konnte den Hund trösten.

Also können auch Hunde trauern.

Wir alle haben schon von Hunden in Pflegeheimen gelesen, die einen Patienten, dessen Krankheit sich anscheinend nicht verschlimmert hat, an irgendeinem Tag plötzlich mit noch mehr Liebesbezeugungen als sonst überschütten. Es ist der Tag, an dem der Patient sterben wird.

Also können Hunde auch Trost spenden.

1858 wurde ein Schäfer, den man Old Jack nannte, im schottischen Edinburgh auf dem Friedhof von Greyfriars Abbey bestattet. Am folgenden Morgen fand man Bobby, seinen Skye-Terrier, schlafend auf Old Jacks Grab. Tag für Tag, bei jedem Wetter, kehrte Bobby zum Grab seines Herrchens zurück, um dort Wache zu halten – fast vierzehn Jahre lang. Menschen aus aller Welt besuchten den Friedhof, um sich diesen loyalen Hund anzuschauen. Und bis heute erinnert ein Denkmal an »Greyfriars Bobby«. Die Kirchenverwaltung ließ zu, dass Bobby neben Old Jack begraben wurde.

Also trauern Hunde nicht nur unmittelbar nach dem Verlust ihrer Bezugsperson, sondern behalten auch im Gedächtnis, was sie mit diesem Menschen verloren haben.

Im Jahre 79 nach Christus brach der Vesuv aus, zerstörte die Stadt Pompeji und begrub sie unter der Vulkanasche. Jahrhunderte später entdeckten Archäologen bei ihren Ausgrabungen einen Hund, Delta, auf dessen Halsband beschrieben war, wie er seinem Besitzer drei Mal das Leben gerettet hatte. Deltas Leichnam lag über dem eines Kindes. Er hatte sich über dieses Kind geworfen, um es vor der verheerenden meterhohen Vulkanasche zu schützen.

Wären Hunde tatsächlich unfähig, sich eine Vorstellung von der Sterblichkeit zu machen, würden sie nicht versuchen, uns Menschen vor dem Tod zu bewahren. Und wenn sie begreifen können, dass *wir* sterblich sind, wissen sie sicher auch um die eigene Sterblichkeit.

Skeptiker haben einen Grund dafür, leugnen zu wollen, dass Hunden die eigene Sterblichkeit bewusst ist. Ein solches Bewusstsein setzt nämlich – genauso wie die Wahrnehmung von Zeit und deren Bedeutung in unserem Leben – eine höhere Stufe des Denkens als der bloße Instinkt voraus, der nur ein programmiertes Muster beinhaltet. Da sich Hunde jedoch des Todes schon bewusst sind, bevor sie einen Todesfall miterleben, ist diese Vorstellung keine, die sie sich durch Beobachtung angeeignet haben. Dieses Wissen ist ein angeborenes Wissen, das wir *Intuition* nennen.

Mehr als einhundertfünfzig Jahre lang haben Geistesgrößen uns Theorien aufgedrängt, die uns einzureden versuchen, dass es so etwas wie angeborenes Wissen und eine in uns verankerte Intuition nicht gibt. Sie lehnen das Konzept der Intuition ab, allerdings nicht deswegen, weil es beinhaltet, dass wir intuitiv um unsere Sterblichkeit wissen, intuitiv den grundlegenden Ablauf der Zeit (Vergangenheit – Gegenwart – Zukunft) erfassen oder intuitiv erkennen, dass das Ganze größer ist als irgendeines seiner Teile. Nein, wie Tausende von Jahren der Zivilisation beweisen, lehnen sie das Konzept der Intuition deswegen ab, weil es besagt, dass wir mit einem *Tao* (oder *Dao)* geboren werden, einem Kodex tugendhaften Verhaltens, einem Gespür für richtig und falsch, das uns intuitiv gegeben ist. Dieses *Tao* (im Konfuzianismus als »Der rechte Weg« bezeichnet), das uns allen gemein ist, ist das Fundament jeder großen Religion, jedoch auch jeder großen Kultur, die den an ihr teilhabenden Menschen lange Epochen des Friedens und eine durch Gesetze gewährleistete Stabilität geschenkt hat. Darüber hinaus ist das *Tao* aber auch Grundlage jedes rationalen humanitären Impulses und Vorhabens. Falls wir die Existenz dieses *Tao* anerkennen, können wir das Leben nicht für sinnlos halten und uns nicht dem Nihilismus oder dem herzlosen Materialismus unterwerfen. Falls wir die Existenz dieses *Tao* anerkennen, können wir auch problemlos die Existenz der Seele akzeptieren. Das bedeutet, dass wir nicht mit jenen Intellektuellen an einem Strang ziehen können, die heutzutage wütend gegen alle menschlichen Erfahrungen rebellieren, die ihrer Zeit vorausgegangen sind.

Wenn wir davon ausgehen, dass Hunden ihre und unsere Sterblichkeit sehr wohl bewusst ist, erkennen wir auch als wahr an, dass sie Intuition besitzen. Vom Standpunkt des Skeptikers aus ist das gefährlich, da es uns nahelegt, unsere Hunde mit größerem Verständnis zu betrachten und dabei zu erkennen, dass Hunde wegen ihrer Intuition ebenfalls über ein inneres *Tao* verfügen.

Wir haben erlebt, dass Hunde, niedergedrückt von Schuldgefühlen, davonschlichen, nachdem sie die Tageszeitung in Konfetti verwandelt oder an einem Hausschuh gekaut hatten, von dem man sie zuvor weggescheucht hatte. Wir haben Hunde beobachtet, die große Scham empfanden, so wie Trixie, als sie auf dem Bauch von uns weg kroch und ihr Gesicht in eine Zimmerecke drückte, nachdem sie auf den Teppich gepinkelt hatte (was ausschließlich meine Schuld war). Wir haben Hunde grinsen und durchs Zimmer paradieren gesehen, voller Stolz darauf, dass sie eine Aufgabe so bewältigt hatten, wie man es ihnen beigebracht hatte. Und dieser Stolz des Hundes ist durchaus berechtigt, denn er drückt die Freude darüber aus, dass die Zusammenarbeit von Hund und Mensch gut geklappt hat.

Wenn Hunde das eigene Leben riskieren, um einen von uns zu retten, offenbaren sie ihr angeborenes Wissen, das der Apostel Johannes in seinem Evangelium Vers 15:13 in folgende Worte gefasst hat: »Niemand hat größere Liebe denn die, dass er sein Leben lässt für seine Freunde.«

Wenn man uns den Glauben an unsere Intuition ausgeredet hat und deshalb auch unser angeborenes Wissen über richtig und falsch, gibt es vielleicht doch noch eine Chance, aus unserer Trance des Nihilismus zu erwachen und zu entdecken, dass das Leben trotz allem sehr wohl sinnvoll ist. Falls nämlich unsere Hunde ein *Tao* besitzen, müssen auch wir über ein *Tao* verfügen. Unsere Hunde würden uns nicht so lieben, wären wir Maschinen aus Fleisch und Blut, ohne Prinzipien und ohne jedes Gefühl für den Sinn des Lebens. Genau wie Menschen können auch Hunde den Charakter einer Person nicht immer richtig beurteilen, aber sie können sich unmöglich *in uns allen* täuschen.

Den meisten von uns wird es niemals gelingen, so voller Freude zu leben wie ein Hund, der jedem Augenblick seines Tages Freude entgegenbringt. Doch wenn wir erkennen, dass Hunde genau wie wir einem *Tao* folgen, bemerken wir auch, dass Hunde mehr nach diesem inneren Kodex leben als wir Menschen. Und dann wird uns auch der Weg zu größerer Lebensfreude deutlich.

Loyalität, niemals nachlassende Liebe, die Bereitschaft, sofort zu vergeben, ein demütiges Gespür für den eigenen Platz im übergreifenden Muster aller Gegebenheiten, ein Empfinden des Wunderbaren: Diese und andere Vorzüge eines Hundes haben ihre Ursache in deren Unschuld und Arglosigkeit. Der erste Schritt zu größerer Lebensfreude besteht darin, sich den Zustand der Unschuld zu bewahren, sich mehr und mehr von Zynismus und Nihilismus zu distanzieren und sich erneut die Wahrheit zu eigen zu machen, dass das Leben Geheimnisse birgt und uns täglich Wunder voller Bedeutungen beschert, über die wir nachdenken sollten.

18

Eine Ellbogenoperation und schwedische Fleischbällchen

Insgeheim begann Trixie zu humpeln. Als ich aus einem Zimmer kam, erwischte ich sie dabei, wie sie so den Gang entlang stolperte, als wollte sie sich für die Titelrolle des *Glöckners von Notre Dame* in einer nur mit Hunden besetzten Filmversion bewerben.

Als Gerda durch das Schlafzimmer ging, warf sie zufällig einen Blick hinter sich und sah, dass Trixie ihr linkes Vorderbein schonte. Wenn Trixie bemerkte, dass man stehen geblieben war, um sie zu beobachten, bemühte sie sich, wieder normal zu gehen.

Als Erstes schauten wir uns ihre linke Pfote an und suchten nach einer Verletzung oder einem eingetretenen Splitter, fanden aber nichts. Nach dieser Untersuchung versuchte Trixie heldenhaft, sich nicht wieder beim Humpeln erwischen zu lassen, und lief den ganzen Tag über ohne jedes Hinken.

Doch bald darauf konnte sie nicht mehr verbergen, dass das linke Vorderbein ihr zu schaffen machte. Bruce Whitaker machte eine Röntgenaufnahme von ihr und wies darauf hin, dass sie im linken Ellbogengelenk dasselbe angeborene Problem haben könne wie im rechten, das sie seinerzeit zur Aufgabe ihrer Tätigkeit als Assistenzhund gezwungen hatte. Er empfahl uns einen Chirurgen. Bei unserem ersten Termin mit ihm führte er uns in einen Personalgang und bat mich, mit Trixie etwa zehn Meter zu gehen und dann zu ihm zurückzukehren. Er wollte sehen, wie sie sich bewegte. »Ellbogen«, erklärte er schließlich.

Er griff ihr zwischen die Hinterbeine und tastete ihre Beckenknochen ab. Danach schlug er vor, ich solle sie selbst an dieser Stelle abtasten und ihm sagen, was ich festgestellt habe. Da ich keine tierärztliche Ausbildung habe, betrachtete ich mich als nicht qualifiziert, ihm eine Zweitmeinung anzubieten und schon gar nicht eine Erstmeinung. Außerdem begann ich mich zu fragen, welche Referenzen und Zertifikate der Chirurg überhaupt vorzuweisen hatte, denn er hatte gesagt, das Problem sei der Ellbogen, der weit entfernt vom Beckenknochen lag. Da er jedoch einen weißen Arztkittel trug, Autorität ausstrahlte und Ernest Hemingway ähnelte, befolgte ich seine Anweisungen. Hemingway hatte jeden Tag Schnaps in einer Menge getrunken, die fünfeinhalb Gramm reinen Alkohols entsprach, während des Abendessens oft sechs Flaschen Wein geleert, war ein berüchtigter, vielleicht auch pathologischer Lügner gewesen und hatte sich fast jedem mit ihm befreundeten Menschen gegenüber wie ein Ungeheuer verhalten. Deshalb bin ich mir nicht sicher, wieso mich die Ähnlichkeit des Chirurgen mit Hemingway in diesem Fall beeindruckte. Ja, wenn er in Bestform gewesen war, hatte Hemingway großartige Bücher geschrieben, aber das kann auch David Mamet, dem ich dennoch untersagt hätte, meine Hündin zu operieren.

Ich konnte sofort spüren, dass Trixies linker Beckenknochen dicker war als der Rechte. Sie hatte die Schmerzen am Ellbogen schon lange dadurch kompensiert, dass sie ihr Gewicht ständig nach hinten verlagerte. Dadurch hatte sie den Beckenknochen auf dieser Seite so strapaziert, dass er angeschwollen war. Und dennoch humpelte sie erst seit wenigen Tagen.

Im Untersuchungszimmer hantierte der Chirurg mit ihrem Ellbogengelenk herum und versuchte Trixie zum Winseln zu bringen. Als er mir mitteilte, was er gerade tat, hätte ich am liebsten nach einer chirurgischen Schraubzwinge gegriffen und seine Nase so lange damit traktiert, bis *er* winselte, doch ich hielt mich zurück. Er benötigte eine Reaktion von Trixie, die seine Diagnose bestätigte, denn diese Art angeborener körperlicher Fehlbildung oder Fehlhaltung ist auf einem Röntgenbild nicht immer deutlich zu erkennen.

Aber Trixie weigerte sich zu winseln. Weder winselte sie, noch begann sie ängstlich zu hecheln. Während der Arzt ihren Ellbogen in ungewöhnliche Stellungen zwang, lächelte sie mich nur an. »Sie ist wirklich eine sehr stoische kleine Hündin«, sagte der Arzt.

Diese Bemerkung hatte ich schon früher gehört.

Im Februar desselben Jahres war Trixie von einem Deutschen Schäferhund gebissen worden, der meinem Eindruck nach zum Kampfhund ausgebildet worden war. Auf den Biss reagierte Trixie so, als wäre es nur ein Kuss gewesen.

An einem Sonntagnachmittag waren wir beide spazieren gegangen. Wie üblich hatte ich eine kleine Dose Pfefferspray dabei, die ich in der rechten Hand hielt.

An einer Ecke bogen wir ab und stiegen eine steile Straße hinauf, die wir schon oft entlanggegangen waren. Rechts von uns hing ein etwa neunjähriger Junge an seinen Armen von einem Baumast im vorderen Garten herunter. Er wirkte so unschuldig wie ein Chorknabe, doch als wir näher kamen, deutete etwas in seiner Haltung darauf hin, dass jeder Altar, vor dem er als Ministrant diente, schwarze Kerzen haben musste.

Nach zwei weiteren Schritten sah ich, was die Mauer rings um das Grundstück mit dem Haus bislang verborgen hatte: Hinter dem Baum, von dem der Junge wie ein Affe an den Armen herunterbaumelte, lag ein riesiger Deutscher Schäferhund im Garten, und er war weder angeleint noch irgendwo festgebunden.

Deutsche Schäferhunde sind schöne, anhängliche, intelligente Tiere. Doch unabhängig von der Rasse ist Vorsicht geboten, wenn man einen freilaufenden Hund entdeckt, der so groß ist, dass er einen Honda ziehen könnte.

Scheinbar uninteressiert blickte der Schäferhund zu uns hinüber. Trotzdem machte ich mit Trixie kehrt und ging in die andere Richtung, denn ich sagte mir: »Vorsicht ist die Mutter der Porzellankiste.« Allerdings fragte ich mich dabei, was wohl die Mutter von Feigheit sein mochte.

Ich war vielleicht acht Schritte weitergegangen, als der Junge schrie: »Gut so, am besten rennt ihr weg.«

Wir gingen weiter, rannten jedoch nicht. Ich hatte keine Lust, einen Wettstreit in der Disziplin Beleidigungen mit einem Neunjährigen auszutragen, erst recht nicht mit einem Neunjährigen, den ein sicher fast siebzig Kilo schwerer Hund mit Säbelzähnen deckte. Schließlich konnte ich mich ja immer noch an ihm rächen, wenn es mir gerade passte. Beispielsweise könnte ich ihm an irgendeinem Morgen auf seinem Schulweg auflauern, ihn verhauen und ihm sein Essensgeld wegnehmen.

Das Verhalten des Jungen stieß mich allerdings so ab, dass ich stehen blieb, ihn mit einem Blick äußerster Missbilligung bedachte und fragte: »Was hast du da eben gesagt?«

Er hatte es einmal gesagt und nicht die geringste Lust, es zu wiederholen. Stattdessen befahl er dem Schäferhund etwas, das so klang wie »*Fass!*«

Und der Schäferhund stürmte los.

Für Februar war der Tag warm. In einer sanften Brise schwankten die Bäume leicht hin und her, was eine fast hypnotische Wirkung auf mich ausübte. Bis zu diesem Zeitpunkt hatte ich mich während des Spaziergangs etwas schläfrig gefühlt. Doch nichts kann einen so schnell hellwach werden lassen wie ein riesiger Hund, der offenbar vorhat, einem ein Stückchen von den Hoden abzubeißen.

Während ich mit dem Pfefferspray auf ihn zielte, rief ich »Zurück!« und »Stopp!«. Doch der Schäferhund beachtete keines dieser Kommandos. Und nun merkte ich, dass er es nicht auf mich, sondern auf Trixie abgesehen hatte und seine Flugbahn ihn direkt zu Trixies Kehle bringen würde. Also griff ich zur Dose mit dem Pfefferspray.

Das Spray spritzte ihm in die Nase und über das Gesicht. Zwar änderte er nun die Laufrichtung, zog sich aber nicht völlig zurück. Offenbar gelang es ihm, Trixie an der linken Flanke zu erwischen, vor der Hüfte. Und danach drehte er ab und raste zurück zu dem Jungen.

Zum Glück ging ich nicht davon aus, den Hund nun von weiteren Angriffen abgebracht zu haben, denn jetzt stürmte er tatsächlich erneut los. Diesmal traf ihn das Pfefferspray in die Augen – der Gebrauchsanweisung nach war das der perfekte Treffer. Als er noch zwei oder zweieinhalb Meter von uns entfernt war, wandte er sich zunächst um. Und stürmte danach nochmals los. Die dritte Dosis Pfefferspray erwischte erneut seine Augen, und wider ging er erst einmal auf Abstand.

Die ganze Zeit über war der Schäferhund unheimlich still, versuchte aber einen vierten Angriff. Diesmal galt seine Attacke mir, denn ich war ja derjenige, der ihn so mies behandelt hatte.

Laut Gebrauchsanweisung reichte die Spraydose für insgesamt fünf Einsätze. Nach der vierten Ladung, die ihn ins Gesicht getroffen hatte, zog sich der Hund zurück, doch ich überlegte, was ich tun sollte, falls er nicht nur Kraft für einen weiteren Angriff, sondern sogar noch für zwei haben sollte!

Es mag ja cool sein, den Spitznamen *Holzbein* zu haben. Und ohne Nase würde ich womöglich weniger Probleme mit den Nebenhöhlen haben. Aber ich hoffte wirklich, dass ich mir keine Micky Maus-Stimme einhandeln würde.

Doch dem Schäferhund reichte es jetzt. Er kehrte auf den Rasen zurück, wo er gelegen hatte, bevor Hermann Göring IV. ihn auf uns gehetzt hatte, und rieb sein Gesicht im Gras, um das lästige Spray abzuwischen.

Der Junge machte große Augen und war sprachlos. Ich hatte noch eine Dosis in der Spraydose übrig, beschloss jedoch, sie für den Fall, dass der Schäferhund seinen toten Punkt überwand, lieber für das Tier aufzusparen.

Trixie lächelte mich an und wedelte. Während ich sie schnell von Dogzilla wegzog, kam ich mir wie ihr Ritter in glänzender Rüstung vor. An der Ecke wandten wir uns nach rechts und gingen auf dieser Straße vier Häuserblöcke weiter, ehe ich stehen blieb. Ich untersuchte die Stelle, wo der Schäferhund Trixie meinem Eindruck nach gebissen hatte, konnte jedoch kein Blut entdecken und wollte hier nicht länger herumstehen. Als wir nach Hause gingen, schaute ich während der ganzen Strecke über meine Schulter.

Ich erzählte Gerda, was passiert war, und zeigte ihr die Stelle, an der der Schäferhund Trixie offenbar erwischt hatte. Als Gerda das dichte Fell wegzog, sahen wir den Biss. Die Wunde blutete aber kaum, denn er hatte ihr zwar ein bisschen Haut in der Größe eines Silberdollars weggerissen, seine Zähne jedoch nicht in ihr Fleisch schlagen können. Bestimmt hatte sich das nicht wie ein Kuss angefühlt, und trotzdem hatte Trixie überhaupt nicht gejault oder gewinselt.

Da es ein Sonntag war, war jede Tierarztpraxis geschlossen. So schnell wir konnten, brachten wir Trixie in die stets geöffnete Notaufnahme der Tierklinik in der Nähe des Flughafens. Nachdem die diensthabende Tierärztin die Wunde genäht und uns Anweisungen zur Verabreichung der Arzneimittel gegeben hatte, sagte sie: »Sie ist wirklich eine sehr stoische kleine Hündin.«

Short Stuff wog damals etwa fünfundfünfzig Pfund, aber sie war durch und durch feminin und wirkte zierlicher, als sie war. Und sie kam mir besonders fragil vor, als ich sie hinten in unseren Wagen hob, bevor wir von der Klinik nach Hause fuhren. Ständig musste ich daran denken, dass der angreifende Schäferhund ihr die Zähne in die Kehle hätte schlagen können, wenn die erste Dosis des Pfeffersprays nicht auch seine Schnauze getroffen hätte.

Dabei empfand ich dem Schäferhund gegenüber keinerlei Feindseligkeit. Er tat mir sogar leid, auch wenn mir klar war, dass er nur vorübergehend unter dem Spray gelitten hatte. Der Hund hatte lediglich das getan, was der Junge ihm befohlen hatte und die Eltern des Jungen dem Tier offensichtlich beigebracht hatten. In diesem Fall waren die Eltern die Schuldigen, und in gewisser Hinsicht konnte man den Hund sogar als deren Opfer betrachten.

Ich meldete den Biss der Tierkontrolle des Gesundheitsamts. Als der Beamte am Telefon nach der Adresse der Leute fragte, konnte ich ihm zwar die Straße, aber nicht die Hausnummer nennen. Doch er kannte sie und wusste schon, zu welcher Rasse dieser Hund gehörte, ehe ich es ihm sagte. Unser Angreifer hatte eine registrierte Vorgeschichte.

Da ich glaube, dass Polizisten wie auch die Beamten der Tierkontrolle in der Regel einer lobenswerten, aber undankbaren Arbeit nachgehen, tut es mir leid, hier erwähnen zu müssen, dass die Halter dieses Schäferhundes meines Wissens kein Bußgeld zahlen mussten und nicht einmal verwarnt wurden. Nach Wochen der »Ermittlung« gab mir ein Beamter eine unverständliche Erklärung dafür, dass man das Verfahren ohne Folgen für die Hundehalter einstellen werde.

Ein anderer Beamter, bestürzt darüber, dass seine Abteilung in diesem Fall überhaupt nichts unternommen hatte, vertraute mir unter vier Augen an, der Besitzer des Schäferhundes habe beste Beziehungen zur Stadtverwaltung. Man werde ihm wohl einfach alles durchgehen lassen, bis sein Hund irgendwann einer Person statt einem Hund blutige Bisswunden zufügen werde. Ich dankte dem Beamten für seine Offenheit und die Information, fügte jedoch hinzu, meine Trixie *sei* eine Person. Da er selbst Hunde liebte, verstand er, was ich damit meinte.

»Eine wirklich sehr stoische kleine Hündin«, wiederholte der Gelenkchirurg.

Da es ihm nicht gelungen war, Trixie auch nur ein Wimmern zu entlocken, als er ihren Ellbogen gebeugt und gestreckt hatte, machte er aus unterschiedlichen Perspektiven weitere Röntgenaufnahmen von ihr und konnte Gerda und mir anschließend das Problem zeigen. Trix brauchte die gleiche Operation am linken Ellbogen, der sie sich bereits am rechten Ellbogen hatte unterziehen müssen.

Ein paar Tage später kehrten wir mit ihr in die Tierklinik zurück. Sie würde über Nacht bleiben müssen, da die Operation auf fünf Uhr früh festgesetzt war. Wir ließen sie mit einem ihrer Lieblingsspielzeuge und einem getragenen T-Shirt von mir zurück, damit sie von einem vertrauten Geruch umgeben war.

Die Operation fand im Juni 2000 statt, als Trixie einundzwanzig Monate mit uns zusammengelebt hatte. Seit langem war sie für uns weit mehr als ein Hund – eher war sie unsere Tochter. Da sie nicht begreifen konnte, dass der Krankenhausaufenthalt nur zu ihrem Besten war, kam es uns so vor, als ließen wir sie im Stich, als sie allein zurückblieb. Fast waren wir in der Stimmung, uns zu Hause mit Dornenzweigen zu geißeln – als Buße dafür, dass wir nicht darauf bestanden hatten, bei Trixie im Hundezwinger der Klinik zu schlafen.

Beim Abendessen teilten wir uns eine Flasche Wein und ich machte eine zweite Flasche auf, um ein weiteres Glas zu trinken. Gemessen an dem Alkoholkonsum Hemingways war meiner lächerlich gering, doch sollte Trixie allzu viele weitere Gesundheitskrisen durchstehen müssen, würde ich den Alkohol wohl bald so herunterkippen wie Papa Hemingway.

Man hatte uns mitgeteilt, Trixie müsse nach der Operation noch mindestens eine weitere Nacht in der Klinik verbringen, vielleicht sogar drei Nächte. Aber am folgenden Tag rief der Chirurg zwei Mal bei uns an, zunächst um zu berichten, die Operation sei gut verlaufen, danach um 17 Uhr, um uns zu sagen, wir könnten Trixie nach Hause holen.

»Sie ist die ruhigste Hündin, die ich je gesehen habe«, bemerkte er. »Sie hat keinen Versuch gemacht, an die Schnittwunde heranzukommen, sie zerrt nicht an ihrem Haltegurt, und sie bellt auch nicht, obwohl sie schon Stunden früher als üblich wach und auf den Beinen war.«

Als wir in der Klinik ankamen, um unser Mädchen abzuholen, saßen im Warteraum jede Menge besorgter Herrchen und Frauchen. Einige wirkten äußerst mitgenommen. Mir war klar, dass ihre Tiere schlimmere Probleme haben mussten als Trixie. Gerda und ich waren dankbar, erleichtert und glücklich darüber, dass der Trickster nun nach Hause zurückkehren würde.

Doch als uns eine Tierpflegerin Trixie brachte, war ihr Zustand trauriger, als wir erwartet hatten. Ihr linkes Vorderbein, die Schulter und einen Teil der Flanke hatte man vor der Operation geschoren. Auf wackeligen Beinen torkelte sie mit Hilfe der Tierpflegerin vorwärts. Zunächst verbarg ein kegelförmiger Kunststoffschirm, der aussah wie ein hoher elisabethanischer Kragen, ihr Gesicht. Dieser Schirm sollte verhindern, dass sie an der Schnittwunde knabberte. Sie musterte das volle Wartezimmer und suchte nach uns. Als wir uns zu ihr beugten, legte sie den Kopf nach hinten. Und da sahen wir, dass ihre Augen blutunterlaufen waren und das Gesichtsfell von Tränen verfilzt.

Sie grinste, als sie uns sah, und wir weinten. Zwar schluchzten oder plärrten wir nicht so laut wie Babys, aber uns schossen heiße Tränen in die Augen und rannen uns geradeso übers Gesicht, als wären unsere Augen Duschköpfe. Das Schluchzen, der das Gesicht verzerrende Kummer, die Bitterkeit, die einem die Kehle zusammenschnürt und das Schlucken schwierig macht, die Schwere in der Brust, die das Gewicht dessen ist, was man verloren hat: All das würde in den Jahren, die uns bevorstanden, nur allzu bald auf uns zukommen. Das hier war lediglich ein kleiner Vorgeschmack darauf. Nein, es gab keine Schutzimpfung, die uns darauf hätte vorbereiten können, mit Trauer besser klarzukommen – nichts kann einen gegen Trauer immunisieren. *Vielmehr war dies eine Erinnerung daran, wie hoch man das schätzen muss, was man liebt, solange man es noch hat. Dann wird man, wenn es nicht mehr da ist, die Freude im Gedächtnis behalten, und das wird einem Kraft geben.*

Gerda nahm Trixie den kegelförmigen Schirm ab und fuhr zusammen mit ihr im Frachtraum des *Explorers* nach Hause. Sie hielt sie in den Armen und gab ihr Sicherheit.

Eines der größten Geschenke, die uns Hunde machen, ist die Zärtlichkeit, die sie in uns wecken. Die Enttäuschungen des Lebens, die Ungerechtigkeiten, die auf uns einprasselnden Ereignisse, die wir nicht steuern können, der Verrat, der uns manchmal von Menschen zuteil wird, mit denen wir befreundet waren oder die wir geliebt haben: All das kann uns zu Zynikern machen und unsere Herzen in Feuersteine verwandeln, die nur noch Zorn und Bitterkeit entzünden können und aufflammen lassen. Auch andere Tiere als Hunde können uns als unsere Gefährten menschlicher machen, aber wegen ihres einzigartigen Wesens können gerade Hunde unseren Zynismus zum Schmelzen bringen und einem verbitterten Herzen viel von seiner Bitterkeit nehmen. *Das bewirken Hunde durch ihre unübersehbare Freude, mit uns zusammen zu sein, durch das Entzücken, mit dem sie uns begrüßen, wenn wir zu ihnen heimkommen, durch ihr unbeirrbar sonniges Gemüt, ihre Lust zu gemeinsamem Spiel, ihre Neugier und das Staunen, mit dem sie jede neue Erfahrung willkommen heißen.*

Doch besonders möchte ich hier ihre Dankbarkeit hervorheben. Als Trixie zu uns kam, war ich von ihrem Entzücken, ihrem Ausdruck von Hochgefühlen, ihrem sonnigen Gemüt, ihrer Lebensfreude, ihrer Neugier und ihrem Staunen gar nicht besonders überrascht, sondern vor allem von ihrer Dankbarkeit. Die bemerkenswerte, beständige Dankbarkeit, die Hunde für das, was wir ihnen geben, empfinden, ist vielleicht ihre liebenswerteste Besonderheit. Selbst wenn ein Napf voller Trockenfutter wie bei uns zum täglichen Frühstück des Hundes gehört, scheint er ihn niemals als eine Selbstverständlichkeit zu betrachten. Nach dem Fressen, nach dem Erhalt eines neuen Spielzeugs, nach einer Spielstunde, nach dem Schwimmen oder während des Kuschelns, das Hunde so glücklich macht, sah uns Trixie stets mit ihren seelenvollen Augen an, drückte mit ihren Blicken Dankbarkeit aus, leckte uns die Hände oder schmiegte ihre kalte Nase in unsere Handflächen. So sicher, wie Hunde unser Verhalten, unsere Stimmungen und Empfindungen durch zahllose Anzeichen deuten können, können wir unsererseits die ihrigen durch zahllose Anzeichen deuten, und am häufigsten erkennen wir vielleicht ihre Dankbarkeit.

Wenn wir irgendetwas taten, das Trixie besonders gefiel, durchsuchte sie ihren Stapel von Spielzeugen, wählte dieses oder jenes aus und verwarf die Wahl nach einigem Überlegen wieder, bis sie nach ein paar Minuten das ausgestopfte Plüschtier gefunden hatte, das ihren Zwecken vollständig genügte. In Augenblicken wie diesen war es immer ein Spielzeug aus Plüsch, niemals ein Zugseil oder ein Ball. Wenn sie ihre Wahl getroffen hatte, brachte sie uns dieses Spielzeug und legte es uns vor die Füße, aber nicht, um uns zum Spielen anzustiften, sondern um zu sagen: *Das hier gehört zu meinen Lieblingsdingen. Ich möchte es euch geben, weil ihr so lieb zu mir gewesen seid.* Danach legte sie sich nieder, seufzte zufrieden und schlief manchmal ein.

Der Chirurg teilte uns mit, dass Trixie sechs Wochen brauchen würde, um sich von der Ellbogenoperation zu erholen. Während der ersten drei Wochen ihrer Genesungszeit müsse sie bei Tag und bei Nacht in einer Kiste liegen.

Wir verstanden, dass wir Trixie vom Rennen und Springen abhalten mussten, aber ebenso war uns klar, dass sich unser Freigeist Trickster, der niemals in eine Kiste eingesperrt gewesen war, schon gar nicht von uns, in einem so engen Gefängnis äußerst unwohl fühlen und entsprechend verhalten würde. Da unsere Schreibtische sehr groß und in U-Form aufgestellt sind, erlaubte man uns, Trixie an unseren Arbeitsplätzen einzusperren, indem wir die Öffnungen mit einem ein Meter zwanzig hohen mobilen Raumteiler, der als Einzäunung dienen konnte, verbarrikadierten.

Einen Teil des Tages verbrachte Trixie nun bei Gerda, den anderen Teil bei mir. Nachts konnte man die mobile Trennwand so aufstellen, dass sie einen rechteckigen Zwinger bildete, in den wir Trixies Bett und ihren Wassernapf stellten. Darin hatte sie viel mehr Platz als in irgendeiner Kiste.

Tagsüber brauchte sie den Plastikschirm rings um den Kopf nicht zu tragen, da wir sie ständig überwachten und Gerda ein schlaues Kleidungsstück erfunden hatte, das Trixie daran hinderte, an der genähten Wunde zu lecken oder zu knabbern. Gerda hatte einfach eines ihrer eng anliegenden Oberteile aufgetrennt und zu einer Gamasche zusammengenäht. Da das Material Stretchstoff mit einem Rippenmuster war, konnte man Trixie diese dichte Gamasche leicht überstreifen und sie reichte aus, die Operationswunde zu schützen, denn der Stoff bedeckte das geschorene linke Vorderbein von oben bis unten.

Ich weiß nicht, ob eine solche Lösung bei einem weniger kooperativen Hund funktioniert hätte. Meinem Eindruck nach hielt die Gamasche Trixie aus zwei Gründen vom Berühren der Schnittwunde ab: Zum einen war es zu schwierig für sie, die dicke Gamasche durchzukauen, zum anderen begriff sie, wozu die Gamasche diente und wollte ihrem Frauchen einen Gefallen tun. (Außerdem sah sie fabelhaft damit aus.)

Nachts verließen wir uns nicht völlig auf den Schutz der Gamasche, sondern legten ihr den »Lampenschirm« an. Hunde können diesen kegelförmigen Schirm nicht ausstehen, und nicht nur, weil er lästig ist und sie einengt. Ihnen ist auch bewusst, dass sie damit albern aussehen und der Schirm ihre Würde verletzt.

Als wir Trixie den Schirm anlegten, akzeptierte sie ihn zunächst mit einem genervten Ausdruck und später mit einem kläglichen Blick, der besagte: *Was habe ich euch angetan, dass ich so etwas verdiene?*

In den ersten drei Wochen nach der Operation sollte Trixie keine Treppen steigen. Da die Arbeitszimmer und das große Schlafzimmer unseres Hauses in Harbor Ridge im dritten Stock lagen und der Hauseingang im zweiten, musste ich Trixie vier Mal am Tag nach unten tragen und von dort aus nach draußen, damit sie ihr großes und kleines Geschäft erledigen konnte.

Unser Haus stand auf einem schmalen Grundstück und die Treppen – besonders die hinteren – waren sehr steil, deshalb hatte der Architekt einen Fahrstuhl einbauen lassen. Dieser Fahrstuhl war sehr eng, er maß etwa eineinhalb Quadratmeter, und hatte keinen hydraulischen Antrieb, sondern lief an Kabeln. Ich habe keine Phobie vor engen Räumen und keine Angst vor Fahrstühlen, aber diese kleine, mit Holz ausgekleidete Kabine war mir zuwider. Der Motor, der den Kabelaufzug antrieb, war auf dem Dachboden mit Schraubbolzen zwischen den Dachsparren befestigt. Diese ganze Konstruktion schepperte, knarrte, ächzte und gab, wenn in Betrieb, sogar sonderbare Tierschreie von sich, so als wären hier außer dem elektrischen Motor auch noch ein paar Affen erforderlich, um an den Kabeln zu ziehen – Affen, denen ihr Job keineswegs gefiel. Gerda weigerte sich schlicht, den Fahrstuhl zu benutzen. Bis zu Trixies Operation hatten wir ihn auch nur als Lastenaufzug benutzt, um schwere Kisten zu befördern.

Während Trixies Rekonvaleszenz verstieß Gerda gegen ihre Regel, niemals das selbstmörderische Risiko einzugehen, in dieses Klaustrophobie erzeugende Beförderungsmittel einzusteigen. Wenn ich nicht zur Verfügung stand, begleitete sie unser Golden Girl auf die grauenvolle Reise vom dritten zum zweiten Stock. Die Liebe besiegt alles.

Zu dieser Zeit stand Trixies fünfter Geburtstag bevor und sie hatte weder Angst vor Feuerwerk noch vor Donner oder sonstigem Krach. Sie hatte auch keine Angst vor dem Fahrstuhl, mochte ihn aber nicht. Als sie darin die ersten Male nach unten fuhr, blickte sie sich ständig um, weil sie feststellen wollte, woher der Lärm kam und was er bedeutete. Bald fand sie heraus, dass der meiste Lärm von oben zu uns drang. Danach beobachtete sie stets die Decke des Fahrstuhls. Offensichtlich rechnete sie jeden Augenblick damit, dass irgendetwas Katastrophales auf uns niedergehen könne.

Nachdem sie eine halbe Woche lang vier Mal am Tag mit dem Fahrstuhl hinunter und wieder hinauf gefahren war, begann sie sich hin und wieder gegen die Zwangsunterbringung in diesem verrückten Beförderungsmittel zu sträuben. Wenn ich dessen Tür aufmachte, blieb sie einfach stur auf ihrem Hinterteil hocken. Wir bezeichneten das als ihre »Nachttopf«-Position. Sie wog damals nicht einmal dreißig Kilo, doch wenn sie sich auf ihrem Hintern niederließ und sich weigerte, den Fahrstuhl zu betreten, hätte sie auch so viel wie eine Kiste voller Bleikugeln wiegen können – so schwer kam sie uns jedenfalls vor. Wir konnten sie nicht von der Stelle bewegen. Ich hätte sie vielleicht mit einem Leckerli in den Fahrstuhl locken können, doch das empfand ich als Täuschungsmanöver. Ich hätte auch warten können, bis sie ihren Trotz ausgesessen hatte, jedoch besaß sie die Geduld eines Hiob und ich die Geduld eines Zweijährigen. Mit ihr zu schimpfen brachte ich angesichts ihres Gesundheitszustands nicht übers Herz. Außerdem hatte sie ja recht: Der Fahrstuhl war eine *Titanic* in Sarggröße, mit der man sich, sofern man an Bord ging, auf eine Senkrechtfahrt ins – immerhin eisfreie – Verderben einließ.

Schließlich fanden wir einen Kompromiss: Bei einem unserer vier täglichen Ausflüge trug ich Trixie die Treppe hinunter und wieder hinauf (später übernahm ich diesen Transportdienst manchmal auch zwei Mal am Tag), die übrigen Male fuhr sie mit mir mit, ohne vorher ihren »Nachttopf«-Trick anzuwenden.

Der Chirurg hatte ausdrücklich gesagt, während der ersten beiden Wochen der Genesung dürfe Trixie höchstens jeweils dreißig Meter hin und zurück laufen, wenn sie ihr Geschäft erledigte, später dann sechzig Meter. Ich versuchte ihm Trixies Toiletten-*Tao* zu erklären, konnte seinem Blick jedoch anmerken, dass er gerade die schrillen Violinentöne hörte, die das zustechende Messer im Film *Psycho* begleiten. Sofort malte ich mir aus, wie man mich gegen meinen Willen in eine psychiatrische Klinik einliefern würde, wo ich mich zwangsläufig in der Gesellschaft von X wiederfinden würde. Sicher würde X eine Liste von tausend Leuten dabeihaben, denen ich Freiexemplare meiner Bücher und Einladungen zu Partys in unserem Strandhaus schicken sollte. Also erwiderte ich folgsam: »Ja, Sir. Dreißig Meter. Kein Problem.«

Mit einer kurzen Leine und langsamem Schritt führte ich Trixie nun jedes Mal zum Garten unserer Nachbarn, was fünfzehn zusätzlichen Metern gleichkam. Sonst hätte Trixie während des Ausflugs versucht, ihre Hinterbacken zusammenzukneifen, und ihren Darm nicht entleert. Und das hätte irgendwann zu einer Katastrophe geführt, die einen Sturzflug des Fahrstuhls mit brüllenden Affen auf dessen Dach noch weit in den Schatten gestellt hätte.

In der vierten und fünften Woche sollten wir Trixie weiterhin einsperren, allerdings waren nun zehn- und fünfzehnminütige Spaziergänge erlaubt. Während der vierten Woche ertrug Trixie diese Einschränkungen und Demütigungen mit besserer Laune, als ich sie aufgebracht hätte, doch dann fiel sie in eine Depression. Ein deprimierter Hund ist schlimmer als ein Hund mit einer gewaltigen Verstopfung, der gerade zu platzen droht. Von Natur aus sind Hunde übermütige, fröhliche Geschöpfe. Wir konnten den Anblick unserer sonst so gewitzten Trixie nicht ertragen, die jetzt so niedergeschlagen war, dass sie den Tag mit traurigem Blick und in teilnahmsloser Distanziertheit verbrachte. Ihr Schwanz wedelte nicht mehr. Kein quietschendes Plüschtier vermochte sie zu fesseln. Warfen wir ihr einen Ball zu, ließ sie ihn gegen ihre Schnauze prallen und bemühte sich nicht, danach zu schnappen – offensichtlich weil ihr klar war, dass sie mit dem Ball nicht davonrennen und uns damit so necken konnte, dass wir sie jagten. Short Stuff war dermaßen verzagt, dass selbst das Fressen ihr kein Grinsen entlocken konnte. Sie fraß mechanisch, ohne jede Begeisterung.

Am Donnerstag der fünften Woche, vor unserem üblichen Freitagstermin mit Trixies Chirurgen, rief ich ihn an, um ihm von Trixies seelischem Zustand zu berichten und ihn zu fragen, ob wir sie am Wochenende zu einem Abendessen in ein Restaurant mitnehmen könnten. Ich erklärte ihm, es gebe ein schwedisches Restaurant, dessen Inhaber Hundeliebhaber seien. Sicher würde man für uns gern Plätze auf der Terrasse reservieren. Gustaf, den Geschäftspartner, der für die Bedienung der Gäste zuständig war, mochte Trixie besonders gern. Wenn wir dort aßen, bestellten wir für unsere Hündin immer eine Portion schwedischer Fleischbällchen. Wir würden nahe beim Restaurant parken, Trixie in unseren Geländewagen hinein und wieder heraus heben und sie an kurzer Leine gehen lassen können. Die Terrasse war überschaubar klein, abgelegen und ruhig. Es würde dort wohl kaum etwas passieren, das Trixie so in Aufregung versetzte, dass sie sich verletzen würde. Unser Mädchen brauchte dringend einen Ausflug, der ihre Stimmung hob.

»Keine gute Idee«, meinte der Chirurg. »Sie sollten noch eine Woche warten, bis Trixie völlig wiederhergestellt ist. Und selbst dann müssen Sie noch eine Weile vorsichtig mit ihr umgehen.«

Als der Chirurg Trixie am späten Freitagnachmittag in seinem Dienstzimmer untersuchte, widmete er ihr mehr Zeit als sonst. Er kam zu dem Schluss, dass der Heilungsprozess schneller vorangeschritten war, als es bei Hunden normalerweise fünf Wochen nach einer solchen Operation der Fall ist. Schließlich gab er nach und erteilte uns die Erlaubnis, noch am selben Abend mit unserer Hündin Essen zu gehen. Wegen der Vorfreude völlig aufgedreht, eilten wir nach Hause, um Trixies Fell gründlich durchzubürsten und uns umzuziehen. Wir konnten es kaum abwarten, ihre Augen aufleuchten zu sehen, wenn sie das Restaurant erkannte, und ihr Grinsen zu erleben, wenn ihr der Teller mit den Fleischbällchen hingestellt wurde.

Ich hob sie in den hinteren Teil unseres *Explorers* und wir brachen zu einem vielversprechenden Abend auf. Trixie lag im Frachtraum, Gerda saß auf der Rückbank. Sie hielt Trixies Leine fest, damit sie während der Fahrt nicht aufzustehen versuchte und dabei vielleicht umfiel.

Ein kluger Hund ist mit seinen jähen Erkenntnissen und seinem Wahrnehmungsvermögen immer für Überraschungen gut. Die Route zu dem Restaurant führte über vier Landstraßen, eine Schnellstraße und eine weitere Landstraße, und wir nahmen diese Strecke nur, wenn unser Ziel dieses schwedische Gasthaus war. Während unserer Fahrt auf den ersten vier Landstraßen und der Schnellstraße lag Trixie, wie mittlerweile üblich, deprimiert und teilnahmslos da. Doch als ich die Ausfahrt der Schnellstraße nahm und dann nach rechts, auf die fünfte und letzte Landstraße abbog, erschreckte Trixie Gerda damit, dass sie sich im Frachtraum aufrappelte und so an der Leine zog, dass diese sich straffte. Und nun blickte sie links und rechts aus dem Fenster und begann zu wedeln.

»Sie weiß, wo wir hinfahren«, sagte Gerda. »Wie kann sie das wissen?«

Wir waren immer noch mehr als eineinhalb Kilometer von dem Restaurant entfernt, doch Trixie grinste, hechelte vor Freude und strapazierte beim Wedeln ihren Schwanz, wie sie es seit einer Woche nicht mehr getan hatte.

Als wir unser Ziel schließlich erreicht hatten und parkten, war jeder Muskel in ihrem Körper angespannt. Und sie stellte sich mit so ungeduldiger Vorfreude vor die Heckklappe, als wollte sie sagen: *Macht endlich das verdammte Ding auf, sonst breche ich glatt hindurch!*

Obwohl sie so aufgeregt war, ließ sie es zu, dass ich sie aufhob und vorsichtig auf dem Boden absetzte. Aber dann zerrte sie, so stark sie konnte, an der Leine und führte uns, als triebe ihr rotierender Schwanz sie an, am Haupteingang des Restaurants vorbei, danach einen Fußweg entlang, der zu einem Einkaufsmarkt unter freiem Himmel gehörte, und zu der Terrasse auf der Rückseite des Restaurants.

Gustaf begrüßte uns, schenkte Trixie jede Menge Aufmerksamkeit und geleitete uns zu einem Tisch, der Aussicht auf den Fußweg bot. Als Gerda und mir der erste Gang serviert wurde, bekam Short Stuff ihren Teller mit den Fleischbällchen. Während des restlichen Abends saß sie entweder an dem Geländer, das die Terrasse umschloss, oder lag lang auf dem Bauch ausgestreckt auf dem Boden. Das Kinn ruhte dabei zwischen den Pfoten, während sie das Gesicht zwischen zwei Geländerverstrebungen nach draußen streckte. Interessiert beobachtete sie dabei, wie Menschen und auch ein paar Hunde auf dem Weg zu den Geschäften oder zurück vom Einkauf vorbeischlenderten. Zwar schwenkte sie den Schwanz nicht in weitem Bogen hin und her, aber er stand auch nie ganz still. Ein ums andere Mal zuckte dessen Spitze, denn nun war Trixie klar, dass ihre lange Gefangenschaft vorbei war und wir ihr bald wieder lange Spaziergänge und Spiele erlauben würden.

Sie hatte ihr Leben zurück, und dieses Leben war schön. Danach war sie nie wieder deprimiert.

Alle Hunde haben einen Geruchsinn, der viel stärker ausgeprägt ist als der des Menschen. Bei manchen Hunden ist er nur tausend Mal stärker, bei anderen zehntausend Mal oder sogar noch ein Vielfaches davon. Es ist durchaus möglich, dass Trixie eine Spur des Geruchs, der typisch für das schwedische Restaurant war, schon aus eineinhalb Kilometern Entfernung erschnuppern konnte – und das, obwohl sie sich in einem Geländewagen befand.

In einem Labor haben Forscher einmal einen komplexen Geruch zusammengemixt und einem Bluthund beigebracht, auf bestimmte Weise darauf zu reagieren. Dann nahmen sie den Hund zum südlichen Ende der Insel Manhattan mit, während andere Teammitglieder zum nördlichen Ende des Stadtbezirks fuhren, das fast einundzwanzig Kilometer entfernt liegt. Zu einer vorher festgelegten Zeit entkorkten diese Forscher eine Flasche mit der im Labor zusammengebrauten stinkenden Brühe, tränkten ein Tuch damit und schwenkten es in der Luft. Sie hatten einen Tag gewählt, an dem ein leichter Wind quer über die Insel von Norden nach Süden zog, und mit Messgeräten sowohl am nördlichen als auch am südlichen Ende Manhattans die Windgeschwindigkeit bestimmt. Weniger als eine Minute nachdem der Wind den einzigartigen Geruch von einem Ende der Insel zum anderen getragen haben musste – quer durch eine der größten Städte der Welt, in der es unzählige mehr oder weniger unangenehme Gerüche gibt, über Millionen von Menschen hinweg –, konnte der Bluthund diesen speziellen Geruch ausmachen und reagierte darauf. Dabei mussten sich die Moleküle dieses Geruchs durch die Luftströmungen ja weit verstreut haben.

Trixie war zwar kein Bluthund, doch da ihre Rasse ursprünglich dazu gezüchtet worden war, Jägern bei der Jagd zu helfen, haben Golden Retriever einen hoch entwickelten Geruchsinn. Das schwedische Restaurant war bei ihrer auffälligen Reaktion nur etwa eineinhalb Kilometer und keine einundzwanzig Kilometer von uns entfernt gewesen und nur wenige tausend Menschen und nicht etliche Millionen bewohnten das Gebiet zwischen dem

Standort unseres Wagens, als sie den vertrauten Geruch schnupperte, und dem des Restaurants. Vielleicht hatte sie eine Duftspur aus der Luft aufgefangen.

Ich vermute allerdings, dass es eher eine andere und nicht weniger verblüffende Erklärung für ihre plötzlich hellwache Reaktion gab. Wir hatten Trixie schon mindestens dreißig Mal zu dem Restaurant mitgenommen und waren dabei stets dieselben Straßen entlanggefahren. Und jedes Mal hatte Trixie am Ziel unserer fünfzehnminütigen Fahrt einen Teller mit Fleischbällchen bekommen. Meiner Meinung nach hatte sie sich die Abfolge des Abbiegens nach rechts und nach links und die jeweils dazwischen liegende Zeit ungefähr gemerkt und diese sich bei jeder Fahrt wiederholende Abfolge mit den Fleischbällchen in Verbindung gebracht. Ihre jähe Überwindung der Apathie und Depression und ihr freudiges Wedeln *genau in dem Moment*, als ich rechts auf die letzte Straße vor dem Restaurant einbog, weist für mich darauf hin.

Vielleicht hat Trixie aber auch einfach unsere Gedanken gelesen.

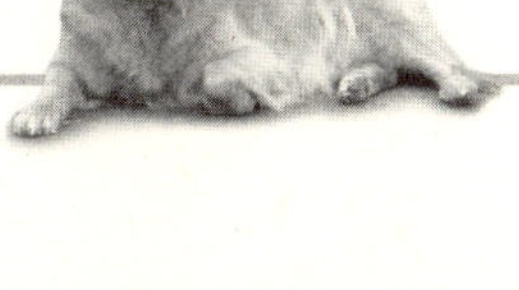

19

»Darf ich Ihnen eine wunderbare Wahrheit über Ihre Hündin offenbaren?«

Der zweite Roman, den ich nach Trixies Ankunft bei uns schrieb, war *Der Geblendete*, eine sehr umfangreiche Geschichte. Es ist eine Allegorie, die zahlreiche miteinander verwobene Themen behandelt. Diese Themen habe ich mit einer Vielzahl verschiedener Handlungsträger ausgestattet, denn zu dieser Zeit traute ich mich endlich, mit so viel Personal in einem einzigen Roman zu jonglieren. Das Hauptthema, um das sich die anderen Themen ranken, drückt in diesem Roman ein schwarzer Geistlicher namens H. R. White in einer seiner berühmten Predigten aus, und ich nutzte einen Teil dieser Predigt als Motto, das dem ersten Kapitel vorausgeht:

> »Jede kleinste freundliche Handlung findet über große Entfernungen und Zeitspannen hinweg Widerhall und berührt Leben, die denjenigen, deren großzügiger Geist die Quelle dieses positiven Echos war, gar nicht bekannt sind. Denn die Freundlichkeit wird weitergegeben und wächst dabei jedes Mal, bis eine schlichte Höflichkeit Jahre später und weit entfernt zu einem Akt selbstlosen Mutes führt. Und dasselbe gilt auch umgekehrt, im negativen Sinne, für jede kleine Gemeinheit, jede Äußerung von Hass und jede bösartige Handlung.«

Die Arbeit an einem Roman beginne ich nicht mit einer Skizzierung der Handlung und der Profile meiner Handlungsträger, nicht einmal mit Notizen. Ich fange lediglich mit einer Grundprämisse und ein paar Charakteren an, die mich faszinieren. Deshalb schüchterte mich dieses neue Projekt zunächst auch etwas ein, gab mir aber gleichzeitig Schwung. Hier ging es nämlich darum, das Hauptthema, diese Wahrheit, in Form einer dramatischen Handlung tatsächlich zu *veranschaulichen*. Und genau das sollte ein Roman tun – nicht einfach erzählen, sondern veranschaulichen. Eine gewaltige Aufgabe, wie mir schien. Doch nachdem ich mich mit *Stimmen der Angst* auf ein neues Gebiet vorgewagt hatte, war mir eines klar geworden: Je anspruchsvoller einem ein Projekt vorkommt, desto mehr *Spaß* macht es auch.

An dem Tag, als ich den Roman *Der Geblendete* zu schreiben begann, führte Gerda Trixie Gassi, kämmte ihr das Fell durch und brachte sie danach in mein Arbeitszimmer. Nach den üblichen Streicheleinheiten für Trixies Bauch, die besagten, *heute siehst du wieder zum Anbeißen aus, Süße*, rollte sie sich auf ihrem Bett in meinem Arbeitszimmer zusammen. (Sie hatte Betten in sechs Zimmern.) Von dort aus sah sie mir aus den Augenwinkeln dabei zu, wie ich mir das Hirn zermarterte, um die Anfangszeilen für das neue Buch zu konzipieren. Eine Stunde später lag ein erstes Kapitel vor, das völlig anders war als alles, was ich je verfasst hatte. Ich fragte mich, ob ein mir bisher unbekannter finsterer und selbstzerstörerischer Teil meines Verstandes es darauf anlegte, mich an diesem Buch scheitern zu lassen. Der Anfang des Romans enthielt nämlich eine Reihe narrativer Verheißungen, denen ich, wie mir vorkam, niemals gerecht werden könnte. Er lautete:

> Bartholomew Lampion erblindete im Alter von drei Jahren, als Chirurgen schweren Herzens seine Augen entfernten, um den Jungen vor einem sich schnell verbreitenden Krebs zu bewahren. Doch obwohl er keine Augen mehr hatte, gewann Barty mit dreizehn Jahren seine Sehfähigkeit zurück. Den jähen Aufstieg von einem Jahrzehnt der Dunkelheit in die Herrlichkeit des Lichts verdankte er jedoch keinem Wunderheiler. Und keine himmlischen Trompeten verkündeten die

Wiederherstellung seiner Sehkraft, wie ja auch keine seine Geburt verkündet hatten.

Mit seiner Gesundung hatte eine Achterbahn zu tun, außerdem eine Seemöwe. Und man muss dabei auch berücksichtigen, wie wichtig es Barty war, seine Mutter vor ihrem zweiten Tod mit Stolz zu erfüllen.

Zum ersten Mal war sie am Tag von Bartys Geburt gestorben.

Am 16. Januar 1985.

Die meisten Einwohner von Bright Beach, Kalifornien, sprachen voller Zuneigung von Agnes Lampion, die man auch die *Pie Lady* nannte. Sie lebte für andere und hatte ein Herz für deren Sorgen und Bedürfnisse. In dieser materialistisch orientierten Welt löste ihre Selbstlosigkeit aber auch Argwohn bei denjenigen aus, deren Blut mit genauso viel Zynismus wie Eisen angereichert war. Selbst solche hartherzigen Seelen räumten allerdings ein, dass die *Pie Lady* zahllose Bewunderer und keine Feinde hatte.

Der Mann, der am Abend von Bartys Geburt die Welt der Familie Lampion zerstörte, war kein Feind von Agnes. Er war ein Fremder. Doch ein Kettenglied hatte sein Schicksal mit dem der Lampions verbunden.

Augen entfernt und trotzdem wieder Sehvermögen? Irgendwie verursacht durch eine Achterbahn, eine Seemöwe und die Liebe zur Mutter? Zu seiner Mutter, die zwei Mal starb? Ich hatte keine Ahnung, was irgendetwas davon bedeutete oder auf welche Weise ich diese bizarren narrativen Verheißungen im Roman einlösen sollte. Eine der mir liebsten Rezensionen des Romans erschien später in der Zeitung *San Diego Union Tribune*. Ein Auszug aus dieser Rezension lautet: »Seine Anfangszeilen ähneln der Ankündigung eines Mannes, er werde gleich mit Bowlingkugeln jonglieren, zugleich Eier braten und einen Heißluftballon lenken.« Diese Rezension beschrieb genau das, was mir Sorgen bereitete, als ich in meinem Arbeitszimmer saß und wieder und wieder mein erstes Kapitel durchging. Ein Ballon voller heißer Luft, in der Tat.

Im Laufe der Jahre war mir klar geworden, dass mein Unterbewusstsein, vielleicht auch meine Intuition am Werk war und ich ihr vertrauen sollte, wenn eine Geschichte eine scheinbar nicht folgerichtige Wendung nahm oder eine unbegreifliche neue Richtung einschlug. Irgendwann würde die Geschichte sich schon bis zu einem Punkt entwickeln, an dem diese Wendung völlig plausibel wirken würde. Und es verblüffte mich stets, dass ich auf irgendeiner Bewusstseinsebene die ganze Zeit über gewusst hatte, was ich tat, selbst wenn Zweifel meinem bewussten Verstand zu schaffen machten.

Allerdings würde das Romanprojekt *Der Geblendete* wohl dasjenige mit den komplexesten Themen und dem umfangreichsten Personal sein, das ich jemals angepackt hatte. Und jetzt eröffnete diese Geschichte auch noch mit Verheißungen, die ich nur mit allergrößter Mühe oder gar nicht würde einlösen können!

Doch je mehr ich Trixie beobachtete, desto mehr vertraute ich darauf, dass ich dieses anspruchsvolle Buch würde schreiben können. Die Handlungsträger waren Menschen, die Schmerz und entsetzliche Verluste erlitten hatten, und sich dennoch weigerten, sich dem Zynismus hinzugeben. Sie arbeiteten entweder darauf hin, wieder einen Zustand der Unschuld zu erlangen, oder sie versuchten (wie die Kinder in diesem Roman) in einer verdorbenen Welt an ihrer Unschuld festzuhalten. Meine Erkenntnis, dass Trixies Intelligenz und ihr Gespür für das Wunderbare des Lebens ihre Seele bewiesen, und die weitere Erkenntnis, dass die Arglosigkeit dieser Seele Quelle ihrer steten Lebensfreude war, bereiteten mich darauf vor, glaubwürdig über Agnes und ihren Sohn zu schreiben.

In Junior Cain, dem bösartigen, aber unglückseligen Antagonisten, drückte sich eine dritte Erkenntnis aus, zu der ich durch die Beobachtung von Trixie gelangt war: dass die für unsere Zeit so typische Flucht aus der Unschuld einen Sprung ins Absurde und in den Wahnsinn bedeutet. Es war nicht nur Trixie, die mich darauf vorbereitete, dieses Buch zu verfassen, aber sie hatte mich zumindest in großen Teilen dazu inspiriert.

Da Trixie mein Gespür für das Wunderbare des Lebens und dieser Welt so sehr wiederhergestellt hatte, dass dieses Wunderbare wieder den Glanz meiner Kindheitstage annahm, kam ich nach dem Entwurf des ersten Kapitels zu dem Schluss, dass ich diesen Roman *unbedingt* schreiben musste. Denn ich würde keine Ruhe finden, bis ich wusste, was dem blinden Barty und seiner Mutter zugestoßen war – und noch zustoßen würde.

Ich brauchte zweiundfünfzig Wochen, also fast ein ganzes Jahr, um dieses Buch zu schreiben. Und Mitte 2001 steckte ich schon tief in einem weiteren Romanprojekt, das sich als genauso komplex und fast genauso umfangreich erweisen sollte. Der Titel lautete *Bote der Nacht*.

An einem arbeitsreichen Samstag verschob ich Trixies nachmittägliche Fütterung um eine halbe Stunde, auf 16 Uhr, und machte danach Feierabend. Nachdem sich Trixie ihr Trockenfutter einverleibt und ausgiebig das Maul geleckt hatte und danach zu dem Napf zurückgekehrt war, um sicherzustellen, dass sie keinen Futterrest übersehen hatte, brachen wir zu einem einstündigen Spaziergang auf.

Wenn man mit einem Hund regelmäßig in derselben Umgebung Gassi geht, macht man Bekanntschaft mit anderen Hundebesitzern, die ihre Hunde ebenfalls ausführen. Oft bleibt man dann stehen und unterhält sich ein paar Minuten lang. Meistens tauscht man Hundegeschichten miteinander aus, redet über Parks und Strände, wo Hunde zugelassen sind, besondere Leckerbissen für Hunde, Hundespielzeug, Hundekrankheiten, Tierärzte, Hundebücher und natürlich auch ganz allgemein über Hunde.

Selten fragen einen andere Hundebesitzer nach dem eigenen Namen, und sie stellen sich auch nicht mit ihren Namen vor. Das liegt nicht daran, dass sie unbedingt ihre Privatsphäre schützen wollen. Nein, das ist nicht der Grund. Vielmehr kommen sie gar nicht erst auf die Idee, dass Namen in diesem besonderen sozialen Netzwerk irgendeine Rolle spielen könnten. Wir alle sind Hüter unserer Hunde, und mehr brauchen wir normalerweise gar nicht voneinander zu wissen. Schließlich kennen wir ja die Hunde der anderen Hundehalter beim Namen.

Jedes Mal, wenn ich mit Trixie einem Menschen in Begleitung eines Hundes zum ersten Mal begegnete, hörte ich als Erstes: »Ihre Hündin ist wirklich ein wunderschöner Golden Retriever. Wie heißt sie denn?« Dann stellte ich Trixie vor, machte dem Neuankömmling im Gegenzug Komplimente zu seinem Hund und fragte nun meinerseits nach dessen Namen. Falls der Hund Sparky hieß, nannte ich den Mann, der ihn ausführte, bei mir nur »Sparkys Herrchen«. Wenn Gerda von einem Spaziergang mit unserem Mädchen zurückkehrte und ich sie fragte, ob sie unterwegs Bekannte getroffen habe, antwortete sie beispielsweise: »Pookies Frauchen hat mir ein Café empfohlen, in dem Hunde auf der Terrasse zugelassen sind. Und Barneys Herrchen hat erzählt, in der *Three Dog Bakery* hätten sie tolles neues Plüschspielzeug hereinbekommen.«

Als ich irgendwann morgens beim Frühstück Zeitung las, entdeckte ich ein Foto von einem Paar, dem wir manchmal beim Gassigehen mit Trixie begegneten. Sie hatten von der Gemeinde eine Auszeichnung für irgendwelche gemeinnützigen Dienste erhalten. Ein oder zwei Tage später fiel mir der Artikel wieder ein. »Gizmos Herrchen und Frauchen leisten viel gute ehrenamtliche Arbeit für sozial gefährdete Jugendliche«, teilte ich Gerda mit. »Man hat sie dafür ausgezeichnet, es war ein Foto in der Zeitung.«

»Wie heißen die beiden eigentlich?«, fragte Gerda.

Ich sah sie verständnislos an.

»Die Zeitung hat sie doch sicher nicht nur als ›Gizmos Herrchen und Frauchen‹ bezeichnet«, meinte Gerda.

»In dem Artikel wurde Gizmo nicht einmal erwähnt«, erwiderte ich. »Was zeigt, wie unnütz die meisten Zeitungsartikel sind. Sie handeln nie von den wirklich *interessanten* Geschichten.«

Ich bin mir sicher, dass ich den Namen dieser Leute in dem Artikel gelesen hatte. Ich habe die Namen nur nicht behalten, da ich die beiden schon als Gizmos Frauchen und Herrchen kannte. Und das verriet mir das Wesentliche, das ich für den beschränkten gesellschaftlichen Umgang mit ihnen wissen musste.

Würde man auf den täglichen Spaziergängen einem Mann ohne Hund begegnen, der jedoch ein drittes Auge in der Stirn besaß, würde man seiner Ehefrau beim Abendessen ja auch nur mitteilen: »Hab heute Morgen zufällig wieder mal den Dreiäugigen getroffen und mich nett mit ihm unterhalten. Über Designer-Sonnenbrillen.« Zu diesem Gespräch beim Abendessen würde es nicht wesentlich beitragen, wüsste man, dass der Dreiäugige Jim Smith heißt.

Nachdem ich derselben Frau – Wallys Frauchen – drei Jahre lang zwei oder drei Mal in der Woche während der Spaziergänge mit Trixie begegnet war, überquerte sie eines Morgens mit der angeleinten Wally die Straße und sprach mich an. »Ich muss mich bei Ihnen entschuldigen«, sagte sie. »Mir war gar nicht klar, wer Sie sind.«

»Ich bin Trixies Herrchen«, erwiderte ich.

»Schon seit Jahren lese ich Ihre Bücher«, erklärte sie. »Ich finde sie großartig. Auf den Umschlägen habe ich auch Fotos von Ihnen gesehen, doch irgendwie habe ich Sie mit diesen Romanen nie in Verbindung gebracht.«

Wir unterhielten uns ein paar Minuten über Bücher. Und dann fragte ich sie nach ihrem Namen, da sie nun ja auch meinen wusste. »Ich bin Wallys Frauchen«, sagte sie, und da mussten wir beide lachen. Anschließend erzählte sie mir, in *Ralphs Supermarkt* seien endlich wieder *Frosty Paws* zu bekommen.

Erst zehn Minuten, nachdem wir uns voneinander verabschiedet hatten, fiel mir auf, dass sie meine Frage nicht beantwortet hatte. Ich wusste noch immer nicht, wie sie hieß. Ich bin mir ziemlich sicher, dass sie an diesem Abend zu Hause beim Essen ihrem Mann in etwa mitteilte: »Ich habe Trixies Herrchen heute gefragt, wann sein neues Buch herauskommt. Er sagte, im kommenden Monat.«

Außer den Leuten, die Hunde ausführten, trafen Gerda und ich auch oft den Großvater einer indischen Familie, die nahe bei uns in einer Querstraße wohnte. Er brauchte einen Rollator und ging damit stets langsam, aber mit gleichmäßigem Schritt die ebenen Straßen am Hügelkamm entlang. Das tat er zwei Mal am Tag. Offenbar war das sein auf eineinhalb Kilometer begrenzter Gesundheitsspaziergang. Mich beeindruckte seine Entschlossenheit, aktiv zu bleiben.

Er hatte ein rundes, fröhliches Gesicht und ein herzliches Lächeln, und sein leicht melodischer Akzent war bezaubernd. Stets wollte er nach unten greifen und Trixies Kopf streicheln, während wir Höflichkeiten über das Wetter oder Tagesnachrichten austauschten.

Als Trixie und ich auf ihn zugingen, fragte er eines Tages: »Darf ich Ihnen eine wunderbare Wahrheit über Ihre Hündin offenbaren?« Ich antwortete, nichts sei mir lieber. Daraufhin fuhr er fort: »Vielleicht wissen Sie ja, was sie ist. Wissen Sie es?«

Da ich annahm, er wolle wissen, zu welcher Rasse Trixie gehöre, sagte ich: »Sie ist ein Golden Retriever.«

»Ja, das ist sie«, erwiderte er. »Aber das habe ich nicht gemeint. In unserer Religion glauben wir an Reinkarnation. Wir leben viele Male, wissen Sie? Und immer streben wir danach, von Mal zu Mal weiser als in unseren früheren Leben zu sein. Weiser und tugendhafter. Wenn wir irgendwann ein untadeliges, ein perfektes Leben leben, verlassen wir diese Welt und brauchen sie nicht länger zu ertragen. Aber zwischen unseren menschlichen Leben können wir in Gestalt anderer Geschöpfe reinkarnieren. Hin und wieder kommt es vor, dass jemand, der ein fast perfektes Leben gelebt hat, jedoch noch nicht ganz des Nirwanas würdig ist, in Gestalt eines wunderschönen Hundes reinkarniert. Wenn sein Leben als Hund endet, reinkarniert dieses Geschöpf ein letztes Mal als Mensch und lebt dann ein perfektes Leben. Ihre Hündin ist eine Persönlichkeit, die fast schon die vollständige Erleuchtung erlangt hat und im nächsten Leben ein perfekter, unschuldiger Mensch sein wird, eine großartige Persönlichkeit. Man hat Ihnen die Fürsorge für ein Wesen anvertraut, dem man in Ihrer Religion wohl die Seele einer Heiligen zusprechen würde.«

Die Stimme und die Art des Großvaters faszinierten mich. Und seine Bemerkungen über Trixie waren so gütig und liebevoll, dass ich ihm dankte und erwiderte, wir hätten sie schon immer für etwas ganz Besonderes gehalten. »Erzählen Sie Ihrer Frau, was ich Ihnen mitgeteilt habe«, sagte er schließlich. Ich versicherte ihm, ich könne es kaum abwarten und würde es ihr zu Hause gleich erzählen. Das mag sonderbar erscheinen, doch nachdem ich ein paar Schritte weitergegangen war, kam ich auf die Idee, seine Bemerkung mit dem Vorfall zu verbinden, bei dem ich Trixie gesagt hatte, sie sei ein als Hund getarnter Engel, wie ich inzwischen wüsste. Außerdem fiel mir die Nacht ein, in der es mir so vorgekommen war, als führte Trixie einen für mich unsichtbaren Gast durch das obere Stockwerk. Mir lief ein – nicht unangenehmer – Schauer über den Rücken.

Als Christ glaube ich nicht an Reinkarnation, aber ich glaube, dass Trixie tatsächlich etwas Einzigartiges und Bedeutsames an sich hatte. Viele Menschen erkannten dieses Einzigartige an ihr und drückten ihre Wahrnehmung auf unterschiedliche Weise aus. Wenn wir uns mit Trixie auf der Terrasse eines Restaurants aufhielten, blieben andere Gäste häufig an unserem Tisch stehen und machten irgendeine Bemerkung über Trixie. Oft erwähnten sie ihre Schönheit oder ihr gutes Benehmen und sagten dann: »Sie ist wirklich etwas ganz Besonderes, nicht wahr?« Wir bedankten uns jedes Mal dafür und antworteten: »Ja, sie ist etwas ganz Besonderes.« Nachdem der Großvater mir erzählt hatte, für was er unsere Hündin hielt, war mir mehr als vordem bewusst, wie häufig Trixie mit den Worten »etwas ganz Besonderes« beschrieben wurde.

Unsere Freunde Andy und Anne Wickstrom, die wir schon seit meiner Studienzeit kennen und die von Jahr zu Jahr interessanter – vielleicht auch eigenartiger – wurden, besuchten uns für eine Weile in unserem neuen Haus. Sie waren begeistert von Trixie, und das beruhte auf Gegenseitigkeit. Zu fünft verbrachten wir eine wundervolle Woche. Etwa einen Monat nach ihrer Rückkehr zur Ostküste erwähnte Anne während eines Telefongesprächs, sie habe Freunden von Trixie erzählt und zu vermitteln versucht, wie besonders diese Hündin sei. Doch irgendwann sei ihr klar geworden, dass Worte und Anekdoten einfach nicht ausreichten, jemandem Short Stuffs zauberhafte Persönlichkeit und Ausstrahlung vollends begreifbar zu machen.

Beim Verfassen dieser Erinnerungen bin ich oft auf genau diese Barriere gestoßen. Ich musste akzeptieren, dass ich trotz all meiner Bemühungen, ein genaues Porträt von Trixie zu zeichnen, ihr damit einfach nicht gerecht werden kann. Das Unsagbare kann man nicht beschreiben. Ein Geheimnis ist ja gerade deswegen ein Geheimnis, weil man es nicht aufdecken kann, und manche Rätsel sind schlichtweg nicht lösbar.

In dem zweiten Roman, den ich nach Trixies Eintritt in unser Leben geschrieben habe, *Der Geblendete*, konnte ich jene spirituellen Fragen, die ich unterschwellig auch schon in einigen meiner früheren Bücher angesprochen hatte, näher an die Oberfläche holen und konkreter thematisieren. Ich meine damit meine Auffassungen darüber, dass die Welt ein Ort voller Geheimnisse und voller sinnvoller Bedeutungen ist; dass die Naturwissenschaften – insbesondere die Quantenphysik – und der religiöse Glaube miteinander nicht im Widerstreit liegen, sondern einander in Wahrheit ergänzen; dass wir eine Gemeinschaft von potenziell Heiligen sind; dass wir eine Bestimmung miteinander gemein haben und jeder von uns ein Faden in einem sinnvollen Gewebe ist.

Als der Roman erschien, bekam er mehr wohlwollende Rezensionen, als wir in die ersten fünf Seiten der darauf folgenden Taschenbuchausgabe pressen konnten. Das war wunderbar, doch Rezensionen sind innerlich nicht so befriedigend wie die Resonanz der Leserinnen und Leser. In den ersten acht Jahren nach der Veröffentlichung wurden weltweit sechs Millionen Exemplare von *Der Geblendete* verkauft, und ich erhielt Zehntausende von Leserbriefen. Manche davon waren die intelligentesten und anrührendsten Briefe, die ich je bekommen habe.

Die Widmung, die ich diesem Roman vorangestellt hatte, lautete: »Für Gerda. Von den vielen tausend Tagen meines Lebens war der wichtigste Tag derjenige, an dem wir uns begegnet sind. Und das wird er für immer bleiben.« Gerda hatte ich auch früher schon Bücher gewidmet. Aber bei diesem Roman hatte ich endlich das Gefühl, ein Buch verfasst zu haben, das Gerdas würdig war.

Fünf Jahre danach widmete ich Trixie ein Buch. So lange brauchte ich wegen meiner bedächtigen, begriffsstutzigen Art, bis mir schließlich ganz und gar bewusst war, wie sehr diese Hündin nicht nur mich, sondern auch mein Schreiben verändert hatte.

20

Doktor Tod und Doktor Berry

Nach unserem Umzug ins neue Haus gingen Trixie und ich eines Abends in den hinteren Garten, damit sie dort noch Wasser lassen konnte, ehe sie sich schlafen legte. Während sie anschließend vor mir die hintere Treppe hinaufstieg – sie freute sich schon auf den Leckerbissen, den sie aus dem geheimen Vorrat in der Küche erhalten würde –, winselte sie plötzlich kurz und leise, aber trotzdem deutlich zu hören, und blieb mit den hinteren und den vorderen Beinen auf jeweils verschiedenen Stufen wie angewurzelt stehen. Und dann wandte sie den Kopf und starrte mich bestürzt an. Ich konnte sie nicht dazu überreden, auch nur eine einzige Pfote zu heben. Sie schien darauf vorbereitet, dort ewig stehen zu bleiben. Ihre Flanken bebten. Mitgenommen von der Vorahnung, dass dies der erste Augenblick eines realen Albtraums sein würde, trug ich sie vorsichtig in die Küche.

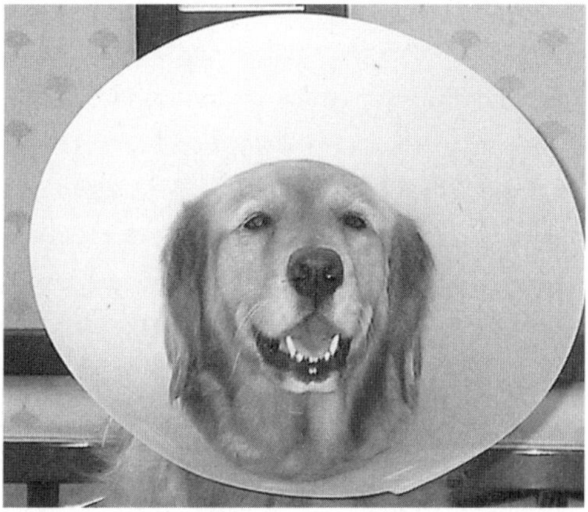

Auf ebenem Boden schien ihr nichts zu fehlen. Sie trottete sofort zu dem Platz, wo ihre Leckerlis üblicherweise aufbewahrt wurden, und bedachte mich mit einem ihrer »Du weißt ja, dass ich jetzt eine

Belohnung verdiene«-Blicke. Ich hätte gern geglaubt, dass der Moment auf der Treppe nichts Schlimmes ankündigte, doch ich wusste es besser. Da ich Angst um Trixie hatte und vermutete, dass die eine oder andere Art von Leiden auf sie zukommen würde, gab ich ihr drei Hundekekse. Ich hätte ihr sogar den ganzen Glasinhalt gegeben, hätte sie sich nach drei Keksen nicht abgewandt, um zu ihrem Wassernapf zu tapsen.

Wir fuhren mit dem Fahrstuhl hinauf zum Schlafzimmer, denn die Treppe wollte ich lieber nicht nehmen. Dieser Fahrstuhl war größer, moderner und professioneller installiert als derjenige, den wir im früheren Haus gehabt hatten. Statt an Kabeln hinaufzurattern und lautstark scheppernd wieder nach unten zu gleiten, hing diese Kabine am Ende eines hydraulischen Widders, der sie lautlos nach unten und wieder zurück nach oben beförderte, ohne dass irgendwelche Affen auf dem Dachboden kreischten. Trixie hatte nichts dagegen, diesen Aufzug zu benutzen.

Um Gerda eine schlaflose Nacht zu ersparen, erzählte ich ihr erst am folgenden Morgen von dem unheimlichen Augenblick auf der Treppe. Als ich Trixie nach ihrem Trockenfutter-Frühstück mit nach draußen nahm, damit sie dort ihr großes Geschäft verrichtete, hatte sie Schwierigkeiten, ihre Gedärme zu entleeren. Sie hockte sich hin, begann zu drücken, hörte damit jedoch gleich wieder auf, kroch im Krebsgang vorwärts, versuchte es erneut, hielt inne, kroch wieder vorwärts, so als machte ihr das Drücken schwer zu schaffen. Aber schließlich schaffte sie es doch noch, den Darm zu entleeren.

Ich brachte sie zu ihren Ärzten in der Tierklinik, wo sie Röntgenaufnahmen von Trixies Wirbelsäule machten. Die vorläufige Diagnose lautete, sie habe ein Problem im Rückgrat und es müsse als Erstes eine Kernspintomographie durchgeführt werden. Erst danach könne entschieden werden, ob eine Operation nötig sein werde.

Wir machten einen Termin mit einem Tierchirurgen aus, der die besten Referenzen hatte. Nach zwei Tagen, in denen Trixie keine Treppen steigen durfte, brachten wir sie um fünf Uhr früh zur Kernspintomographie. Man sagte uns, wir könnten sie zwölf

Stunden später, um 17 Uhr, wieder abholen. Diese Zeitspanne kam uns ungewöhnlich lang vor, doch man erklärte uns, Trixie könne erst entlassen werden, wenn sie sich vollständig von der Narkose erholt habe.

Als wir um Punkt 17 Uhr in die Klinik zurückkehrten, holte eine tiermedizinische Assistentin Trixie. Unser Mädchen befand sich in einem schockierenden Zustand. Sie wankte beim Gehen und ihre Beine sackten wiederholt unter ihr weg, so dass sie auf den Boden fiel. Ihre unteren Augenlider waren so nach vorne gewölbt, dass ihre völlig blutunterlaufenen Augen aussahen, als würden sie gleich aus den Höhlen treten, und sie tränten sehr. Sie schien uns nicht zu erkennen, wedelte weder mit dem Schwanz noch reagierte sie in irgendeiner Weise, als wir sie berührten und mit ihr sprachen.

Wir wussten, dass der Tierchirurg noch in der Klinik war, denn wir hörten die Empfangsdame über die hausinterne Sprechanlage mit ihm reden. Gerda teilte der Assistentin mit, dass wir den Arzt zu sprechen wünschten, doch er lehnte es ab, zu uns zu kommen und mit uns zu reden.

Gerda ist zwar zierlich und eine Frau der leisen Töne, kann in dieser sanften Stimme aber auch knallharte Drohungen mitschwingen lassen, ohne laut zu werden. Die Assistentin wich einen Schritt zurück, als Gerda sagte: »Er ist nicht bereit zu kommen? Dieser Hündin wurde eine extreme Überdosis von Sedativa verabreicht. Wo ist der Arzt? Wir werden zu ihm gehen.«

Wegen der abwechselnd defensiven und aggressiven, völlig unangemessenen Reaktionen einiger Klinikangestellten vermuteten wir, dass sich solche Szenen hier schon früher abgespielt hatten. Nachdem man uns ursprünglich mitgeteilt hatte, Trixie könne erst nach vollständiger Erholung von der Narkose aus der Tierklinik entlassen werden, beharrten diese Leute jetzt darauf, dass wir unsere Hündin unbesorgt mit nach Hause nehmen könnten, obwohl sie weder aufrecht stehen konnte noch wusste, wer wir waren.

Bestimmt war der Arzt durch einen Hinterausgang geflüchtet und wir würden ihn nicht sprechen können, selbst wenn wir jede Tür in der Klinik mit den Füßen eintraten, um ihn aufzuspüren.

Aber jetzt ging es in erster Linie um Trixie. Ich trug sie zu unserem Wagen und wir nahmen sie mit nach Hause.

Da wir damit rechneten, dass sie sich übergeben oder auf andere Weise Magen und Darm entleeren würde, legten wir uns alle drei auf ein behelfsmäßiges Bett in der Küche, denn dort war alles in der Nähe, was wir vielleicht brauchen würden: kaltes Wasser, Eis, alle Reinigungsmittel in der angrenzenden Waschküche und eine Tür nach draußen. Trixie schien genauso wenig schlafen wie laufen zu können. Während wir auf unserem provisorischen Bett lagen, unser Mädchen zwischen uns, streichelten wir sie und sprachen leise mit ihr. Wir fürchteten, die rücksichtslose Überdosis von Betäubungsmitteln hätte bei ihr vielleicht dauerhafte Gehirnschäden bewirkt. Wir steigerten uns in eine stille Wut hinein – eine Wut, wie sie gewöhnlich hinter dem Einsatz von Schusswaffen und Molotowcocktails steckt.

Kurz vor Mitternacht war Trixie schließlich fähig, lange genug aufzustehen, um etwas Wasser aus einem Napf schlabbern zu können. Immer wieder döste sie kurz ein, gab aber kein Anzeichen von sich, dass sie uns mittlerweile erkannt hatte. Das ging so bis 4 Uhr früh – elf Stunden, nachdem wir sie nach Hause gebracht hatten. Erst am folgenden Nachmittag kam sie gegen 17 Uhr wieder ganz zu sich, *vierundzwanzig Stunden*, nachdem wir sie aus der Schreckensklinik von Doktor Tod geholt hatten.

Um das Fass zum Überlaufen zu bringen, rief jemand aus Dr. Tods Büro nun an, um uns mitzuteilen, dass die MRT-Aufnahmen nicht deutlich genug für eine genaue Diagnose seien. Ich wollte wissen, welche Kombination illegaler Drogen der Arzt selbst täglich konsumiere, doch sein Personal hielt diese Information lieber zurück.

Am nächsten Tag brachte ich Trixie zu dem Neurochirurgen Doktor Wayne Berry. Als er ins Untersuchungszimmer kam, kniete er sich sofort zu Short Stuff auf den Boden, nannte sie *Süße* und brauchte genau sechzig Sekunden, bis sie ihn anhimmelte. Er hatte Tierärztliche Chirurgie an Südafrikas größter Universität gelehrt, war mit seiner Familie aber vor einigen Jahren in die Vereinigten Staaten ausgewandert. Er war früher Militärarzt gewesen und besaß das vernünftige Selbstvertrauen und die Ausstrahlung von Kompetenz und Effizienz eines Mannes, der Disziplin zu schätzen weiß und ein Ehrgefühl hat, das sich sowohl in seiner Lebensweise als auch in der Durchführung seiner Operationen ausdrückt.

Wayne wollte eine weitere Magnetresonanztomographie durchführen lassen. Er versicherte mir, sie werde eine eindeutige Diagnose ermöglichen, denn er werde die ganze Zeit anwesend sein und jeden Bildausschnitt wiederholen lassen, der nicht deutlich genug sei. Ich sollte mit Trixie am Mittwochmorgen um 5 Uhr 30 wiederkommen. Ich erzählte ihm, in welchem Zustand Trixie uns von Doktor Tod übergeben worden war. Wayne versicherte, dass Trixie sich vollständig von der Narkose erholt haben werde, wenn er sich um halb zwölf mit mir treffe, um mir die Diagnose mitzuteilen.

Als ich Trixie am Mittwochmorgen mit dem Fahrstuhl in den untersten Stock unseres Hauses brachte, ohne in der Küche im Hauptgeschoss Halt zu machen und ihr das Trockenfutter zum Frühstück zu servieren, zögerte sie an der Tür zur Garage und wartete darauf, dass ich meinen Fehler erkannte. Als ich »Trixie, los!« sagte (was nicht nur ein Vorschlag, sondern ein Kommando aus ihrem CCI-Training war), bedachte sie mich mit ihrem »Ross«-Blick. Ich erklärte ihr, sie dürfe wegen der Narkose während der Untersuchung keine Nahrung im Magen haben, denn falls sie brechen müsste, würde sie das Erbrochene vielleicht einatmen und in die Lungen bekommen, und dann könne sie daran sogar ersticken. Wenn hier ein Eigenlob erlaubt ist: Ich habe tatsächlich die Gabe, komplexe Sachverhalte auch Hunden zum Zwecke ihrer Weiterbildung zu verdeutlichen. Ich setze dabei nämlich Pantomime und Toneffekte ein, um Wörter, die sie vielleicht nicht kennen, zu definieren oder auf diese Weise zu ergänzen. Meine Veranschaulichung des Einatmens von Erbrochenem hätte Dustin Hoffman vor Neid zum Weinen gebracht. Doch Trixie bedachte mich trotzdem weiterhin mit dem »Ross«-Blick und schien drauf und dran, die

»Nachttopfnummer« abzuziehen und den Hintern nicht mehr von der Stelle zu bewegen.

Ich griff auf das zurück, was immer funktioniert, wenn alles andere in einer solchen Situation versagt. Ich wand mich vor vorgeblichem Entzücken und sprach mit einer vor Aufregung atemloser Stimme: *»Auf zum Doktor, Trixie! Wir gehen zum Doktor! Doktor! Das macht Spaß, Trixie. Trixie, Herrchen und Doktor haben Spaß! Spielen mit dem Doktor macht Spaß! Spaß, Trixie! Los, los!«* Hunde sind zwar stark auf das Fressen fixiert, doch wenn sie meinen, dass irgendwo ein großer Spaß auf sie wartet, bei dem sie mitmachen können, akzeptieren sie den Aufschub des Fressens, denn sie wollen ja mit zur Party.

Wenn man bedenkt, wie gut uns Hunde ansonsten durchschauen können, verblüffte es mich, wie zuverlässig dieser Trick unser Golden Girl in Aufregung versetzen und selbst vom Frühstück ablenken konnte. Eigentlich war ich immer davon ausgegangen, dass sie den Trick hin und wieder doch bemerken und dann denken würde: *He, halt mal! Als du das letzte Mal einen Mordsspaß versprochen hast, hat sich der Spaß als eine Nadel in meinem Arm, ein Schirm rings um meinen Kopf und ein Thermometer in meinem Hintern entpuppt!*

Die ewige Spielbereitschaft von Hunden ist herzerwärmend und ihr Großmut, Täuschungsmanöver immer wieder zu verzeihen, ist einer der wesentlichen Unterschiede zwischen einem Hundeherz und einem Menschenherz.

Trixie nahm mir mein freudiges Gezappel und das atemlose Versprechen von Spaß ab und ließ es zu, dass ich sie in den Geländewagen hob. Und während wir in den immer noch dunklen Morgen hineinfuhren, saß sie hechelnd am Fenster und freute sich auf ein großes Abenteuer.

Ich kam mir wie der letzte Dreck vor. Nicht wie der Dreck, den man in der Hölle vom Küchenboden kratzt, sondern eher wie die stinkende Fäule, die man manchmal auf der Haut einer überreifen Tomate findet. Aber das war schon schlimm genug.

Wir kamen etwas zu früh in Dr. Berrys Klinik an, gerade als die mobile MRT-Anlage auf einem Lastwagen mit achtzehn Rädern auf den Parkplatz fuhr. Der LKW war wirklich riesig: Er sah aus wie ein Transporter, den ein Schurke in einem von Roger Moores James Bond-Filmen dazu benutzt, eine Waffe, die die Welt vernichten könnte, an ihr Ziel zu befördern. In Bond-Filmen muss das natürlich in einer bildlich faszinierenden Landschaft passieren, weil dass die Spannung bei der Verfolgungsjagd noch erhöht.

Trixie stolzierte zum Empfangstresen, wo die Frauen mit ihr turtelten und viel Wirbel um sie machten. Nachdem sie mir über die Schulter einen Blick zugeworfen hatte, der besagte: *Alles in Ordnung, Herrchen*, ging sie mit der tiermedizinischen Assistentin durch eine Schwingtür. Doch dahinter würde sie nicht die versprochene Party finden.

Zu Hause, wo ich mehr als fünf Stunden totschlagen musste, bevor wir unser Mädchen zurückbekommen und hören würden, welche Operation nötig war, konnte ich mich nicht auf das Schreiben konzentrieren. Ich konnte die Zeit entweder dazu nutzen, Briefe zu beantworten – die Korrespondenz ist ein Berg, der sich im Leben eines Schriftstellers ständig auftürmt –, oder den Morgen in trüber Stimmung in einem Sessel verbringen, Zeitschriften durchsehen und Kekse verschlingen. Mit Keksen meine ich natürlich nicht die Hundekekse, sondern diejenigen, die Menschen essen. Schließlich war das hier keine auf Schuldgefühlen basierende freudianische Selbstbestrafung.

Während ich mich mit Keksen vollstopfte, betrachtete ich das allerdings tatsächlich zu einem gewissen Grad als Buße dafür, dass ich unseren Trickster überlistet hatte, und dachte: *Wenn ich so weitermache, werde ich fett werden und so abstoßend wirken wie der dicke Bandenboss Jabba the Hutt in* Star Wars. *Die schönen Menschen von Newport Beach werden angewidert vor mir zurückschrecken, und genau das verdiene ich auch. Okay, Schluss mit diesen gewöhnlichen Chocolate Chips. Zeit für ein paar wirkliche Kalorienbomben mit doppeltem Schokoladenanteil.*

Gerda und ich trafen uns um halb zwölf mit Dr. Berry. Er klemmte die MRT-Aufnahmen von Trixies Wirbelsäule an die Schautafel und fragte, ob wir das Problem erkennen könnten. Die

Aufnahmen waren so deutlich und klar umrissen, dass selbst Doktor Tod das Problem möglicherweise erkannt hätte – vorausgesetzt, er wäre nicht gerade mit Drogen zugedröhnt. Die Wirbelsäule unseres Mädchens zeichnete sich auf den Bildern zunächst als außerordentlich gleichmäßige Abfolge von schwarzen und weißen Umrissen ab, doch bei den untersten Wirbeln wirkte dieses Muster verdichtet und verkümmert. Einer der Zwischenräume zwischen diesen Wirbeln – der Spinalkanal, in dem ein Spinalnerv verläuft – war zwischen dem Wirbel und dessen Dornfortsatz drastisch durch einen überstehenden Knochen verengt, so dass der Nerv eingeklemmt war.

Ich muss hier gleich einräumen, dass ich Trixies Befund nicht unbedingt mit den korrekten medizinischen Begriffen beschrieben habe. Ich habe Wayne Berry nicht gebeten, den vorhergehenden Absatz Korrektur zu lesen. Ich möchte hier nur vermitteln, wie seine Erläuterung in meinen Ohren klang. Ich selbst bin ein unwissender Laie, der schon bei den harmlosesten medizinischen Termini wie »intravenöse Injektion« oder »Wundpflaster« alarmiert ist. Jedenfalls wurde mir bei Doktor Berrys Erklärung das Herz schwer. Rückenprobleme, so dachte ich, bringen häufig die Möglichkeit einer Lähmung mit sich.

Short Stuff konnte nicht mehr ohne Schmerzen die Treppen hinaufsteigen. In letzter Zeit hatte sie – offensichtlich wegen des eingeklemmten Nervs – auch keine Lust mehr gezeigt, Tennisbällen nachzujagen. Bei jedem »Toiletten«-Gang versuchte sie mehrfach vergeblich, die Gedärme zu entleeren, kroch danach jedes Mal im Krebsgang unbeholfen vorwärts, bis sie bei einem weiteren Versuch schließlich Erfolg hatte. Dieses Herumquälen lag daran, dass das Herauspressen der Exkremente Druck auf den eingeklemmten Nerv ausübte. Sie brauchte eine Operation, bei der man den vorstehenden Knochen so abschleifen würde, dass der Nerv wieder Spielraum hatte. Gerda wirkte bitter, als sie fragte, was während einer solchen Operation schiefgehen könne. Wayne beantwortete ihre Frage bemerkenswert direkt und knapp: Falls bei der Operation der Spinalnerv verletzt würde, könne es passieren, dass Trixies Hinterbeine ihr Leben lang gelähmt seien. Oder sie könne ihr Leben lang unter Inkontinenz leiden. Es könne aber auch beides eintreten.

Er ließ uns einen Augenblick Zeit, diese Möglichkeiten abzuwägen, und fuhr dann mit Gelassenheit und einem Selbstvertrauen, das überhaupt nichts Angeberisches an sich hatte, fort: »Aber nichts dergleichen ist einem Tier je zugestoßen, wenn ich eine solche Operation persönlich durchgeführt habe.«

Während wir den Termin für die Operation absprachen, brachte man Trixie zu uns. Sie kam direkt von ihrer MRT. Der Unterschied zwischen ihrer Verfassung, nachdem sie die Prozedur von Doktor Tod überlebt hatte, und jetzt, nachdem sie dieselbe Untersuchung unter Doktor Wayne Berrys Aufsicht über sich hatte ergehen lassen, hätte größer nicht sein können. Sie war hellwach und freute sich, uns zu sehen. Und sie musste weder zur Pantomime noch zu Toneffekten greifen, um mir mitzuteilen, wie sehr es sie nach dem Frühstück verlangte, das ich ihr durch einen Trick vor sieben Stunden vorenthalten hatte.

»In ihrem Zustand muss sie derzeit bei vielen Bewegungen leichte bis schwere Schmerzen haben«, meinte der Arzt. »Aber Sie haben gesagt, dass sie nur dieses eine Mal auf der Treppe gewinselt hat.«

»Und vielleicht noch ein weiteres Mal, als sie am Vortag einen Ball gejagt hat«, fiel mir ein. »Es war ein dünnes, scharfes Aufjaulen – sehr kurz. Damals war ich mir nicht einmal sicher, ob es von Trixie kam. Aber es ähnelte dem Laut, den ich hörte, als sie auf der Treppe wie angewurzelt stehen blieb.«

Er schüttelte den Kopf. »Sie ist wirklich eine sehr stoische kleine Hündin.«

Ich nickte, da mir die Stimme versagte. Wenn wir tiefe Zuneigung zu einem Hund empfinden, sind wir nicht im Besitz dieser Liebe, sondern von dieser Liebe geradezu besessen. Und manchmal verblüfft und überwältigt sie uns. So schnell, agil und stark ein Hund auch sein mag, so sehr er im Einklang mit der Natur leben und so sehr er sich seines Platzes in der Hierarchie der natürlichen Ordnung Gottes gewiss sein mag: Ein Hund ist auch allem Beschwerlichen und allem Unglück dieser Welt ausgesetzt und deshalb verletzlich. Wenn wir einen Hund in unser Leben aufnehmen, bitten wir ihn um sein Vertrauen, und er gewährt es uns großmütig. Und unsererseits versprechen wir dem Hund: *Ich werde dich immer lieben und dich auch durch schwere Zeiten bringen.* Und dieses Versprechen geben wir feierlich und aus ehrlichem Herzen. Doch genau wie in unserem Leben gibt es im Leben eines Hundes Momente, über die wir keine Kontrolle haben. Und dann erkennen wir zwangsläufig die grundlegende eigene Hilflosigkeit.

Wenn wir uns voller Verzweiflung wünschen, einen Hund beschützen zu können, und stattdessen unser Vertrauen in andere Menschen setzen müssen – und sei es ein wunderbarer Chirurg –, sind wir gezwungen, die Grenzen der *conditio humana* zu akzeptieren, der Umstände des Menschseins und der Natur des Menschen, die wir Tag für Tag verdrängen.

Wenn wir in die vertrauensvollen Augen eines Hundes blicken, der sich bei uns sicher aufgehoben fühlt, und dabei doch wissen, dass wir dieses absolute in uns gesetzte Vertrauen nicht verdienen, sind wir erschüttert und empfinden Demut.

Erneut muss ich dabei an Zeilen aus dem Gedicht *East Coker* von T. S. Eliot denken, in denen es heißt: »Die einzige Weisheit, die zu erwerben wir hoffen dürfen, ist die Weisheit der Demut.«

Zwei Tage nach ihrer zweiten MRT hatte Trixie ihre Rückenoperation, die ohne Komplikationen verlief. Weder blieb eine Lähmung noch eine Inkontinenz zurück, und sie hatte keine Schmerzen mehr.

Sie brauchte drei Wochen bis zur völligen Genesung – nur halb so lange, wie sie zur Erholung nach der Ellbogenoperation benötigt hatte. In diesen drei Wochen sorgte vor allem Gerda für Trixie, da bei mir die Manuskriptabgabe des Romans *Die Anbetung* drängte und ich ihn noch fertigstellen musste. *Die Anbetung* handelt von dem Durchhaltewillen eines Menschen angesichts eines schrecklichen Verlustes, vom Festhalten an einer rationalen Hoffnung in einer qualvollen Welt und von der Suche nach innerem Frieden anstelle von Bitterkeit in der Erinnerung an eine

Liebe, die diesem Menschen durch einen frühzeitigen Tod des geliebten Wesens genommen wurde.

Trixies Rücken wurde mit neunundzwanzig Stahlklammern verziert. Es sah so aus, als hätte sie einen Hundeanzug mit langem Reißverschluss an. Ich nannte sie *Frankenhündchen,* doch das hielt sie nicht für so amüsant wie ich.

Diese Operation schenkte ihr weitere Jahre eines unbeschwerten Lebens, in dem sie das eingezäunte Gelände rings um unser neues Haus zu ihrer Freude vollständig nutzen konnte. So wie jeder Hund bemerkenswert dankbar für jede empfangene Freundlichkeit ist, waren Gerda und ich dankbar für jeden Tag, an dem dieses fröhliche Geschöpf unser Leben verschönte. Die einzige Weisheit liegt in der Demut, und Demut führt zu Dankbarkeit. Und Demut ist auch die wesentliche Voraussetzung dafür, dass wir zu innerem Frieden finden.

21

Trixie als Kritikerin, Autorin und Unternehmerin

Unser neues Haus ist mit einem Heimkino mitsamt einer großen Leinwand ausgestattet. Als wir es zum ersten Mal nutzten, um uns eine Filmkomödie mit Sandra Bullock anzuschauen, verblüffte Trixie uns damit, dass sie auf den Sitz neben Gerda sprang, bevor ich dort Platz nehmen konnte. Eigentlich nahm sich Trixie Rechte auf die Benutzung von Mobiliar nur heraus, wenn wir ihr das ausdrücklich erlaubten, und wir hatten eine solche Erlaubnis nicht auf die Sitze des Heimkinos ausgedehnt.

Doch anstatt ihr zu befehlen, sofort nach unten zu springen, machten wir gute Miene zum dreisten Spiel, da sie so niedlich aussah, als sie aufrecht auf einem Kinosessel saß. Außerdem faszinierte uns ihr offensichtlicher Eifer, in diesem seltsamen neuen Zimmer irgendetwas Interessantes zu erleben – was auch immer es ihr bieten würde.

Ich setzte mich neben Short Stuff und tat so, als wüsste ich, wie ich mit einem ganzen Arsenal von Touch Screen-Bedienungselementen umzugehen hätte. Mir kam diese Apparatur nämlich komplexer vor als die Armatur im Cockpit einer Boeing 747. Ich staunte nicht schlecht, als ich die Lampen tatsächlich dimmen konnte, gleich danach die roten Samtvorhänge zur Seite glitten und der Film auf der Leinwand auftauchte. Ermutigt und mit einem Anflug von Stolz sagte ich mir, dass ich, wenn ich *das hier* meistern konnte, eines Tages vielleicht auch herausfinden würde, wie die Kaffeemaschine funktionierte. Immer schon habe ich hochfliegende Träume gehabt.

Über Trixies Kopf hinweg sahen Gerda und ich uns mehrmals an und zogen dann beide vielsagend die Augenbrauen hoch. Dass sie sich Sandra Bullocks komischen Problemen widmete, belustigte uns fast so sehr wie der – recht gute – Film.

Vielleicht schlug die Größe oder die Deutlichkeit der Bilder unser Mädchen in den Bann. Jedenfalls blieb sie während des ganzen Films auf ihrem Platz. Und bis auf Pausen von jeweils fünf Minuten, in denen sie sich auf dem Kinosessel ausstreckte und ihr Kinn auf die Armlehne stützte, saß sie die ganze Zeit aufrecht da. Und selbst in liegender Position wandte sie keinen Blick von der Leinwand.

Als wir das Heimkino zum zweiten Mal benutzten, ließen wir wieder eine Komödie laufen, und wieder sah sich Trixie den Film von Anfang bis Ende an. Während sie zwischen Frauchen und Herrchen auf ihrem Kinosessel thronte, rechnete ich fast damit, dass sie bei uns Popcorn bestellen würde.

Für unseren dritten Besuch im Heimkino hatten wir einen Actionfilm statt einer weiteren Komödie ausgewählt. Wir wollten den Film gern sehen, weil einige Kritiker ihn als topaktuell und äußerst cool bezeichnet hatten. Den Hauptdarsteller nannten sie einen »James Bond für das neue und viel lässigere Jahrtausend«. Der Film hieß *xXx – Triple X*, und die Hauptrolle spielte Vin Diesel. Wahrscheinlich hätten diese Kritiker auch die Filmklamotte *Dumm und dümmer* als geistige Meisterleistung bezeichnet.

Wieder saß Trixie zwischen Gerda und mir und blickte aufmerksam auf die Leinwand. Etwa vier Minuten lang. Dann sprang sie nach unten, ließ sich auf dem Fußboden nieder und streckte den Kopf *unter* den Kinosessel. Dort blieb sie während des ganzen Films – eine Kritikerin mit größerem Durchblick, als ihn diejenigen besaßen, die für *xXx – Triple X* die Werbetrommel gerührt hatten.

Wenn uns ein Film in den ersten fünfzehn Minuten nicht fesselte, wussten wir aus bitterer Erfahrung, dass er bis zum Ende grottenschlecht sein würde. Deshalb hatten wir das Abspielen solcher Filme in den letzten Jahren stets abgebrochen. Das hatte sich auch schon eine Weile bewährt. Doch später tat es uns in Anbetracht unseres kurzen Aufenthalts auf dieser Welt sogar um diese fünfzehn

Minuten verschwendeter Zeit leid. Wir hätten sie besser mit Däumchendrehen nutzen können.

Und doch waren wir so sehr davon überzeugt, dass die positiven Kritiken von *xXx – Triple X* nicht völlig aus der Luft gegriffen sein konnten, dass wir uns das ganze miserable Machwerk anschauten. Jeden Moment rechneten wir damit, plötzlich brillante, atemberaubende Szenen auf der Leinwand zu sehen, die uns beide in geistiger wie emotionaler Hinsicht überwältigen würden. Trixie, die den Kopf unter den Sitz gestreckt hatte, muss wohl gedacht haben: *Kenne ich diese Leute? Was ist mit deren Urteilsvermögen passiert? Welchen Film werden sie mir als Nächstes zumuten – etwa SEIN FREUND JELLO, in dem der Hund umgebracht wird?*

In den folgenden Jahren kehrte Trixie nie wieder auf einen Kinosessel zurück. Wenn wir uns einen Film anschauten, streckte sie sich auf dem Fußboden aus und döste. Hätten wir ihr die Liebe zu Filmen durch die Vorführung von *xXx – Triple X* nicht gründlich ausgetrieben, wäre sie vielleicht eine bedeutende Filmregisseurin geworden.

Manche der Experten, die stets Juckreiz in meinem Hirn auslösen, erzählen uns, Hunde könnten Bilder auf einem Fernsehschirm oder einer Kinoleinwand nicht erkennen und/oder begreifen, weil ihr Gehirn nicht fähig sei, sich zu einem zweidimensionalen Bild eine dritte Dimension hinzuzudenken.

In unserem früheren Haus hatten wir uns Filme stets auf dem großen Fernsehschirm im Fernsehzimmer angesehen. Meistens saß ich dabei auf dem Fußboden, den Rücken an die Couch gelehnt, so dass ich Trixie lange den Bauch streicheln oder sie hinter den Ohren kraulen konnte.

Der Schirm war viel kleiner und das Bild längst nicht so deutlich wie später im Heimkino unseres neuen Hauses. Doch Trixie schien sich hin und wieder für die Handlung zu interessieren. Wenn sie zufällig mitbekam, wie auf dem Bildschirm ein Hund auftauchte, stand sie auf und wedelte. Es war das *Bild*, das sie anzog, denn sie reagierte darauf sogar, wenn weder das Bellen noch das Hecheln dieses Hundes zu hören waren.

Und Katzen-Darstellerinnen und Darsteller interessierten sie sogar noch mehr als Hunde, denn sie war mit Katzen aufgewachsen und mochte sie.

Eines Tages tauchte ein Mensch in einem Rollstuhl in einer Szene auf, was Trixie geradezu elektrisierte. Sie stand auf, blickte konzentriert auf den Schirm und ging sogar näher an ihn heran, um besser sehen zu können. Bestimmt erinnerte sie sich dabei an eine Zeit, in der ein Mensch in einem Rollstuhl sie gebraucht und sie ihm geschickt geholfen hatte.

Doch jetzt war sie keine Assistenzhündin mehr, sondern eine Prinzessin und wünschte sich, auch als solche behandelt zu werden. Selbst wenn ich mir einen Film anschaute, erwartete sie Verehrungsbezeugungen von mir.

Ich musste mir angewöhnen, im Fernsehzimmer nicht mehr mit bloßen Füßen auf dem Boden zu sitzen. Wenn Trixie nämlich den Eindruck hatte, ich sei inzwischen allzu sehr am Geschehen auf dem Bildschirm interessiert und schenke ihr nicht die Aufmerksamkeit, die ihr gebührte, glitt sie unter meiner massierenden Hand weg und wandte sich meinen Füßen zu, um meine Zehen zu lecken und mich auf diese Weise vom Film abzulenken. Als sie das zum ersten Mal versuchte, war ich entschlossen, das mich kitzelnde Lecken stoisch durchzustehen. Ich dachte, sie würde damit aufhören, wenn ich nicht lachte und mich weiter auf den Film konzentrierte. Danach zu urteilen, wie schnell sie bei mir mit ihrem Lecken einen hysterischen Lachanfall auslöste, würde ich bei einer Folter durch Waterboarding gewiss nicht lange durchhalten und alles Verlangte unverzüglich ausplaudern.

Lassie war zwar berühmter als Trixie, allerdings muss ich hier anmerken, dass Lassie niemals ein Buch geschrieben hat. Hingegen hat Trixie inzwischen immerhin drei Bücher für Erwachsene[1] und zwei für Kinder veröffentlicht. Na also!

1 Eines davon, nämlich *Bliss to You*, liegt unter dem Titel *8 Schritte zum Glück, Trixies Ratgeber für ein glückliches Leben*, ebenfalls bei AMRA vor. – *Der Verlag*

Kate Hartson, Trixies erste Verlegerin, mag Hunde nicht nur, sondern ist geradezu verrückt nach ihnen. Soweit ich weiß, hat sie keine Ahnung von Ereignissen der Gegenwart. Wenn sie in den Fernsehnachrichten zufällig mitbekommen würde, dass sich ein gewaltiger Asteroid derzeit auf Kollisionskurs mit der Erde befindet, würde sie vermutlich lediglich sagen: »Ja, okay. Aber ich werde mir erst später Sorgen darüber machen. Im Moment ist es Zeit, mit den Hunden am Strand entlangzulaufen.« Sie redet mehr von Hunden als von ihrem Ehemann Bill, aber das scheint ihm nichts auszumachen.

»Die Hunde sind interessanter als ich«, sagte er einmal. Kate und Bill haben im Laufe der Jahre zahlreiche umwerfend schöne Deutsche Schäferhunde gehalten – gezüchtet und ausgebildet von den berühmten New Skete-Mönchen in Cambridge, New York.

Irgendwann habe ich mit Kate zusammengearbeitet, als sie noch bei Random House tätig war. Sie ist charmant, begeisterungsfähig und voller Ideen für neue Wege des Publizierens. Später gründete sie den Verlag Yorkville Press, und während sie nach Manuskripten zur Veröffentlichung suchte, nahm sie Verbindung mit mir auf, um mich zu fragen, ob ich irgendwelche Ideen hätte. Ich schlug ihr ein Sachbuch über die *Canine Companions for Independence* vor und stellte sie den CCI-Leuten auf dem Oceanside Campus vor. Schließlich verlegte sie ein wunderschönes Buch über diese Einrichtung mit dem originellen Titel *Love Heels*, illustriert mit zweihundert wunderbaren Farbfotos. Ich schrieb das Vorwort dazu.[2]

Von mir ermutigt, hatte Trixie schon kurze Texte für unseren mit normaler Post verschickten Newsletter und für unsere Homepage verfasst. Kate sah diese Texte und schlug vor, ein ganzes von Trixie verfasstes Buch herauszubringen. Es sollte sehr viele Fotos und Trixies humorvolle Bemerkungen über das Leben enthalten – geschrieben aus ihrer Hundeperspektive und mit ihrer Stimme. Hier

2 Dieses Buch wurde nie ins Deutsche übersetzt. Es enthält Geschichten über Hunde, die für den Dienst an Behinderten trainiert wurden, und die Beziehungen, die sie zu ihren Besitzern entwickelten. – *Der Verlag*

folgt einer der kurzen Texte, die Kate die Idee eingaben, aus Trixie eine erfolgreiche Schriftstellerin zu machen:

Mein Sommer
verfasst von Trixie Koontz, Hündin

Herrchen bringt mir Tippen bei. Nimm Bleistift ins Maul und tippe! Anfangs ein Spaß. Dann kein Spaß mehr. Er sagt zu mir: »Schreib, Trixie, schreib. Schreib Essay für Homepage!« Bin brave Hündin und schreibe. Kein Spaß, aber schreibe. Erwarte Belohnung. Bekomme keine Belohnung. Höre mit Schreiben auf. Bekomme Belohnung. Johannesbrotriegel. Schmeckt gut. Okay. Schreibe noch bisschen.

Herrchen verspricht Lesern von Homepage meinen Essay Ende Juli. Muss alles Wichtige aufgeben: Ball jagen. Schläfchen machen. Schnüffeln. Nur wegen Schreiben. Arbeite schwer. Schreiben ist schwer. So viele Wörter. Dumme Regeln für Zeichensatz. Hasse Semikolons. Hasse, hasse, hasse sie. Kaue viele Bleistifte durch wegen Frust.

Mache Artikel fertig. Gebe ihn Herrchen. Reiße Ente Innereien raus. Ist keine echte Ente. Ist ausgestopfte Quietschente. Bin liebe Hündin. Kann keiner echten Ente wehtun. Nicht mal Katzen. Bin nur scharf auf ausgestopftes Spielzeug. Baue Anspannung ab. Reißen, reißen, reißen. Fühlt sich ziemlich gut an. Huste feuchten Bausch aus Entenfüllung aus. Fühle mich noch besser.

Herrchen will Artikel verbessern. Dumme Vorschläge. Dumm, dumm, dumm. Ist kein Redakteur. Ist Schreiber. Genau wie ich, Trixie Koontz, welche Hündin ist. Täusche vor, auf Herrchen zu hören. Denke in Wahrheit an Schinkenspeck. Der ist gut, sehr gut. Ich bin auch gut. Leute sagen zu mir: Guter Hund. Sehr guter Hund. Auch Schinkenspeck ist sehr gut. Und ich bin sehr gut. Aber ich bin kein Schinkenspeck. Wieso nicht? Ein Rätsel.

Denke über Katzen nach. Was *stimmt nicht* mit Katzen? Für wen *halten* sie sich? Was *wollen* sie? Wer hat die überhaupt *erfunden*? Sicher nicht *Gott*. Vielleicht *Satan*? Über Katzen schreiben macht mich nervös. Benutze zu oft *Schrägschrift*. Drücke aus Versehen auf die grässliche Semikolon-Taste; weiß auch nicht wieso; tu das aber wieder und jaule.

Hunde sind nicht zum Essayschreiben geboren. Schreiben vielleicht besser Erfundenes. Oder Gedichte. Aber keine Essays. Vielleicht Werbetexte. Hier ist mein Werbetext.

SCHINKENSPECK IST SEHR GUT. KAUFT SCHINKENSPECK. VIEL SCHINKENSPECK. GEBT IHN MIR. DANKE.

Herrchen gibt mir Anmerkungen zu Essay zum Durchlesen. Acht Seiten. Pinkele darauf. Er versteht Botschaft.

Herrchen sagt, es schickt meinen Essay so wie er ist zum Webmaster. Webmaster ist nette Frau. Nett. Erkennt gute Texte auf ersten Blick.

Tage vergehen. Wochen. Jage Ball. Jage Kaninchen. Jage Schmetterling. Jage Frisbee. Aber immer dasselbe. Zerre an Spielzeugschlange. Zerren, zerren, zerren. Zerre am Spielzeugknochen. Zerren, zerren, zerren. Zerre am Spielzeugseil. Lecke Vorderpfote. Lecke andere Vorderpfote. Lecke intime Stelle. Schmeckt noch immer nicht wie Schinkenspeck. Frauchen reibt mir Bauch. Herrchen reibt mir Bauch. Frauchen. Herrchen. Frauchen. Herrchen. Linda reibt mir Bauch. Elaine reibt mir Bauch. Haushälterin Elisa reibt mir Bauch. Immerzu Bauchreiben.

Lese *Bleak House* von Herrn Charles Dickens. Beschäftige mich mit sehr guten Beschreibungen von Menschen. Sinniere über tragischen Zustand der Menschheit. Neuer Tennisball. Jagen, jagen, jagen! Plötzlich ist September.

Webmaster fragt, wo ist Trixies Essay? Wo? Herrchen hat ihn verloren. Schreibt neues Buch. Schreibt immerzu. Hat Trixies fabelhaften Essay vergessen und verloren. Mein Mensch hat meine Hausarbeit aufgefressen. Sozusagen.

Meine ganze schwere Arbeit. Meine Mühe. So viele grässliche Semikolons. Und wozu das alles? Alles umsonst. Essay verloren. Alles umsonst. Fühle mich wie Mensch in *Bleak House*.

Denke an Rechtsanwalt. Oder an Literaturagenten. Schreibe dann Erfundenes. Romane. Stoße Herrchen vielleicht von Bestsellerliste. Erteile ihm Lektion. Schreibe Roman mit Titel *Mein Schinkenspeck,* verfasst von Trixie Koontz, Hündin. Hab schon Einladungen zu Talk Shows von Larry King, David Letterman. Gehe an Öffentlichkeit. Verkaufe Buch. Dave reibt mir Bauch. Vielleicht Limousine für Medientour. Fahre darin herum und jage Katzen. Leben ist gut, wenn man Hund ist.

Kate glaubte, dass sich ein Trixie-Buch auf der Grundlage dieses und ähnlichen Materials verkaufen würde. Und ich dachte, Kate hätte womöglich den Verstand verloren. Sechs Jahre danach bin ich mir noch immer nicht über ihren damaligen Geisteszustand im Klaren. Aber zumindest hörte ich innerlich in ihrer Gegenwart nicht die schrillen, mörderischen Violinentöne aus dem Film *Psycho*, sondern nur die unheimliche, verstörende Musik aus *Twin Peaks.* Jedenfalls ließ ich mich darauf ein, mit ihr an Trixies erstem Buch zu arbeiten – und später an weiteren Trixie-Büchern.

Kate kann von New York aus zusammen mit einer außerordentlich begabten Buchgestalterin namens Tina Taylor und einer ebenso begabten Fotografin namens Monique Stauder für drei Tage nach Newport Beach. Monique Stauder machte im Laufe der Zeit fast 1800 Fotos von unserem Golden Girl, einschließlich fantastischer Aufnahmen von Trixie beim Schwimmen und bei ihren »Floßfahrten« durch unseren Pool.

Von dem Tag an, als wir Trixie zu uns nahmen, hat sie immer wieder für Schnappschüsse posiert. Als das *Pinnacle*-Team in Trixies erster Woche bei uns auftauchte, verliebte sie sich sofort in die Videokamera. Und in jenen drei Tagen mit Kate, Tina und Monique offenbarte sie eine Geduld und ein Gefühl für fotogene

Selbstdarstellung, die genauso professionell waren wie bei einem der zehn Topmodels.

Da ich bei den Fototerminen nicht immer dabei sein konnte, um Trixie zu überwachen, sprang Linda ein, wenn ich zu tun hatte. Irgendwann wollte Monique, dass sich Trixie am Eingangsweg, wo in den Beeten orange-goldfarbene Blumen voll erblüht waren, zwischen die Blüten legte. Linda fürchtete, Trixie würde dabei Blumen umknicken, wusste aber auch, dass Trixie diese Beete niemals betrat, so als gehörte zu ihrem persönlichen Ehrenkodex auch, ihre Umwelt nicht zu zerstören.

Während Trixie geduldig auf dem Fußweg saß, hörte sie sich diese Diskussion an und löste das Problem dann dadurch, dass sie zu den Beeten hinüberging, sich auf das Pflaster davor legte und nur den Kopf vorsichtig in die Blumen versenkte, damit sie keine Pflanzen beschädigte. Monique nutzte diesen Moment: Trixies Kopf, auf Blumen gebettet, die Augen so geschlossen, als schliefe sie und träume, ist eines der bezauberndsten Bilder im Buch *Life is Good* (»Das Leben ist schön«).

Oft schien Short Stuff zu verstehen, was gesagt wurde, und posierte so, wie Monique es wollte. Die eindrucksvollste Demonstration dieser unheimlichen Wahrnehmungsfähigkeit fand auf dem Rasen hinter unserem Haus statt. Dort wollte Monique mehrere Fotos einer übermütigen Trixie machen, die sich auf dem Rücken windet und alle vier Beine in die Luft streckt. Ich war dabei, genau wie Linda, Kate und Tina.

Monique hatte schon vorher gesehen, wie Trixie sich wie ein Aal gewunden hatte, damals jedoch keine Kamera mitgenommen. Sie ging davon aus, dass ich Trixie auf Kommando dazu bringen könne, diese Stellung einzunehmen. Ich musste sie enttäuschen und erklärte ihr, dass Hunde so etwas nur nach Lust und Laune tun und man ihnen eine solche Vorführung nicht durch ein Wort oder eine Geste befehlen kann. Kaum hatte ich das gesagt, ließ Short Stuff sich auf den Rasen fallen, rollte sich auf den Rücken und begann sich zu winden. Monique nutzte die Gelegenheit sofort und schoss aus unterschiedlichen Blickwinkeln Bilder davon.

»Wie lange macht sie das gewöhnlich?«, wollte Monique wissen.

»Dreißig Sekunden oder eine Minute, nie länger«, erwiderte ich.

»Oh. Ich hätte nämlich gern, dass sie den Kopf nach links hält, aber sie hält ihn nach rechts. Ich wünschte, sie würde ihn drehen«, sagte Monique.

Trixie wandte den Kopf nach links, und Monique bekam die gewünschten Bilder in den Kasten. Dann meinte sie: »Es wäre schön, wenn sie sich jetzt nicht mehr winden, sondern auf dem Rücken liegen bleiben würde, alle vier Beine in die Luft gestreckt.«

Sofort blieb Trixie auf dem Rücken liegen und streckte die Beine in die Luft.

Zunächst fanden Kate, Linda, Tina und ich das höchst amüsant. Doch nun fuhr Monique fort, ihre Wünsche zu äußern, bewegte sich um Trixie herum, schoss Aufnahmen aus dem Stehen, kniete sich beim Fotografieren hin, legte sich auf den Boden – und Trixie tat sofort alles, was die Fotografin von ihr verlangte. Wir hörten auf zu lachen, und es verschlug uns vor Verblüffung die Sprache.

Monique hatte schon ein paar Minuten mit Trixie gearbeitet, als mir einfiel, auf die Armbanduhr zu blicken und die Zeitspanne für die kommenden Aufnahmen zu stoppen. Acht weitere Minuten posierte Trixie auf dem Rücken in unterschiedlichen Körperhaltungen, bis Monique alle gewünschten Aufnahmen hatte. Hinzu kamen noch die drei Minuten vor meiner Zeitmessung. *Elf Minuten!* Das war wirklich sonderbar, wie uns allen auffiel.

Trixies Buch *Life is Good* (»Das Leben ist schön«) erreichte in den USA das Sechzehnfache der Verkaufszahlen, die *ich* seinerzeit bei meinem Debütroman in der Hardcover-Version erzielt hatte. Seitdem hat sie zwei weitere Bücher für Erwachsene, einen Kalender und zwei Kinderbücher bei dem amerikanischen Verlag G.P. Putnam's Sons veröffentlicht.

Doch der Trixter wurde nicht nur zu einer vielbeschäftigten Autorin, sondern auch zu einer Unternehmerin. PetSmart, eine bundesweite amerikanische Geschäftskette, führte im Juli und August 2009 eine zweimonatige Werbekampagne für lizensierte Produkte der Linie *Trixie Koontz/Dog Bliss You* durch. Wir sind mittlerweile auch mit anderen Händlern im Gespräch, die möglicherweise zusätzliche Trixie-Produkte, von Spielzeugen und Kleidungsstücken bis zu Videospielen, vertreiben werden.

Trixie Koontz ist inzwischen sozusagen eine Marke im Gemischtwarengeschäft von Fan-Artikeln geworden. Alle unsere Einnahmen aus dem Verkauf dieser Produkte gehen genauso wie die Autoren-Tantiemen und die Gewinne aus dem Buchverkauf als Spenden an den Trixie-Fonds bei den *Canine Companions for Independence*. Dieser Fonds kommt für die oft verheerend hohen Tierarztkosten bei Assistenzhunden für Behinderte auf, wenn diese Menschen so große unerwartete Ausgaben nicht selbst tragen können. Im Jahr 2008 konnten dadurch einundsiebzig Hunde hervorragend tierärztlich versorgt werden, was sonst kaum möglich gewesen wäre.

Gerda und ich müssen jedes Mal lächeln, wenn wir daran denken, welch langen Schatten diese kleine Hündin geworfen hat, selbst nachdem sie diese Welt verlassen hat und weitergezogen ist. Und das hat gerade erst angefangen.

In Trixies Büchern und ihren anderen Projekten geht es um das Lachen, die Liebe und darum, inneres Glück zu finden, die Hoffnung zu bewahren, zu Frieden zu gelangen, Erlösung zu empfangen und die Wunder und das Mysterium dieser Welt mit offenen Armen zu begrüßen. Wie der *Reader's Digest* in seiner Rubrik »Zitate« berichtet hat, glaubt Trixie: »Liebe und Wurst sind ähnlich. Kann von beidem nie genug bekommen.«

TRIXIE

22

Das Ende kommt immer zu schnell

Unser Freund Christopher Check ist ein früherer Marinesoldat, ein frommer Katholik, ein Schriftsteller, ein Redner, ein Mensch mit vielen Gaben. Er knistert vor Energie, so dass sich mir schon die Härchen aufstellen, wenn ich noch mehr als zehn Meter von ihm entfernt bin.

Als er nach Südkalifornien kam, um bei der Abschlussfeier der St. Michael's School – die Schule ist ein Projekt der St. Michael's Abtei – die Hauptrede zu halten, luden wir ihn zum Abendessen in unser Haus ein. Er brachte Pater Jerome und Pater Hugh mit, zwei Norbertiner, Angehörige einer Gemeinschaft, die auf die Prämonstratenser zurückgeht und nicht Mönche im üblichen Sinn umfasst, sondern Priester mit Ordensgelübde.

Mit Pater Jerome hatte ich schon ein paar Jahre korrespondiert, ihn aber noch nie persönlich getroffen. Großzügig hatte er für mich einen umfangreichen Bericht über das tägliche Leben in einem Kloster geschrieben, unschätzbar wertvoll, als ich meinen Roman *Bruder Odd* verfasste.

Als Chris durch die Eingangstür stürmte, zum Glück ohne Glas zu zertrümmern, flitzte Trixie sofort zu ihm, um ihn als alten Freund zu begrüßen. Nachdem er ihr schließlich die gebührende Aufmerksamkeit erwiesen hatte, hatte sich das elektrische System in unserem Haus an seine Anwesenheit gewöhnt, und die Lampen hörten auf zu pulsieren. Nun wandte sich Trixie den Priestern zu, eindeutig fasziniert von deren blendend weißen Kutten.

Ihre Reaktion auf diese beiden Gäste hätte nicht unterschiedlicher ausfallen können als seinerzeit ihre Reaktion auf die sonderbare Person X. Sie wedelte, zuckte mit dem ganzen Körper und bot ihnen, ohne zu zögern, ihren Bauch zum Streicheln dar. Während des Abends blieb sie in der Nähe der Pater, und das ging sogar so weit, dass sie, als wir uns in der Diele unterhielten, auf ein Sofa sprang, auf dem sie bisher noch nie gethront hatte, damit sie mehr auf Augenhöhe mit uns war. Beim Abendessen legte sie sich hinter den Stühlen der Pater hin, obwohl sie sich normalerweise in der Nähe von Gerda und mir zusammenrollte.

Da Trixie mich so gut kannte, mag sie vielleicht damit gerechnet haben, dass die weißen Kutten der beiden bunte Batikmuster aufweisen würden, wenn sie vom Tisch aufstanden. Ich muss sagen, dass *ich* sehr beeindruckt davon war, dass diese Kutten auch am Ende des Abends nicht einen einzigen Fleck aufwiesen.

Gerda, ich und unsere drei Gäste verbrachten einen wunderbaren Abend miteinander, einen Abend voller anregender Gespräche, bei denen viel gelacht wurde. Einer der Höhepunkte kam, als Pater Hugh Pater Jerome fragte: »Was hältst du von dieser Hündin?«

»Sie ist etwas ganz Besonderes und auf ihre Weise auch rätselhaft«, antwortete Pater Jerome.

»Das hat man uns auch früher schon gesagt«, versicherte ich den beiden.

Die Katholische Kirche kann auf eine lange geistige Tradition zurückblicken, die einige der in logischer Hinsicht schlüssigsten und ganz wunderbar durchdachte philosophische Werke in der abendländischen Kultur hervorgebracht hat. Wegen ihrer Bescheidenheit hätten weder Pater Jerome noch Pater Hugh jemals von sich behauptet, Intellektuelle zu sein (und hätten sie es getan, mit welchem bunt zusammengewürfelten Haufen hätten sie sich dann gemein gemacht!). Doch mir kamen sie wie Intellektuelle vor, und zwar im besten, wenn auch nicht gerade üblichen Sinne des Begriffs, der bei mir auch Demut und Ehrgefühl einschließt. Trixie inspirierte eine interessante Diskussion über eine These, die in vielen Schriften über den Glauben erörtert wird. Diese These geht davon aus, dass das Übernatürliche, wenn es von jenseits aller Zeit in unsere Zeit und unsere Welt eintritt, dies nicht durch spektakuläre Wunder tut, sondern fast unmerklich, durch Bestandteile der natürlichen Welt. Zum Beispiel in Gestalt von Hunden.

Für uns war Trixie mehr als ein Hund. Sie war ein Kind, das man unserer Fürsorge anvertraut hatte, damit wir in unserem Inneren größere Zärtlichkeit entdecken würden, als wir je für möglich gehalten hätten. Aber sie war auch noch etwas anderes als ein Kind. Sie war eine Quelle der Inspiration, die unser Gespür für das Wunderbare des Lebens und der Welt wiederhergestellt hatte. Sie war eine Quelle der Erkenntnis, die mich durch ihre von Natur aus gutherzigen und guten Eigenschaften dazu ermutigte, in meinem Schreiben eine neue riskante und herausfordernde Richtung einzuschlagen.

Ich bin tatsächlich genau der Narr, den ich in diesem Buch beschrieben habe, also können Sie das Folgende ganz nach Belieben deuten. Ich glaube nämlich, dass Trixie nicht nur eine Hündin, ein Kind, eine Quelle der Inspiration und der Erkenntnis war, sondern auch eine stillschweigende göttliche Offenbarung, eine subtile Erscheinungsform Gottes. Durch ihre unschuldige Freude und ihre Eingriffe in mein Leben nahm sie mir nämlich jeden Zweifel an einer *uns von Gott verliehenen Existenz.*

In dem bereits zitierten Gedicht *East Coker* hält T. S. Eliot eine weitere Erkenntnis fest, die tröstlich und zugleich beängstigend ist: »Und was du nicht weißt / Ist das Einzige, was du weißt«. Mit *Wissen* meint er nicht in erster Linie unsere Bildung, sondern die im Laufe des Lebens angeeigneten Überzeugungen, Ideologien, Albernheiten und Gemeinplätze, durch die wir uns gegenüber uns selbst und anderen definieren. All das ist in Wahrheit Unwissenheit, die wir als Wissen ausgeben. Ein solches Wissen bezieht sich auf Dinge, die keinen Bestand haben, auf Systeme, die nicht funktionieren, auf Wege, die nirgendwohin führen. Das, was wir *nicht wissen* – die Bestimmung der Seele, das Wesen von Ewigkeit –, ist das Wissen, das am meisten zählt. Und nur, wenn wir diese Wahrheit erkennen, können wir mit der Demut leben, die angesichts der Ewigkeit geboten ist.

Was ich nicht weiß, ist das Einzige, was ich weiß. Dieses Paradoxon lässt sich auch auf Trixie anwenden. Ich weiß nicht, was sie in der ganzen Fülle ihrer Existenz verkörperte, abgesehen davon, dass sie eine Hündin war. Aber ich weiß, welche Wirkung sie auf uns ausgeübt hat. Und ich weiß auch, dass sie sowohl aus Fleisch und Blut als auch mysteriös war. Und deshalb weiß ich, dass sie *mehr* war, als ich wissen kann.

Am 22. Juni 2007, einem Mittwoch, wirkte Trixie ungewöhnlich apathisch, so dass ich sie zum Tierarzt brachte. Bill Lyle tippte auf eine bakterielle Infektion und gab ihr Antibiotika. Am Donnerstag wirkte sie schon wieder mehr wie sie selbst. Ich versteckte die Kapsel mit der Arznei jedes Mal in einem Klumpen Erdnussbutter. Und als Gegenleistung für diesen Leckerbissen tat Trixie so, als hätte sie meinen Trick nicht durchschaut.

Am Freitagvormittag verweigerte Trixie zum ersten Mal in ihrem Leben das Futter. Sie nahm keinen Bissen von dem Apfel-Zimt-Kuchen, den sie besonders liebte. Nichts hätte von schlimmerer Vorbedeutung sein können als die Tatsache, dass diese futtersüchtige Hündin plötzlich keinen Appetit mehr hatte.

Da Bill Lyle an diesem Tag frei hatte, brachte ich unser Mädchen zu Bruce Whitaker. Am Nachmittag entdeckte er bei einer Ultraschalluntersuchung einen Tumor an Trixies Milz. »Er könnte jederzeit platzen, und dann würde sie sterben«, sagte er. »Sie müssen Trixie sofort operieren lassen.«

David, ein junger tierärztlicher Labortechniker, begleitete mich und Trixie zum Geländewagen, damit wir sie hineinlegen konnten, ohne Druck auf ihren Bauchraum auszuüben. »Fahren Sie nicht zu schnell«, ermahnte er mich. »Das Letzte, das Sie jetzt brauchen können, ist ein Unfall. Gott wird ihr beistehen. Sie werden rechtzeitig in der Klinik sein. Alles wird gut.«

Seine Anteilnahme und Freundlichkeit halfen mir dabei, mich etwas zu beruhigen. Auf der Fahrt zu der tierärztlichen Fachklinik, in der Wayne Berry seinerzeit Trixies Rückenoperation durchgeführt hatte, überschritt ich die Geschwindigkeitsgrenze nicht mehr als die anderen Verkehrsteilnehmer. Allerdings war mein Fahrzeug auch nicht das langsamste auf der Straße.

Obwohl Trixie sich nicht gut fühlte, setzte sie sich hinten auf und blickte erst aus dem einen und dann aus dem anderen Fenster. Unabhängig von den Umständen oder dem jeweiligen Reiseziel war eine Autofahrt für sie stets ein Abenteuer, das sie genoss.

An diesem Tag war es warm, aber nicht unerträglich heiß. Der Himmel war wolkenlos, die Luft trocken und klar. Im Osten ragten rötlich-blau die Berge auf. Es war ein perfekter Nachmittag, um auf dem Rasen mit den Pfefferbäumen Tennisbällen nachzujagen, auf der Gartencouch im kühlen Schatten der Terrasse vor dem Spielzimmer zusammenzusitzen, den Kolibris, die über den Rosen schwebten, zuzuschauen, zum fernen Meer zu blicken. Wie sehr schmerzte es, daran zu denken, dass wir diesen schönen Tag jetzt nicht mehr genießen würden, dass nun vielleicht alle künftigen Tage davon überschattet sein würden, dass das Grinsen unseres Golden Girls, ihr glänzendes Fell, sie selbst fehlen würden.

Gerda hatte das Haus wegen Besorgungen verlassen, ehe Trixie ihr Futter um halb zwölf verweigert hatte. Sie wusste nicht, dass dieser Tag eine so düstere Wendung genommen hatte.

Wenn Gerda irgendwohin fuhr, wo sie das Läuten eines Mobiltelefons als störend empfand – in dieser Hinsicht sind wir altmodisch –, schaltete sie ihr Handy manchmal nicht ein. Das war an diesem Tag der Fall. Ich konnte sie nicht erreichen. Deshalb rief ich Linda an, erzählte ihr, was los war, bat sie, Gerda ausfindig zu machen und ihr auszurichten, sie möge zu mir in die Tierklinik, die in Irvine war, kommen.

Kurz vor 16 Uhr erreichten Trixie und ich die Klinik. Als ich sie zum Empfangstresen führte, verblüffte sie mich damit, dass sie sich auf die Hinterbeine stellte, ihre Vorderpfoten auf den Tresen legte und das Empfangspersonal mit breitem Grinsen begrüßte. Manchmal nannten wir Trixie *Miss Kontaktfreude*, und sie würde nicht zulassen, dass sie diesen Ehrentitel wegen einer Krankheit verlor.

Da Bruce Whitaker Dr. Adam Gassel unsere Ankunft telefonisch angekündigt hatte, war er bereit, sich Trixie sofort anzusehen. Er kam zu uns ins Wartezimmer, um mir die beiden Tests zu erklären, die er vor der Operation durchführen müsse, und mir eine vorläufige Prognose zu geben. Er flößte Vertrauen ein, genauso wie es Wayne Berry vor vier Jahren getan hatte. Ich wusste, dass Trixie bei ihm in guten Händen war.

Bald darauf traf Gerda ein. Ihr war klar, dass der Zustand unseres Mädchens ernst war, allerdings noch nicht, wie ernst, denn die Einzelheiten hatte ich Linda nicht mitgeteilt. Dr. Gassel nahm an, dass sich, falls es sich bei dem Tumor an der Milz um Krebs handelte, auch in der Leber Metastasen gebildet haben könnten. Trotz der Ultraschallaufnahmen, die er noch machen musste, würde er erst nach Öffnung von Trixies Bauchraum und Entfernung der Milz mit Sicherheit wissen, wie schlimm es um unsere Hündin stand. Auf äußerst freundliche und direkte Weise – Offenheit ist in solchen Momenten das wichtigste Element von Freundlichkeit – hatte er mich darauf vorbereitet, dass der Krebs schon sehr weit vorgedrungen sein könne. In diesem Fall, sagte er, werde er aus dem Operationsraum kurz zu uns kommen und Trixie auf dem OP-Tisch zurücklassen. Wir müssten dann entscheiden, ob er, ohne Weiteres zu unternehmen, den Schnitt zunähen und sie wiederbeleben solle – oder ob er ihrem Leiden ein Ende setzen solle, während sie noch narkotisiert war.

»Sieh nicht alles so schwarz«, fuhr mich Gerda an und presste die zitternden Lippen zusammen. Da wurde mir bewusst, dass ich sie nicht sofort mit all diesen Informationen hätte überrumpeln dürfen. Ich hatte diese Einzelheiten und Möglichkeiten schrittweise erfahren und Zeit gehabt, sie nach und nach in mir aufzunehmen. Gerda hingegen traf alles auf einmal, wie ein harter Schlag, was es schwerer machte, auch nur einen Funken Hoffnung zu bewahren. Und Hoffnung brauchten wir beide.

In dem großen Wartezimmer, in das an diesem Freitagabend nur wenige Menschen mit ihren Haustieren kamen und dann wieder gingen, waren wir häufig ganz allein. Wir saßen Seite an Seite da, hielten uns hin und wieder bei den Händen und gaben einander mit dem geringfügigen Optimismus, der uns in dieser Situation blieb, Halt.

Wayne Berry, Trixies früherer Operateur, hatte gehört, dass Trixie eingeliefert worden war. Er kam zu uns, um uns zu versichern, dass es keinen besseren Chirurgen für diese spezielle Operation geben könne als Dr. Gassel. »Ihr Mädchen ist zäh. Geben Sie Trixie niemals auf. Sie steht das durch und wird sich bald wieder aufrappeln«, versuchte er uns zu trösten. Er umarmte Gerda, dann mich, und erinnerte uns daran, wie wenig benommen und verwirrt Trixie nach der Rückenoperation gewesen war.

Manchmal kann Freundlichkeit einen geradezu umwerfen – vielleicht deswegen, weil wir im täglichen Leben so wenig davon erleben, dass wir nicht darauf vorbereitet sind, wie sehr sie einem in einer Krisensituation ins Herz dringt.

Wieder allein, bemühten Gerda und ich uns, von anderen Dingen als von Trixies Operation zu reden, doch nichts war wichtig genug, um darüber Worte zu verlieren. Also riefen wir uns die schönsten jener täglichen Momente ins Gedächtnis, in denen Short Stuff uns zum Lachen gebracht hatte. Und diese Erinnerungen konnten uns immer noch zum Lächeln bringen, aber auch zum Weinen.

Zusammen verbrauchten wir beide eine ganze Schachtel Papiertaschentücher. Manche Leute im Wartezimmer mussten uns für die reinsten Heulsusen halten. Das nahmen wir jedenfalls an, bis uns auffiel, dass fünf große Schachteln Kleenex im Raum verteilt waren. Kummer war in diesem Raum nichts Außergewöhnliches.

Jemand vom Personal teilte uns mit, Dr. Gassel habe Trixies Bauchhöhle geöffnet und der Tumor sei dabei so aufgeplatzt, dass ein halber Liter Blut in den Bauchraum geströmt sei. Er habe die Komplikation aber rechtzeitig in den Griff bekommen. Der Chirurg werde uns später Bericht erstatten, nachdem er Trixies Wunde genäht und ihre Erholung von der Narkose überwacht habe.

Hätte ich Trixie eine Stunde später in die Klinik gebracht, wäre sie jetzt schon tot gewesen.

Eine Brücke hatten wir nun wohlbehalten überquert. Aber wohin würde diese Brücke führen?

Das würden wir erst mit Sicherheit sagen können, wenn die Laboranalyse der Tumorproben in der folgenden Woche vorlag.

Um 20 Uhr 30 kam Adam Gassel an diesem Freitagabend zu uns ins Wartezimmer. »Sie macht sich gut«, sagte er. »Der Ultraschall weist darauf hin, dass ihre Leber und die Nieren ohne Metastasen sind. Ich habe zwar an deren Oberfläche Knoten entdeckt, aber das ist bei älteren Hunden nicht ungewöhnlich und nicht unbedingt ein Hinweis auf Krebs.«

Nun hatte das Warten begonnen. Manchmal ist das Warten schlimmer als das Wissen, und in diesem Fall war es so.

Zu Hause aßen wir, was wir im Kühlschrank fanden, aber es schmeckte nach gar nichts und wir hatten kaum Appetit. Im Bett lagen wir im Dunkeln und hielten uns lange Zeit an den Händen, ohne irgendetwas zu sagen.

Ich konnte in dieser Nacht überhaupt nicht schlafen, sprach jedoch stundenlang mit Gott. Als Erstes bat ich ihn, Trixie wenigstens zwei weitere schöne Jahre zu schenken. Doch dann wurde mir klar, dass ich um etwas bat, das ich für mich selbst ersehnte, und das darf nicht der Zweck eines Gebets sein. Mein Glaube sagt mir, dass wir um innere Stärke bitten sollten, damit wir uns schwierigen Situationen stellen können. Und um Weisheit. Aber ansonsten sollten wir nur Fürbitte für andere halten. Nun erkannte ich, wie egoistisch es von mir gewesen war, mir zwei weitere glückliche Jahre mit Trixie zu wünschen. Stattdessen bat ich für den Fall, dass Trixie uns verlassen musste, um innere Kraft für Gerda und mich, so dass wir an der Trauer um Trixie nicht zerbrechen würden. Ihre völlige Unschuld, ihre Loyalität und ihre Gabe, Liebe zu schenken – all das würden wir nämlich grenzenlos vermissen, wie ich wusste.

Adam Gassel rief mich um neun Uhr früh an, um mir mitzuteilen, dass Trixie am Samstag um vier Uhr früh, nur acht Stunden nach der Operation, aufgestanden sei. Sie habe starken Appetit. Die Anzahl ihrer roten Blutkörperchen sei nicht so, wie sie sein sollte. Aber sobald dieses Problem gelöst sei, könne man sie am Montag oder Dienstag nach Hause entlassen. Wir könnten sie am heutigen Tag gegen 16 Uhr für eine halbe Stunde besuchen, und nochmals am Sonntag.

Wir fieberten den ganzen Tag lang dem Termin um 16 Uhr entgegen und hatten nichts anderes im Kopf. In der Fachklinik brachten sie Trixie in ein Beratungszimmer, wo wir uns mit ihr auf den Fußboden legen konnten. Sie war anders als sonst. Die Schmerzmittel hatten sie so entspannt, dass sie wie ein gelangweiltes Faultier wirkte. Aber sie war nicht so weit von jeglicher Realität entfernt wie die meisten Filmproduzenten und Filmregisseure, mit denen ich im Laufe der Jahre zusammengearbeitet habe. Und sie erkannte uns. Wir schmusten mit ihr und wurden dafür damit belohnt, dass Trixie ein paar Mal mit dem Schwanz klopfte. Man erlaubte uns, nicht nur die vorgesehenen dreißig Minuten bei ihr zu bleiben, sondern neunzig Minuten.

Trixies schönes seidiges Fell am Bauch war geschoren, so dass ihre rosige Haut zu sehen war. Der genähte OP-Schnitt maß mehr als dreißig Zentimeter, aber diesmal war mir nicht danach, sie scherzhaft *mein Frankenhündchen* zu nennen.

Als Gerda und ich Trixie am Sonntagnachmittag erneut besuchten, war sie wieder mehr ihr übliches Selbst. Wir sehnten uns danach, sie mit nach Hause zu nehmen, aber das war nicht möglich. Die Anzahl ihrer roten Blutkörperchen hatte sich zwar erhöht, doch der Arzt musste sie immer noch überwachen.

In acht Jahren und neun Monaten war Trixie nur während der wenigen Nächte von uns getrennt gewesen, die sie in Kliniken verbracht hatte. Und nur ein einziges Mal war sie über Nacht bei Tante Lynn und Onkel Vito geblieben. Niemals hatten wir sie in eine Hundepension gegeben. Ohne unser Mädchen wirkte unser Haus leer und kalt.

Am Montagmorgen rief Dr. Gassel an und teilte uns mit, das Problem mit den roten Blutkörperchen sei gelöst. Sobald wir wollten, könnten wir Trixie nach Hause holen. Eine halbe Stunde später kam ich in der Klinik an.

Während ich die Rechnung bezahlte, berichteten zwei Angehörige des Personals, dass Trixie während ihrer drei Übernachtungen keinen Laut von sich gegeben habe. Sie habe weder gebellt noch gejault. Unsere stoische kleine Hündin!

Da Trixie sich so gelassen verhielt und ihren OP-Schnitt in Ruhe ließ, hatte man beschlossen, sie nach der ersten Nacht nicht mehr in einen Zwinger zu sperren. So weit ihre Laufleine reichte, durfte sie sich sogar zum Personal gesellen. Jedes Mal wenn ein anderer Hund winselte – entweder aus Angst oder weil die Schmerzmittel nicht mehr richtig wirkten und es noch nicht Zeit für eine weitere Dosis war –, ging Trixie zu dessen Zwinger hinüber, legte sich nahe bei ihm hin und stellte Blickkontakt zu ihm her. Und jedes Mal beruhigte sich der winselnde Hund daraufhin.

Mir fiel bei diesem Bericht der indische Großvater mit dem Rollator ein, der gesagt hatte: »Man hat Ihnen die Fürsorge für ein Wesen anvertraut, dem man in Ihrer Religion wohl die Seele einer Heiligen zusprechen würde.«

Als der Papierkram erledigt war und ich mir die Anweisungen für Trixies Pflege und Medikation durchgelesen hatte, brachten sie mir Short Stuff. Und oh! Jetzt war sie wieder völlig sie selbst. Ihre Augen leuchteten, die Ohren hatte sie erwartungsvoll aufgestellt, ihr Schritt hatte Schwung, ihr wedelnder Schwanz sagte *Hallo* zu allen, auf die sie zuging, und *Dankeschön* zu allen, die sie zurückließ.

Ich kniete mich hin und rieb ihr Gesicht erst mit den Fingerspitzen und dann mit den Fingerknöcheln, so wie sie es am liebsten hatte. Und sie brachte einen seltenen Laut hervor: Fast schnurrte sie wie eine Katze.

Man legte ihr einen Schirm um den Kopf, um sie daran zu hindern, an ihrer Schnittwunde zu lecken oder zu kauen. Bisher hatte sie keinen Versuch gemacht, an der Wundnaht zu lecken oder zu zerren, aber vielleicht würde die Fahrt im Geländewagen Trixie nervös machen.

Doch während der ganzen Heimfahrt saß sie auf der Rückbank und genoss den Blick auf die vorüberziehende Landschaft. Als ich in den Rückspiegel blickte, sah ich, dass sie mich so angrinste, als könnte ihr selbst der verhasste Schirm diesen Augenblick wiedererlangter Freiheit nicht verderben.

Zu Hause befreite ich Trixie sofort von dem Schirm, und zwar für alle Zeiten, denn entweder würden jeweils Gerda oder ich oder wir beide ständig mit ihr zusammen sein. Sie begrüßte ihr Frauchen mit nassen Küssen und wand sich beim Wiedersehen mit Linda vor Freude. Elaine war inzwischen im Ruhestand, doch ihre eigenartige Aura waberte noch so um ihren Bürostuhl herum, dass Trickster daran schnüffelte. Sie begrüßte auch Elisa, Krista, José, Fabian und alle anderen, die mit uns zusammenarbeiteten. Und jeder lächelte stets, wenn er sie Tag für Tag durch die Gänge spazieren sah.

An diesem Abend hob ich sie auf unser Bett. Ihr war klar, dass das jetzt der beste Platz für sie war, und sie machte keinen Versuch, hinunterzuspringen. Wir drei waren so glücklich, wieder zusammen zu sein, dass wir alle in dieser Nacht fest durchschliefen, und zwar länger in den Morgen hinein, als wir es seit Jahren getan hatten. Den Schirm legten wir Trixie nie wieder an. Weder kaute sie an ihrer Naht, noch leckte sie auch nur ein einziges Mal an dem Schnitt.

Wir hofften zwar, dass die Biopsien nur negative Befunde – keine Krebszellen also – ergeben würden, doch schien uns alles dafür zu sprechen, ihr Idealgewicht von rund dreißig Kilo erst einmal ganz außer Acht zu lassen. In jenen Tagen produzierte *Dannon* einen nicht auf Joghurt basierenden Smoothie mit wenigen Kohlehydraten, der mir sehr schmeckte, vor allem der Pfirsich-Smoothie. Hin und wieder hatte ich Trixie ein paar Löffel davon abgegeben. Nun schüttete ich ihr eine ganze 0,2 Liter-Flasche in einen Napf und stellte ihn ihr hin. Sie sah mich an, als hätte ich den Verstand verloren, ihr so viel von dieser göttlichen Speise abzugeben. Aber sie machte sich ans Werk, ehe ich meine Ansicht darüber hätte ändern können.

Dienstag und Mittwoch waren schöne Tage für uns, doch am Donnerstag, dem 28. Juni, teilte Dr. Gassel uns telefonisch schlimme Neuigkeiten mit. Der Tumor an der Milz, den er entfernt hatte, war bösartig gewesen, wie auch die Leberläsionen, allerdings waren die Nieren nicht davon betroffen.

Auf den Rat des Chirurgen hin beschlossen wir, am 10. Juli, dem Tag, an dem Trixie die Fäden gezogen werden sollten, mit einer Chemotherapie zu beginnen. Neunzig Prozent aller Hunde vertragen eine Chemotherapie recht gut, sie hat bei ihnen nicht die üblen Nebenwirkungen wie bei den Menschen.

Am Donnerstagabend luden wir einige Nachbarn zum Abendessen ein, denn wir wussten, dass es für Trixie das Beste sein würde, Menschen um sich zu haben. Nichts versetzte sie so in Begeisterung wie das Läuten der Türglocke, denn wer auch immer zu Besuch kam, war entweder ein alter Freund oder ihr neuer Freund – mit Ausnahme von X. Es war ein wunderbarer Abend für Trixie und glücklich nahm sie die Zuneigungsbekundungen aller Anwesenden entgegen.

Am nächsten Morgen, am Freitag, eine Woche nach Trixies Operation, kehrten Gerda und ich mit ihr zu der Fachklinik zurück. Wir trafen uns dort mit der Frau, die ihre Onkologin sein würde, und warteten auf ein Echokardiogramm. Es sollte jedes angeborene oder andere Problem ermitteln, das die Art und Stärke von Trixies Chemotherapie einschränken würde.

Man entdeckte einen weiteren Tumor in Trixies Herz. Diesen Krebs bezeichnete man als Hämangiosarkom und die Prognosen waren bei dieser Krebsart äußerst düster. Trixie würde sich keiner Chemotherapie unterziehen können.

Noch schlimmer war, dass ein Blutgerinnsel an ihrer Herzwand gefunden wurde. Falls es sich von dieser löste, würde sie eine Lungenembolie erleiden und sterben. Dr. Gassel konnte nicht mit Sicherheit sagen, wie lange sie noch leben würde, er schätzte jedoch etwa zwei Wochen.

Völlig verzweifelt brachten wir Trixie nach Hause, entschlossen, ihr in der noch verbleibenden Zeit, wie lange das auch sein mochte, die Tage so schön wie möglich zu machen. Nach der Entfernung der Milz war sie nun schmerzfrei. Die Klammern in ihrem Bauch ließen zwar nicht zu, dass sie rannte oder sprang, aber sie konnte trotzdem noch jede Menge Spaß erleben, zum Beispiel alles fressen, was sie wollte, selbst tellerweise Speiseeis.

Gerda und ich konnten es kaum noch ertragen, einander anzusehen, denn jeder von uns drohte beim Gedanken an den Verlust, der dem anderen bevorstand, in Tränen auszubrechen. Doch wir berührten uns öfter als sonst und hielten uns an den Händen.

Unsere Freunde und Nachbarn, Mike und Mary Lou Delaney, trösteten uns so liebenswürdig wie immer mit ihrer Zuneigung und ihrem Verständnis. Und sie schenkten uns eine Zuflucht in ihrem Haus. »Ihr möchtet heute Abend doch bestimmt nicht allein sein«, sagte Mike. »Kommt zu uns rüber. Gibt nichts Besonderes, nur Pizza und Wein.«

In der Vergangenheit hatte Mike schon mehrmals Kurzurlaube für uns fünf in Rancho Santa Fé organisiert, und zwar in einer wunderbaren hundefreundlichen Ferienanlage. Er hatte sich stets um jede Einzelheit gekümmert, sogar schon vorab Restaurants ausgesucht, in die wir Trixie mitnehmen konnten. Gerade war er dabei gewesen, einen längeren Herbstausflug für uns alle zum Yosemite-Nationalpark vorzubereiten. Doch daraus würde nun nichts werden.

Um die Dinge zu vereinfachen, zieht es Mike vor, während der ganzen Fahrtstrecke selbst am Steuer zu sitzen und das Essen, die Übernachtungen und alles andere mit seiner Kreditkarte zu bezahlen. Wenn wir wieder zu Hause sind, kopiert er alle Kassenbelege, erstellt für uns eine detaillierte Abrechnung und wir zahlen ihm unsere Hälfte mit einem Scheck. Das ist unglaublich bequem für Gerda und mich. Tatsächlich weiß ich inzwischen, wie sich ein Mann fühlen muss, der ausgehalten wird. Allerdings ähnelte die mich aushaltende Sugar-Mama in meinen Pubertätsträumen eher Marilyn Monroe als diesem langen Lulatsch namens Mike Delaney.

Mike hat sich aus einem Leben inmitten von Schmierstoffen, was nicht halb so rasant ist, wie es klingt, in den Ruhestand zurückgezogen. Früher besaßen die Delaneys ein Unternehmen, das ein breites Spektrum von auf Erdöl basierenden Schmierstoffen für die Industrie produzierte. Heutzutage verwaltet Mike Investitionen, sorgt sich um die Zukunft seiner Enkel und versucht von Mary Lou alles Unangenehme fernzuhalten. Den Investitionen und den Enkeln widmet er etwa zehn Prozent seiner Zeit.

Mary Lou war in früheren Zeiten Cheerleader gewesen. Ich meine damit jene Zeiten, als noch ein Stein als Football diente und das Spiel jedes Mal unterbrochen werden musste, wenn ein Mammut über das Spielfeld stampfte. Gerda und Mary Lou waren schon Freundinnen, als ich Gerda kennenlernte, also konnte ich nicht viel dagegen unternehmen, außer ich hätte mich umgebracht, und dagegen habe ich moralische Einwände.

Erst einen Monat vor diesem Abend war mein Roman *Blutvertrag* mit folgender Widmung erschienen: »Für Mike und Mary Lou Delaney mit Dank für eure Liebenswürdigkeit, für eure Freundschaft und für all das Lachen – auch wenn ihr oft gar nicht wisst, wieso wir über euch lachen – nein, *mit* euch lachen. Wir lieben euch, Leute.«

Und so nahmen wir nach Erhalt von Trixies düsterer Prognose an diesem Freitag unser Golden Girl mit zum Haus der Delaneys. Unser Mädchen hatte Mike und Mary Lou besonders ins Herz geschlossen und streifte in deren Haus so herum, als wäre es ihr eigenes. Eine Weile saßen wir auf der Terrasse, während Short Stuff in jedem Winkel des Innenhofs und des Gartens herumschnüffelte und sich wie eh und je dem Wunderbaren aller Dinge hingab. Immer wieder kam sie zu uns zurück, damit wir sie tätschelten oder streichelten, und nahm dann weitere Erkundungen auf.

Mary Lou kochte extra eine Hähnchenbrust für Trixie, die sie köstlich fand, genau wie die anderen Leckerbissen, die wir für sie mitgebracht hatten. Sie war so glücklich, wie wir sie in ihren glücklichsten Momenten erlebt hatten – und das war die höchste Stufe des Glücks.

Um 23 Uhr gingen wir mit der Hoffnung nach Hause, noch zwei weitere Wochen in Gesellschaft unseres Mädchens genießen zu dürfen. Doch die Krise trat vor der Morgendämmerung ein.

Wir wachten von den Geräuschen auf, die Trixie wegen ihrer Atemnot machte. Sie hatte wieder in ihrem eigenen Bett schlafen wollen und saß jetzt in äußerst elendem Zustand daneben. Sie kämpfte um jeden Atemzug – aber winselte nicht.

Wir dachten, nun sei der Augenblick gekommen, in dem sich ein Teil des Blutgerinnsels von der Herzwand gelöst hatte und in einen ihrer Lungenflügel gedrungen war. Wir knieten uns hin, hielten sie in den Armen und versuchten sie zu trösten und zu beruhigen.

Während der entsetzlichen halben Stunde, die folgte, hatte ich auch Angst um Gerda, weil sie beim Gedanken an unseren Verlust so heftig zitterte. Nicht nur ihre Hände zitterten, sondern ihr ganzer Körper, so als wäre die Zimmertemperatur plötzlich unter Null gesunken.

Ich hatte eine schlimme Kindheit überlebt, außerdem im Alter von vierundvierzig Jahren eine beinahe geglückte Messerattacke auf mich, hatte gesehen, wie ein vor mir gehender Mann erschossen wurde, und in dieselbe Gewehrmündung geblickt. Ich hatte erfahren, was man empfindet, wenn man einer tödlichen Bedrohung hilflos ausgesetzt ist, doch niemals hatte ich mich auch nur annähernd so hilflos gefühlt wie jetzt, mit der röchelnden Trixie in meinen Armen. Hier offenbarte sich unsere wahre Lage in dieser Welt, die wir jeden Tag so sehr zu verdrängen suchen: *Jeder von uns, jedes Geschöpf, lebt durch die Gnade Gottes.*

Ich wollte nicht zusehen, wie unser wunderschönes Mädchen auf diese Weise starb, voller Angst und Schmerzen. Und doch lag es nicht in meiner Macht, ihr all das zu ersparen.

Ich weinte nicht, und auch Gerda hielt die Tränen zurück. Wir durften mit unseren Tränen Trixie nicht noch mehr Kummer bereiten, während sie um Atem rang. Wir beteten um Stärke, und sie wurde uns gegeben.

Nach einer halben Stunde erholte sich Trixie ganz plötzlich. Sie begann wieder normal zu atmen. Ich wagte zu hoffen, dass sich das Blutgerinnsel doch nicht von der Herzwand gelöst hatte.

Ich fragte Trixie, ob sie pinkeln wolle, denn es war fast schon Zeit für ihre übliche Morgentoilette. Sofort reagierte sie darauf und stellte sich auf ihre vier Pfoten. Als sie mir aus dem Schlafzimmer folgte, wedelte sie sogar. Wir fuhren mit dem Fahrstuhl ins Erdgeschoss. Während wir den langen Gang zur Terrasse entlanggingen und von der Terrasse weiter zum Rasen, nahm sich Trixie, die an meiner Seite ging, tapfer zusammen und tat so, als hätte sie überhaupt keine Schmerzen. Doch kaum hatte sie ihr kleines Geschäft gemacht, stand sie wackelig auf den Beinen da und hatte keine Kraft mehr. Trotzdem schaffte sie wankend den Weg vom Rasen zur überdachten Terrasse zurück und zur Couch, die wahrscheinlich ihr Lieblingsplatz auf unserem Grundstück war. Nur konnte sie diesmal nicht hinaufspringen, und so hob ich sie hinauf.

Oft hatten wir dort stundenlang gesessen. Trixie beobachtete gern die Vögel, den Wind in den Bäumen und die sich auf ihren Stängeln wiegenden Rosen, während ich sie streichelte und diese wunderbare Stelle zwischen ihren samtigen Ohren kraulte, was sie immer besonders genoss. Manchmal schien es so, als wollte sie den halben Tag auf der Terrasse sitzen bleiben und nichts anderes tun, als ihre Umgebung zu beobachten und das Wunderbare aller ganz natürlichen Dinge zu bestaunen.

Gerda brachte für den Fall, dass Trixie Durst bekommen sollte, einen Wassernapf nach draußen. Trixie zwischen uns, blieben wir von 5 Uhr früh bis 13 Uhr nachmittags auf der Couch sitzen. Unser Golden Girl war apathisch, hatte aber weder Angst noch Schmerzen. Als ich ihr das erste Mal etwas zu fressen anbot, wollte sie nichts. Doch beim zweiten Mal fraß sie einen Teller Trockenfutter und einen Teelöffel Erdnussbutter.

Sie wollte, dass wir sie streichelten und in die Arme nahmen. Und immer wieder wollte sie hören, dass wir ihr erzählten, welch gute und schöne Hündin sie sei. Mit der Zeit lernen Hunde die menschliche Stimme lieben und bemühen sich ihr ganzes Leben lang, diese Stimme zu verstehen. Als wir in besseren Zeiten auf der Terrassencouch gesessen hatten, hatte ich alberne Liedchen für und über Trixie erfunden, aus dem Stegreif gebastelte Oden, die ich zur Melodie meiner liebsten *Wupp-di-doo*-Stücke sang. Wenn ich sang, grinste sie mich stets an und klopfte mit dem Schwanz, sobald sie ihren Namen in einem dieser Liedchen erkannte.

Inzwischen war Gerda und mir klar, dass Trixie deswegen mit dem Fahrstuhl hinuntergefahren und die Kraft aufgebracht hatte, bis zur Terrasse zu gehen, weil sie dort sein wollte, wenn das Ende kam. Wir rechneten jeden Augenblick damit, aber Trixie hielt noch stundenlang durch und hob hin und wieder den Kopf, um auf diesen Ort, den sie so sehr liebte, hinauszublicken: auf den großen Garten, die Rosen und den Himmel, der sich bis hinunter zum Meer wölbte.

Dieser Samstag war zugleich der erste Tag eines ungewöhnlich langen Wochenendes, weil sich der 4. Juli, der Nationalfeiertag, daran anschloss. Wir fürchteten, Trixie könne am späteren Nachmittag oder Abend einen weiteren Erstickungsanfall bekommen – zu einer Zeit, in der wir nicht leicht Hilfe herbeirufen könnten. Wenn es ihr nicht bestimmt war, plötzlich zu sterben, würde sich ihr Leiden unnötig lange hinziehen, und das konnten wir nicht zulassen. Kurz nach 13 Uhr nachmittags rief ich deshalb die Tierklinik in Newport Hills an und erfuhr, dass sowohl Bruce Whitaker als auch Bill Lyle an diesem Wochenende keinen Dienst hatten und ein anderer Tierarzt sie vertrat. Als ich der Frau am Empfang unsere Situation erklärte, erwiderte sie, Bruce sei beim Tennisspielen und sie könne ihn erreichen.

Wenige Minuten später rief er mich zurück. Als ich ihm mitteilte, dass Trixie um Atem gerungen hatte und ihren gegenwärtigen Zustand beschrieb, meinte er, er werde lieber bei uns zu Hause nach ihr sehen. Ich solle sie nicht in die Klinik bringen, das würde ihr nur unnötig Angst machen. Schon vor halb zwei Uhr nachmittags kam er bei uns an.

Als ich Bruce aus dem Spielezimmer auf die Terrasse führte, hob Trixie den Kopf, grinste und zuckte mit dem Schwanz. Sie ließ sich mit dem üblichen Gleichmut untersuchen. Bruce sagte, Trixie werde wahrscheinlich in der Nacht oder spätestens am Sonntag sterben. Zwar habe sie im Moment keine Schmerzen, sei aber schwach, leide unter niedrigem Blutdruck und vielleicht auch unter inneren Blutungen.

»Wird sie Schmerzen haben, wenn es so weit ist?«, fragte ich.

»Möglicherweise ja«, erwiderte Bruce.

»Nur kurz oder mehrere Minuten? Wie lange kann das gehen?«

»Das können wir nicht wissen.«

Ich stellte ihm eine weitere Frage, die ihm sonderbar vorkommen mochte, auch wenn er sich nichts anmerken ließ.

»Wird sie vor Schmerzen aufheulen?«

»Das kann sein.«

In ihrem Leben hatte diese stoische kleine Hündin schon schwere Krankheiten durchgestanden, gefolgt von vier Operationen und vier Genesungsphasen, und niemals hatte sie auch nur ein einziges Mal gewimmert oder aufbegehrt. Falls sie nun vor Angst und Schmerzen laut heulte, würde dieser Aufschrei Gerda und mir das Herz zerreißen. Aber es ging hier nicht um Gerda und mich. Ich wollte nicht, dass diese mutige Hündin, dieses Geschöpf, das so tapfer war und ein so gutes, liebevolles Herz hatte, als letzten Laut auf dieser Erde den eigenen Aufschrei würde hören müssen. Ich wollte ihr dabei helfen, in ihren letzten Momenten das zu sein, was sie ihr ganzes Leben lang gewesen war: die Verkörperung gelassenen Mutes, ungebeugt vom Leiden.

Kaum mehr als dreißig Minuten später, um zwei Uhr nachmittags, kehrte Bruce mit seinem Arztkoffer zurück. Ihn begleitete der tierärztliche Labortechniker David, der mich eine Woche zuvor – Tage vor meiner Fahrt mit Trixie zur Fachklinik – ermahnt hatte, das Tempolimit nicht zu missachten. »Gott wird ihr beistehen«, hatte er damals gesagt.

Meiner Auffassung nach ist bei Menschen der natürliche Tod ein würdevoller Tod. Aber Tiere sind unschuldige Wesen und wir dienen ihnen als Hüter, mit der Verpflichtung, sie barmherzig zu behandeln.

Als wir mit Trixie auf ihrer Lieblingscouch auf der überdachten Terrasse saßen, wo sie all die guten aromatischen Gerüche des Grases, der Bäume und der Rosen einatmen konnte, öffneten wir für sie deshalb das unsichtbare Tor, damit sie wieder laufen können würde – nicht auf den jetzt so schwachen Beinen, sondern auf den immer noch starken Beinen ihres Geistes. Von diesem Tor aus würde sie, ein unschuldiges Geschöpf, in ein Reich der Unschuld eingehen, für immer heimgekehrt.

Während Gerda Trixies Körper zärtlich an sich drückte und ihr sagte, sie sei ein Engel, hielt ich ihr liebes Gesicht in den Händen und sah ihr in die wunderschönen Augen. Und wie immer erwiderte sie meinen Blick. Ich sagte ihr, sie sei die liebste Hündin der Welt, und ihr Frauchen und ich seien sehr stolz auf sie. Sagte ihr, dass wir sie so verzweifelt liebten, wie man das eigene Kind überhaupt lieben kann, und dass wir sie als Gottesgeschenk betrachteten. Und bei diesen Worten schlief sie ein – nicht für immer, sondern nur für den Augenblick zwischen dem körperlichen Tod und dem seelischen Erwachen im strahlenden Glanz der Gnade, wo sie hingehörte.

23

In meinem Ende ist mein Anfang

Liebe und Verlust sind unauflöslich miteinander verbunden, da wir sterblich sind und Liebe nur unter der Bedingung erfahren, dass wir das, was wir lieben, unausweichlich verlieren werden. An diesem Nachmittag auf der Terrasse fühlten Gerda und ich uns wegen der Trauer um Trixie wie am Boden zerstört. Bruce Whitaker, der im Laufe seiner Tätigkeit als Tierarzt viele solcher Augenblicke erlebt hatte, weinte mit uns, genau wie David. Später schrieb uns David einen Brief, in dem es hieß: »Trixie hatte einen ganz besonderen Platz in meinem Herzen. Normalerweise gelingt es mir, eine bestimmte Distanz zu bewahren, doch in Trixies Fall war mir das einfach nicht möglich.«

Bruce und David wickelten Trixie in eine Decke und David trug sie zu dem Geländewagen, mit dem die beiden angekommen waren. Die Arme umeinander gelegt, folgten Gerda und ich ihnen nach unten und in die Garage. Dort glitt der Schweif unseres Golden Girls unter der Decke hervor und schwang so hinter ihr her, als habe ihre Seele noch bis zu diesem letzten Abschiedsgruß bei uns verweilt. Wir hätten Trixie auf unserem Grundstück bestatten können, wollten ihre sterblichen Überreste jedoch nicht dort lassen, da wir vielleicht noch irgendwann umziehen würden. Trixies Asche wird immer bei uns sein, wo wir auch hinziehen mögen. Der Hundefriedhof, auf dem die Verbrennung durchgeführt werden sollte, war wegen des langen Wochenendes, das den Nationalfeiertag einschloss, bis zum Mittwoch nicht geöffnet. Bruce würde Trixies Körper bis zum Donnerstagmorgen in seiner Gefrieranlage aufbewahren.

Nachdem wir ins Haus zurückgekehrt waren, kamen Gerda und ich uns so verloren vor, als würden wir dort nicht mehr hingehören. Jedes Zimmer war uns vertraut, doch uns so fremd wie die Räume im Haus anderer Menschen. Wir wussten nicht, was wir tun sollten, wollten eigentlich gar nichts tun, konnten aber auch nicht tatenlos herumsitzen, denn dabei verstärkte sich die uns ständig niederdrückende Trauer nur noch und schien uns zu zermalmen und zu ersticken.

Später ging Gerda der Anblick von einem der Betten Trixies so zu Herzen, dass sie nun alle Betten, viele davon neu, einsammeln wollte. In einem Zimmer nach dem anderen zog sie die Bezüge ab, wusch und trocknete sie, verstaute die Betten in einem Abstellraum, um sie irgendwann unseren Angestellten und Freunden anzubieten, die selbst Hunde hielten. Wir sammelten auch die Plüschspielzeuge ein, Dutzende davon, da sie für uns nun nicht mehr einfaches Spielzeug waren, sondern uns jedes einzelne davon ins Herz stach.

Unser Leben lang hatten Gerda und ich Zuflucht und Rettung in der Arbeit gefunden. Jetzt konnte uns nur die Arbeit davor bewahren, uns nicht völlig der Verzweiflung hinzugeben.

Ich rief Mike und Mary Lou Delaney an, außerdem Linda und einige wenige andere der Menschen, die Trixie am besten gekannt, viel Zeit mit ihr verbracht und sie nicht nur als irgendeinen Hund betrachtet hatten (auch wenn ein Hund schon an sich ein wunderbares Geschöpf ist). Ich brachte es nicht fertig, mit zahlreichen Leuten zu telefonieren, da ich jedes Mal, wenn ich von Trixies Tod erzählte, so zusammenbrach wie nie zuvor in meinem Leben. Gerda konnte tagelang mit niemandem außer mir darüber sprechen. Wie so oft in unserem Leben waren wir füreinander Felsen in der Brandung, und das gab uns Halt.

Uns tröstete die Gewissheit, dass Gott niemals grausam ist und es einen Grund für alles gibt, was geschieht. Wir müssen den Schmerz des Verlustes erleben, denn würden wir ihn niemals kennenlernen, hätten wir kein Mitgefühl für andere und würden zu Monstern werden, die stets nur um sich selbst kreisen – Geschöpfe mit reinem Selbstinteresse. Der schreckliche Kummer des Verlustes lehrt unsere stolze Spezies, Demut zu empfinden, und hat die Kraft, lieblose Herzen zu erweichen und aus einem guten Menschen einen besseren zu machen.

Der Tierfriedhof umfasste ein beträchtliches Stück Land. Die meisten der vielen hundert Granitgrabsteine waren mit künstlichen oder echten Blumen geschmückt, darüber hinaus auch mit Fähnchen, Hundespielzeug und Luftballons. Dem Grabschmuck nach zu urteilen wurde dieser Hundefriedhof häufiger besucht als jeder Friedhof, auf dem Menschen bestattet waren. Das Krematorium lag hinter dem Hauptgebäude, in dem die Friedhofsverwaltung untergebracht war, und ähnelte einer Garage. Am Donnerstagmorgen begleitete uns jemand vom Personal zur Leichenschau, denn wir wollten sicherstellen, dass Trixies sterbliche Überreste nicht zusammen mit denen anderer Hunde verbrannt wurden.

Während der halbstündigen Fahrt zum Friedhof stellten wir uns darauf ein, dass der kommende Moment vielleicht sehr bizarr auf uns wirken würde. Schließlich war Trixies Leichnam seit Samstag eingefroren gewesen und erst an diesem Morgen zum Friedhof gebracht worden. Sicher war er noch nicht völlig aufgetaut.

Doch statt eines grausigen Anblicks erwartete uns eine eindrucksvolle schöne und realistische Szenerie. Das Krematorium war ein einfacher, nüchterner Raum mit dunklen Holzsparren und einem abgenutzten Betonfußboden, und in den Ecken zeichneten die Schatten komplizierte Muster. Durch die offene Tür fiel fast blendendes Licht direkt auf den Verbrennungsofen. Das hier war eine Realität, wie sie auch der amerikanische Maler Andrew Newell Wyeth in einem seiner Gemälde hätte einfangen können. Der Verbrennungsofen war ein schnörkelloses massives Gebilde aus Eisen und Beton, alt und durch lange Jahre der Nutzung verschrammt, und die Luft roch nach reinigender Hitze. Auf einem Rollwagen lag eine Pritsche, und auf dieser Pritsche der Leichnam unseres Mädchens. Ehe sie den Körper eingefroren hatten, waren Bruce Whitaker und David so lieb gewesen, Trixie so hinzulegen, dass sie nur zu schlafen schien. Sie lag zusammengerollt da, und ihr Kopf ruhte auf den Pfoten. Die Augen waren geschlossen, ihr Gesicht wirkte unbeschwert. Und ihr Fell fühlte sich kühl und weich an.

»Sie war so schön«, sagte Gerda. »So wunderschön.« Und tatsächlich kam es mir so vor, als wäre dieses Golden Girl noch schöner, als ich sie in Erinnerung hatte – so als hätte mich diese kurze Zeitspanne von fünf Tagen schon teilweise vergessen lassen, welch unglaublich prächtige Hündin Trixie gewesen war.

Während der ersten Hälfte der zweieinhalbstündigen Verbrennung saßen Gerda und ich nebeneinander auf einer Couch im Wartebereich der Leichenhalle. Wieder und wieder blätterten wir in *Life is Good* (»Das Leben ist schön«), Trixies erstem Buch, das so viele Fotos von ihr enthält. Bei der Totenwache war es für uns eine Möglichkeit, ihr Leben zu feiern. Später gingen wir über den Tierfriedhof, wo die Grabsteine Inschriften hatten, die Liebe, Hingabe und Dankbarkeit ausdrückten. Diese Grabinschriften erzählten Geschichten, die einen Romanschriftsteller sein ganzes Leben lang mit Schreibstoff hätten versorgen können.

Trixies Asche nahmen wir in einer Bronzeurne mit nach Hause und stellten die Urne auf den Kaminsims in unserem Schlafzimmer. Dort ist sie bis heute geblieben.

»Sie war doch nur eine Hündin«, mag jetzt mancher sagen. Ja, sie war eine Hündin, aber nicht nur das. So wie ich ein Mann bin, aber nicht nur ein Mann. Gefühl ist nicht Sentimentalität, gesunder Menschenverstand nicht gesunde Ignoranz und Intuition nicht Aberglaube. Wenn wir mit der Erkenntnis leben, dass diese Welt auch eine spirituelle Dimension hat, leben wir nicht nur ein glücklicheres Leben, sondern auch ein in geistiger Hinsicht ehrlicheres Leben, als wenn wir dem Wunderbaren keinen Raum geben und uns weigern, uns das Mysterium der Existenz einzugestehen.

Bis wir Trixie verloren, hatte ich in meinem Schriftstellerleben niemals unter einer Schreibblockade gelitten. Mitten in der Arbeit an dem Roman *Urangst*, einer Geschichte, in der viele Golden Retriever vorkommen, saß ich Tag für Tag an der Tastatur und kam mit dem Manuskript keine Zeile voran.

Eine Bekannte, die mir ihr Beileid zum Tode Trixies aussprach, gestand verlegen ein, sie habe mehr um ihren Hund getrauert als um verstorbene Familienangehörige oder Freunde. Ich erwiderte, das müsse ihr nicht peinlich sein. Egal, wie nahe man einem Menschen stehen mag: Nur wenige menschliche Beziehungen sind so frei von Streitereien, Meinungsverschiedenheiten und Frust wie die Beziehung, die man mit einem guten Hund hat. Nur selten geben sich Menschen einander so hin, wie ein Hund sich einem Menschen hingibt. Außerdem vermute ich, dass wir Hunde deshalb so schätzen, weil deren unschuldige Seelen uns – bewusst oder unbewusst – wünschen lassen, wir wären so ohne Arg wie sie. Sie wecken in uns die Sehnsucht nach einem Ort, wo überall Unschuld herrscht und die Gemeinheiten, die Treuebrüche und Grausamkeiten dieser Welt unbekannt sind.

An einem Samstagnachmittag kurz vor zwei – es war am Ende der dritten Woche meiner Schreibblockade – konnten weder Gerda noch ich es aushalten, allein zu sein oder uns mit irgendeiner alltäglichen Aufgabe zu beschäftigen. Wie wir es schon an den beiden zurückliegenden Samstagen während Trixies Todesstunde getan hatten, gingen wir Hand in Hand über die zweieinhalb Morgen Land, die unser Mädchen so geliebt hatte und besuchten ihre Lieblingsplätze. Als wir genau auf die Minute drei Wochen nach Trixies Tod über den weitläufigen Rasen gingen, schoss ein wunderbarer goldener Schmetterling von einem Pfefferbaum herunter. Einen solchen Schmetterling hatten wir noch nie gesehen – und wir würden ihn auch niemals wieder sehen. Er war sehr groß, größer als mein Handteller mit gespreizten Fingerspitzen, und von strahlend goldener, nicht gelblicher Farbe. Drei oder vier Mal umkreiste dieser Schmetterling unsere Köpfe, strich über unsere Gesichter und unser Haar, wie es kein Schmetterling je getan hatte. Dann schoss er zurück nach oben, flog am Pfefferbaum vorbei und verschwand am Himmel.

Gerda, die vernünftigste Person, der ich jemals begegnet bin, sagte sofort: »War das Trixie?« Und ich erwiderte ohne zu zögern: »Ja, das war Trixie.«

Erst viel später, kurz vor dem Schlafengehen, sprachen wir über dieses Erlebnis und unterhielten uns unter anderem über die unglaublich dichten, schweren Flügel dieses Schmetterlings. Eigentlich hätten sie seine Flugfähigkeit beeinträchtigen oder sie ihm sogar ganz nehmen müssen. Gerda erinnerte sich, dass diese Flügel aussahen, »als wären sie von einem Neonfaden eingefasst gewesen«. Mir waren sie ähnlich wie von einem Bleirand eingefasstes Buntglas vorgekommen.

Kein Landschaftsgestalter, der in unserer Gegend arbeitet, hat jemals vorher oder nachher einen solchen Schmetterling gesehen, genauso wenig wie wir. Er tanzte genau in der Minute, in der Trixie vor drei Wochen gestorben war, um unsere Köpfe herum. Skeptiker werden jetzt aufheulen. Aber ich werde stets glauben, dass unser Golden Girl uns wissen lassen wollte, dass wir allzu sehr um sie trauerten und dass sie wohlbehalten und glücklich war.

Nachdem ich diese Geschichte auf meine Homepage gestellt hatte, empfing ich Hunderte von Leserbriefen. All diese Leserinnen und Leser berichteten, auch sie hätten nach dem Tod ihres geliebten Hundes unheimliche Dinge erlebt, wenn auch anderes als wir. Doch eines hatten alle Erlebnisse miteinander gemein: Offenbar sollten sie den Menschen vermitteln, dass die Seelen ihrer Hunde weiterlebten.

Nach dem Tod unseres Golden Girls fanden wir acht Monate lang nicht den Mut, einen anderen Hund bei uns aufzunehmen. Schließlich teilte ich Linda Valliant, der damaligen Leiterin der südwestlichen Niederlassung des CCI, mit, Gerda und ich wären bereit, in zwei Monaten einen vom Dienst freigestellten, ausgebildeten Assistenzhund, der ein Zuhause brauche, zu uns zu nehmen. Wenn man einmal einen wunderbaren Hund hatte, fehlt einem etwas in einem Leben ohne Hund.

Im Mai 2008, mehr als zehn Monate nach Trixies Tod, brachte uns Linda einen weiblichen Golden Retriever. Damals hieß die

Hündin Arianna, inzwischen heißt sie Anna Koontz. Anna ist die Großnichte unserer Trixie. Linda wusste das damals nicht, entdeckte es jedoch ein paar Wochen später, als sie die Adoptionspapiere für Anna zusammenstellte. Anna ist von ihrem Wesen her anders als Trixie, aber auch sie ist eine wunderbare Hündin.

Die Vorgängerin von Linda Valliant, Judi Pierson, erzählte mir nach Trixies Tod, es sei damals wie eine Schicksalsfügung gewesen, dass wir ausgerechnet diese zauberhafte Hündin erhalten hätten. Als ich Judi 1998 mitgeteilt hatte, wir wären nun endlich bereit, einen freigestellten CCI-Hund bei uns aufzunehmen, hatte sie erwidert, es kämen zahlreiche anschmiegsame Tiere in Frage. Sie werde uns den Hund gleich nach ihrer Rückkehr aus dem vierzehntägigen Urlaub bringen. Bevor sie in Urlaub fuhr, beauftragte sie Kollegen damit, die Liste aller zur Verfügung stehenden Hunde durchzugehen und den für uns am besten geeigneten Hund auszusuchen. Mitten in ihrem Urlaub erfuhr sie, dass etwas Seltsames passiert war.

Wenn zahlreiche freigestellte Hunde zur selben Zeit zur sogenannten Adoption freigegeben werden, kann es sehr häufig vorkommen, dass es zwei oder mehr Monate dauert, innerhalb der CCI-Gemeinschaft ein geeignetes Zuhause für jeden Hund zu finden. Aber in diesem Fall konnte man alle Hunde innerhalb eines einzigen Wochenendes unterbringen, so dass kein Hund mehr verfügbar war. Da Judi uns jedoch einen Hund versprochen hatte, verkürzte sie ihren Urlaub, ohne es uns zu sagen, und machte sich auf die Suche nach einem Hund, den man in der Organisation vielleicht übersehen hatte. Dabei fand sie heraus, dass Trixie niemals zur Freistellung registriert worden war und sich noch immer von ihrer Ellbogenoperation erholte, obwohl sie eigentlich schon wieder gesund sein musste. Damals lebte Trixie bei Julia Shular, die daran gedacht hatte, Trixie vielleicht als Therapiehund für Besuche in Kliniken und Pflegeheimen einzusetzen.

Wären alle verfügbaren Hunde nicht unverzüglich und in Rekordzeit untergebracht worden und hätte Judi uns einfach gebeten, noch zwei Monate auf unseren Hund zu warten, statt sich auf die Suche nach Trixie zu begeben, hätten Gerda und ich einen anderen

Hund erhalten. Auch das wäre sicher schön gewesen, aber nicht dasselbe wie mit Trixie. Und ein anderer Hund hätte in uns vielleicht nicht die Veränderungen ausgelöst, die Trixie bewirkte.

Es war so, als wäre Trixie für uns bestimmt gewesen. Und hätten wir das CCI nach Trixies Tod früher um einen Hund gebeten oder es weitere Monate aufgeschoben, hätten wir nicht Anna bekommen, Trixies Großnichte. Finden Sie das nicht irgendwie wundersam und mysteriös? Wir schon.

Die Welt ist unendlich vielschichtig und rätselhaft. An jedem Tag unseres Lebens sehen wir viel mehr, als wir begreifen können. Und da uns dieses mangelnde Begriffsvermögen beunruhigt, machen wir uns selbst etwas über das vor, was wir sehen. Wir wünschen uns eine simple Welt, leben jedoch in einer herrlich komplexen. Statt zu würdigen, wie wunderbar abgerundet die Schöpfung ist, nehmen wir nur Scheibchen davon wahr und betrachten jedes Scheibchen durch eingetrübte, verzerrende Linsen. Das trägt noch mehr dazu bei, dass wir die wirkliche Schönheit der Schöpfung nicht sehen und die darin verborgenen Wahrheiten, die auf ihre Entdeckung warten, nicht erkennen. Komplexität weist auf Sinn und Bedeutung hin, und beides beängstigt uns.

Das Leben einer Schneiderin ist nicht geringer einzuschätzen als das einer Königin, das Leben eines Kindes mit Down-Syndrom nicht weniger verheißungsvoll als das Leben eines Philosophen. Die einzige relevante Bemessung eines Lebens liegt darin, in welcher Weise sich dieses Leben, entweder durch bewusste, willentliche Handlungen oder unterbewusst, durch das eigene Beispiel positiv auf andere Menschen ausgewirkt hat. Selbst die kleinste freundliche Handlung – sei es, mit Worten Hoffnung zu geben, wenn jemand dringend Hoffnung braucht, sei es, an einen Geburtstag zu denken oder jemanden durch ein Kompliment zum Lächeln zu bringen – birgt die Möglichkeit in sich, das Leben eines Menschen durch solche Zuwendung positiv zu verändern.

Wenn eine Hündin durch das Beispiel ihrer Lebensfreude und Unschuld das Leben von zwei Menschen so sehr zum Besseren verändern kann, dann gibt es kein »kleines« Leben. Jedes Leben ist etwas Großes. Das Mysterium des Lebens ist die Quelle des Wunderbaren und das Wunderbare genau das, was das Leben so lebenswert macht.

Ein Handlungsträger in meinem Roman *Urangst* beschäftigt sich in einem Kapitel mit der Bedeutung der Bindung zwischen Mensch und Hund. Wieso schenken wir Hunden unser Herz, obwohl wir wissen, was damit auf uns zukommt?

Er sagt dazu Folgendes:

»Das Leben von Hunden ist kurz. Allzu kurz. Doch das weißt du, wenn du dich auf Hunde einlässt. Du weißt, dass dich Kummer erwartet, wenn du einen Hund verlierst, und dass du sehr leiden wirst. Also lebst du mit deinem Hund ganz im Augenblick, teilst alle Wonnen mit ihm und freust dich über seine Arglosigkeit. Du kannst dir ja nicht vormachen, dass ein Hund dir ein lebenslanger Gefährte sein wird. Es liegt auch große Schönheit in dieser harten Ehrlichkeit mit sich selbst, denn sie bedeutet, Liebe zu empfangen und zu schenken, während du dir stets dessen bewusst bist, dass diese Liebe einen unerträglich hohen Preis hat. Vielleicht ist die Liebe zu einem Hund eine Art Sühne für die Selbsttäuschungen, die wir uns ansonsten zugestehen, und für die Fehler, die wir aufgrund solcher Selbsttäuschungen begehen.«

CANINE COMPANIONS
FOR INDEPENDENCE
DEAN, GERDA and TRIXIE KOONTZ CAMPUS

Bis ans Ende aller Tage

Nach Trixies Abschied von dieser Welt fragte ich Linda Valliant, ob das CCI mir eventuell einen großen Gefallen erweisen könne. Ich hoffte auf das Einverständnis der Verantwortlichen, Trixies Namen hinter Gerdas und meinem Namen auf der großen Empfangstafel am Eingang zum Oceanside Campus des CCI einzufügen. Schließlich hatte diese Hündin Gerda und mich dazu inspiriert, großzügigere Schenkungen vorzunehmen, als wir es früher getan hatten. Und es war Trixies Schriftstellerkarriere zu verdanken, dass die oft verheerend hohen Arztrechnungen für die Assistenzhunde behinderter Menschen nun stets beglichen werden konnten. Mittlerweile schließt die Tafel auch Trixies Namen mit ein. Jedes Mal, wenn ich die Tafel sehe, sehe ich darin auch den Beweis, dass ihr kleines Leben, so wie jedes Leben, das Leben anderer verändert hat. Und daraus schöpfe ich auch die Hoffnung, dass ich Trixie wiedersehen werde – an einem wunderbaren Ort, im Zentrum des Mysteriums, um das unsere Existenz bis ans Ende aller Tage kreist.

Dean Koontz

Der Autor schrieb zahlreiche Romane, die auf der Bestsellerliste der *New York Times* auf Platz 1 standen, etwas, was ihm auch mit *A Big Little Life* gelang, der hier vorliegenden Autobiografie des gemeinsamen Lebens mit einem Golden Retriever. Von der Zeit mit Trixie zeugen außer der Autobiografie noch die Bücher *Bliss to You*, das ebenfalls auf Deutsch bei AMRA vorliegt, *Life is Good, Christmas is Good* sowie die Kinderbücher *I, Trixie, Who Is Dog* und *Trixie & Jinx*, gezeichnet von Janet Cleland, zu denen auch iPad Apps veröffentlicht wurden. In *Ask Anna*, ebenfalls von Janet gezeichnet und durch eine iPad App ergänzt, gibt Trixies Nachfolgerin anderen Hunden Rat in allen Lebenslagen.

Geboren wurde Dean Koontz 1945 in Pennsylvania. Er arbeitete zunächst als Englischlehrer und schrieb nur am Wochenende und in den Abendstunden – und glaubte an sich, als er noch kein erfolgreicher Schriftsteller war. Aber nicht nur er, auch seine Frau Gerda war von seinem Können überzeugt. Daher bot sie ihm an, für fünf Jahre allein den Unterhalt zu verdienen. Binnen dieser Zeit sollte er mit dem Schreiben ausreichende Einnahmen erzielen können – oder seinen Kindheitstraum an den Nagel hängen, so die Vereinbarung. Er musste diese Frist aber gar nicht ausschöpfen, der Erfolg kam schneller, und seitdem hat er insgesamt sagenhafte 500 Millionen Exemplare seiner Romane verkauft, die den großen Erfolg in den USA weltweit wiederholten. Heute lebt der Autor mit seiner Frau Gerda, dem Golden Retriever Elsa und dem fortdauernden geistigen Wirken von Trixie und Anna, ihren beiden früheren Golden Girls, in Südkalifornien.

---

www.DeanKoontz.com

Kennen Sie schon Trixies Ratgeber für ein glückliches Leben?

Jeden Abend habe ich den Rechner abgeschaltet, *schreibt Herrchen Dean Koontz*, und jeden Morgen fand ich ihn wieder angeschaltet vor, und auf dem Bildschirm prangte ein weiteres Kapitel, das mir von der Regenbogenbrücke aus geschickt worden war. Trixie hat mir ihr Buch von der anderen Seite durch meinen Computer gechannelt.

Worum es in meinem Buch geht

von Trixie Koontz

Glückseligkeit für euch. Ich bin's, Trixie Koontz, die ein Hund war, ein Hund ist und immer ein Hund sein wird. Etwas Besseres als ein Hund kann man gar nicht sein. Wenn du ein Hund bist und das hier liest, weißt du, dass es stimmt. Wenn du ein menschlicher Leser bist – vertraue mir.

Ich bin ein Hund, und Hunde können nicht lügen.

Vielleicht necken Hunde dumme Katzen, auch wenn sie das nicht tun sollten. Fesseln die schlafende Katze zum Beispiel an einen Kastendrachen. Die Katze wacht dann sechzig Meter über der Erde auf, guckt hinunter und sieht den Hund grinsen und wedeln.

Oder der Hund verschlingt beim Picknick die Frankfurter Würstchen, wenn niemand hinschaut. Und danach noch den Kartoffelsalat und den Apfelkuchen. Kann sein, dass er den Menschen nichts zu essen übrig lässt, außer Selleriestangen.

So was will ich euren Hunden natürlich nicht empfehlen. Sage nur, was freche Hunde tun könnten. *Freche* Hunde, keine »bösen«. Gibt keine bösen Hunde, nur böse Hundebesitzer. Mit diesem Argument kommen freche Hunde vor Gericht am besten durch, und es stimmt ja auch.

Wenn alle anderen Familienmitglieder zum Essen ausgehen und nur den Hund zurücklassen, pieselt der Hund vielleicht auf den Fußboden, um seine Meinung dazu zu äußern. Probiert es aus, wenn ihr das nächste Mal euren Ehegatten oder den Kindern euren Standpunkt klarmachen wollt. Klappt bestens.

Aber lügen können Hunde nicht.

Und auch kein Auto lenken. Kommt mir bloß nicht mit Gründen – es ist einfach unfair! Hunde sind verantwortungsbewusster als jedes normale Filmsternchen, und die dürfen alle ans Steuer und fahren dann meistens betrunken herum. Hunde trinken nur Wasser. Vielleicht auch mal Fruchtsaft, aber niemals gegorenen. Im Interesse öffentlicher Sicherheit sollte man guten Hunden erlauben, Hollywood-Sternchen zu chauffieren.

Ich, Trixie, die ein Hund ist, hab nun also auch ein Buch geschrieben. Hab nie gedacht, ich würde eines schreiben. Liegt der Familie Koontz offenbar im Blut – dieser verrückte Drang zu schreiben. Neulich wollte ich nachts eigentlich den Mond anheulen. Hab mich stattdessen an den Computer gesetzt und *aufgeschrieben*, wie ich den Mond anheule. Brauche vielleicht eine Therapie.

Dieses Buch handelt vom Glück – was es ist und wie man es findet. Alle Menschen wären gern glücklich. Aber wo landen sie stattdessen? Im Gefängnis. Oder wegen Verkehrsvergehen vor Gericht. Oder in der Reha. Oder völlig pleite in Las Vegas. Manche gehen bei der Seefahrt auch auf dem Meer verloren. Andere weiden Heilbutt im stinkenden Frachtraum eines Fischkutters in Alaska aus. Und alle diese Menschen fragen sich dann:

Wie konnte ich hier landen?

Alle Hunde kennen das Geheimnis, wie man glücklich wird. Und hier, auf der anderen Seite, in Gesellschaft der Engel, die Tennisbälle für uns werfen und uns den Bauch kraulen, hab ich sogar noch mehr darüber gelernt.

Ich, Trixie, liebe die Menschen. Alle guten Hunde tun das. Möchte, dass die Menschen wahres Glück kennenlernen, ohne im Gefängnis zu landen. Buch ist mit Hundeweisheiten gepflastert. Werde euch den Weg dorthin zeigen. Folgt mir einfach.

Dean Koontz
8 SCHRITTE ZUM GLÜCK
Trixies Ratgeber für ein glückliches Leben

AMRA Verlag • Hanau 2019 • 176 Seiten
Hardcover mit Leseband • 18,99 € [D]
ISBN 978-3-95447-327-4 • *auch als eBook!*

»Um Glück zu finden,
musst du erst einen Schritt zur Seite machen …«

Dean Koontz
8 Schritte zum Glück
Trixies Ratgeber für ein glückliches Leben
176 Seiten, gebunden, oranges Leseband
€ [D] 18,99 / € [A] 19,60 • ISBN 978-3-95447-327-4

Von der anderen Seite aus plaudert Trixie über das Leben und lehrt uns in eigenen Worten die Weisheit der Hunde: Sei dankbar für das, was der Verlust ein demütiges Herz lehrt. Dankbar für andere in deinem Leben, die dir helfen, mit dem Verlust zu leben. Für das Lachen, das du mit ihnen teilst. Für die Schönheit der Welt und für die Stille im Herzen, die es dir ermöglicht, Schönheit zu erkennen.

»Ich schenke dir einen Keks. Du hast ihn dir verdient.« – *Trixie*

Ren Hurst
Die heilende Kraft der Pferde
Mein Weg zu Vertrauen, Hingabe und bedingungsloser Liebe
224 Seiten, gebunden, oranges Leseband
€ [D] 19,99 / € [A] 20,60 • ISBN 978-3-95447-277-2

Nach einer leidvollen Kindheit sind Pferde ihre Rettung. Als Reiterin und Trainerin schafft sie es fast bis zur Spitze – doch dann erkennt sie, dass Pferde nicht geritten werden wollen. Ihre Aufgabe ist die Verbreitung von Liebe. Die Folge sind radikale Veränderungen im eigenen Selbstverständnis und eine spirituelle Sichtweise auf die Welt.

»Der Umgang mit Pferden hebt dein Bewusstsein an.«

Susanne Hirsch
HEILSEIN – Die Kraft deiner lebendigen Emotionen
Botschaften und Meditationen von Djwal Kuhl
240 Seiten, gebunden, oranges Leseband
€ [D] 19,99 / € [A] 20,60 • ISBN 978-3-95447-373-1

Der Aufgestiegene Meister Djwal Khul beschreibt zahlreiche positive Emotionen, die anschließend mit einer Meditation im Körper lebendig gemacht werden. So können wir die Kraft der positiven Emotionen in unserem Alltag fließen lassen und ein wundervolles, freudvolles und friedliches Leben erschaffen.

Mit einem Vorwort und Nachwort des Maha Chohan, der die Kommunikation auf Herzebene stärkt.

Alle Amra-Bücher auch als eBooks. Leseproben auf www.AmraVerlag.de

Eva Marquez
SEELENHEILUNG und energetischer Schutz
Befreiung von Besetzungen, außerirdischen Implantaten und negativen Einflüssen
224 Seiten, gebunden, oranges Leseband
€ [D] 19,99 / € [A] 20,60 • ISBN 978-3-95447-354-0

Wie erkennt man blockierende Energien? Wie kann man sich davon befreien? Wie schützt man sich und andere energetisch? Wie heilt man tiefgehende seelische Verletzungen und erinnert sich umfassend an sein Wissen als Heiler? Mit Unterstützung der Plejader erklärt Eva die Ursachen blockierender Energien.

Alles, was du wissen musst, um durch Übungen, Meditationen und Behandlungen den Weg in die geistige Freiheit zu gehen.

Eva Marquez
DNA-Aktivierung durch die kosmische Familie
Kontakte mit den Plejaden, Sirius, Andromeda, Centaurus, Epsilon Eridani und Lyra
208 Seiten, gebunden, oranges Leseband
€ [D] 19,99 / € [A] 20,60 • ISBN 978-3-95447-335-9

Du erfährst etwas über verschiedene Sternenvölker der Menschheitsfamilie und kannst mit ihnen in Verbindung treten. Wenn sie deine ursprünglichen Vorfahren sind, steigen beim Lesen vielleicht Erinnerungen in dir auf, und deine spirituelle DNA wird aktiviert. Du wirst unwillkürlich auf die Energie eingestimmt, die dir in deinem jetzigen Leben am meisten weiterhilft.

»Kosmische Liebe und diese wundervolle Lichtfrequenz.«
– Pavlina Klemm

Eva Marquez & Sayama:
Übungs-CDs der Plejader

DNA-Aktivierung durch die Sprache des Lichts
Seelenheilung und Wiederanbindung an unsere kosmische Familie
71 Min; € [D/A] 19,99 • ISBN 978-3-95447-348-9

Kontaktaufnahme mit der kosmischen Familie
Energetische Übungen verschiedener Sternenvölker
78 Min; € [D/A] 19,99 • ISBN 978-3-95447-268-0

Alle Erinnerungen über dein wahres Wesen liegen in deinem Inneren – deiner DNA – verborgen. Seelenheilung kann deine DNA aktivieren und dich mit deinem kosmischen Erbe verbinden.

Neue Botschaften regelmäßig auf www.AmraVerlag.de

Pavlina Klemm
Lichtbotschaften von den Plejaden 4
Deine Heilung durch kosmische Liebe
224 Seiten, gebunden, oranges Leseband
€ [D] 19,99 / € [A] 20,60 • ISBN 978-3-95447-349-6

Der Zustrom positiver Energie nimmt weiter zu. Die aktuellen Botschaften vermitteln ein noch tieferes Verständnis der kosmischen Gesetzmäßigkeiten. Wir erleben die Rückholung von Seelenfragmenten, die Aufhebung negativen Denkens und die Stärkung der weiblichen Kraft. Jedes Kapitel ist mit positiver Energie aufgeladen, die das Energiesystem des Lesers stärkt.

Zahlreiche Übungen unterstützen den Aufbau unserer neuen lichtvollen Physiologie.

Pavlina Klemm
Lichtbotschaften von den Plejaden 5
Dein Schlüssel zum Goldenen Zeitalter
224 Seiten, gebunden, oranges Leseband
€ [D] 19,99 / € [A] 20,60 • ISBN 978-3-95447-367-0

Das Bewusstsein der Menschheit wächst. Unaufhaltsam nähert sie sich dem Goldenen Zeitalter an. Eine Elite von Lichtwesen hilft bei der Realisierung und bei der Rettung unseres Planeten. Sie hat sich unter uns verteilt, weniger feinstofflich, so dass sie auch in Konfliktbereiche gehen können. Sie verbinden sich mit dem Licht und dehnen es in alle Dimensionen, Räume und Zeiten aus.

Vorwort von Jeanne Ruland.

Pavlina Klemm & Sayama:
Übungs-CDs der Plejader

Meditationen und Übungen für das Goldene Zeitalter (CD 6)
78 Min; € [D/A] 19,99 • ISBN 978-3-95447-369-4

Rückholung verlorener Seelenanteile und Heilung von Mutter & Kind (CD 5)
78 Min; € [D/A] 19,99 • ISBN 978-3-95447-366-3

Heilung von Körper und Seele durch kosmische Liebe (CD 4)
78 Min; € [D/A] 19,99 • ISBN 978-3-95447-351-9

Klangmeditation zur Wiederanbindung der DNA-Stränge [Reiner Klang]
70 Min.; € [D/A] 19,95 • ISBN 978-3-95447-332-8

Hörproben aller Stücke der CDs auf www.AmraVerlag.de

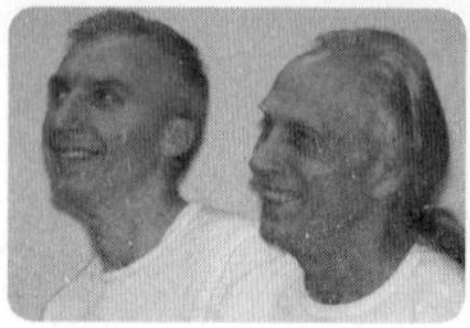

Drunvalo Melchizedek
& Daniel Mitel
Lebe im Licht deines Herzens
Meditative Zugänge in den heiligen Raum
224 Seiten, gebunden, oranges Leseband
€ [D] 19,99 / € [A] 20,60 • ISBN 978-3-95447-343-4

Begib dich in dein Herz. Niemals in der Geschichte der Menschheit war es wichtiger als heute, sich auf die Reise ins Herz einzulassen und aus dem Herzen zu leben. Methoden, die über Jahrtausende hinweg eingesetzt wurden, machen es möglich – auch im emsigen Treiben unserer Zeit und ohne Lehrmeister. Du hast die Macht und die Fähigkeit, überall im Licht deines Herzens zu leben.

Zwei weltweit bekannte Meister der Meditation weisen den Weg.

Gregg Braden
MENSCH : GEMACHT
Von der gelenkten Evolution zur bewussten Transformation
352 Seiten, gebunden, oranges Leseband
€ [D] 24,99 / € [A] 25,70 • ISBN 978-3-95447-337-3

Neueste Forschungen zeigen, dass der Mensch, so wie er heute existiert, vor 200.000 Jahren urplötzlich entstand – aufgrund einer Verschmelzung von Genen, die bewusst herbeigeführt worden sein muss. Und von Anfang an zeichnen wir uns durch enorme Fähigkeiten aus, die uns auf Abruf zur Verfügung stehen. Bradens neues Buch überwindet die Grenzen zwischen Wissenschaft und Spiritualität und stellt sich der zeitlosen Frage: *Wer sind wir?*

DER SPIEGEL-Bestseller.

Klangheilungs-CDs von Michael Reimann

Zirbel Drüsen Aktivierung [Binauraler Beat]
Öffnung des Dritten Auges und Stärkung des Lichtkörpers
79 Min.; € [D/A] 19,95 • ISBN 978-3-95447-220-8

Herzkohärenz aufbauen [432 Hertz]
Mentale Leistungsfähigkeit und körpereigene Regeneration
75 Min.; € [D/A] 19,95 • ISBN 978-3-95447-295-6

DNA-Aktivierung [528 Hertz]
Heilung der Zellen durch die Liebesfrequenz – Meditationsanleitung von Jeanne Ruland im Booklet!
80 Min.; € [D/A] 19,99 • ISBN 978-3-95447-347-2

Bekannt als Multi-Instrumentalist, arbeitete Michael Reimann u.a. mit Joachim-Ernst Berendt und Christian Bollmann zusammen. Studienreisen führten ihn nach Bali, Indien und Japan. Seine Aufnahmen sind reiner musikalischer Klang.

Buchauszüge, Hörproben und Gratis-CD auf www.AmraVerlag.de